Führung und Organisation pharmazeutischer Innovation

Oliver Gassmann • Alexander
Schuhmacher • Max von Zedtwitz •
Gerrit Reepmeyer

Führung und Organisation pharmazeutischer Innovation

Wie man den Wettlauf der Life Sciences gewinnt

Springer Gabler

Oliver Gassmann
Institut für Technologiemanagement
Universität St. Gallen
St. Gallen, Schweiz

Alexander Schuhmacher
THI Business School
Technische Hochschule
Ingolstadt, Deutschland

Max von Zedtwitz
Department for International Economics, Government, and Business
Copenhagen Business School
Frederiksberg, Dänemark

Gerrit Reepmeyer
AlixPartners
Detroit, USA

Dieses Buch ist eine Übersetzung des Originals in Englisch „Leading Pharmaceutical Innovation", 3. Auflage, von Oliver Gassmann, publiziert durch Springer Nature Switzerland AG im Jahr 2018. Die Übersetzung erfolgte mit Hilfe von künstlicher Intelligenz (maschinelle Übersetzung). Eine anschließende Überarbeitung im Satzbetrieb erfolgte vor allem in inhaltlicher Hinsicht, so dass sich das Buch stilistisch anders lesen wird als eine herkömmliche Übersetzung. Springer Nature arbeitet kontinuierlich an der Weiterentwicklung von Werkzeugen für die Produktion von Büchern und an den damit verbundenen Technologien zur Unterstützung der Autoren.

ISBN 978-3-031-43817-2 ISBN 978-3-031-43818-9 (eBook)
https://doi.org/10.1007/978-3-031-43818-9

Die Deutsche Nationalbibliothek verzeichnet diese Publikation in der Deutschen Nationalbibliografie; detaillierte bibliografische Daten sind im Internet über https://portal.dnb.de abrufbar.

Planung/Lektorat: Margit Schlomski
Springer Gabler ist ein Imprint der eingetragenen Gesellschaft Springer Nature Switzerland AG und ist ein Teil von Springer Nature.
Die Anschrift der Gesellschaft ist: Gewerbestrasse 11, 6330 Cham, Switzerland

Vorwort

Die Biowissenschaften waren nie ein einfacher Wirtschaftszweig, und sie werden in Zukunft noch schwieriger zu navigieren sein. Neue Technologien beschleunigen die Innovation, unbekannte Konkurrenten tauchen sowohl aus fremden geografischen Ecken der Welt als auch aus ehemals weit entfernten Segmenten im eigenen Land auf. Die Kunden werden immer anspruchsvoller und fordernder. Der Gesundheitssektor entwickelt sich zu einem herausfordernden Spannungsfeld, und die Pharmaunternehmen sind mittendrin.

Wir untersuchen den Gesundheitssektor und führende Pharmaunternehmen seit mehr als einem Jahrzehnt, und hier sind nur einige der sich verändernden Muster, die wir beobachten:

- Wissenschaftler erstellen immer mehr Daten über Krankheiten und den menschlichen Organismus und erstellen Genkarten, die die Ursachen für unsere Leiden aufzeigen. Dies ist vielversprechend für den Fortschritt der personalisierten Medizin, aber es stellt auch ethische und moralische Anforderungen an die Pharmaunternehmen, dieses Wissen zu schützen und zu vermarkten. Die Behandlung eines Patienten ist zunehmend eine wirtschaftliche und weniger eine medizinische Entscheidung.
- Die pharmazeutische Innovation endet nicht mit dem Abschluss der klinischen Studien. Um erfolgreich zu sein, müssen Pharmaunternehmen in der Lage sein, die öffentliche Meinung, behördliche Entscheidungen und die Finanzmärkte gleichermaßen zu managen.
- Die Schwellenländer holen auf: China, das bis vor wenigen Jahren noch ein relatives Hinterland für die Pharmaindustrie war, spielt heute eine wichtige Rolle in der weltweiten Life-Science-Szene. Globale Pharmafirmen errichten Forschungszentren in Shanghai, Peking und anderen chinesischen Städten. Chinesische Forschungsinstitute leisten wichtige Beiträge zur pharmazeutischen Forschung und wurden sogar mit Nobelpreisen ausgezeichnet. Kein anderes Land hat jemals eine Gesundheitsreform durchgeführt, die mehr als eine Milliarde Menschen betrifft, aber China tut es, während Sie dieses Buch lesen. In China sind die Zahlen immer schwindelerregend: Dreihunderttausend Krankenhäuser und Gesundheitseinrichtungen bieten den Patienten ihre Dienste an, und 6800 Pharmaunternehmen konkurrieren um Marktanteile.

- Die digitale Gesundheit wird den Pharmasektor in den nächsten Jahren dramatisch verändern. Mobile Technologien und intelligente Geräte, die in der Unterhaltungselektronikbranche entwickelt wurden, halten Einzug in die Gesundheitsmärkte. Die meisten Pharmaunternehmen vernachlässigen die Konkurrenz von unten. Da sich jedoch die Qualität dieser neuen Marktteilnehmer verbessert, wird ein wachsender Anteil des Gesundheitsbudgets umverteilt werden. Die Digitalisierung wird die Rollen von Patienten, Verbrauchern und Finanzierungspartnern verändern. Daten werden zur neuen Währung, und es entstehen längst neue Geschäftsmodelle. Der Gesetzgeber ist in vielen Regionen bereits gefordert.
- Neue Technologien wie Nanotechnologien, Blockchain, Deep Learning und künstliche Intelligenz werden für die Innovation im Gesundheitswesen von zentraler Bedeutung sein, aber die meisten Pharmaunternehmen sind heute noch nicht mit ihnen vertraut.
- Mehr Offenheit in der Innovation steht seit einigen Jahren auf der Agenda der meisten großen Pharmaunternehmen. Kostendruck, Wachstumserwartungen, Globalisierung, die zunehmende Komplexität von F&E sowie die wachsende Macht der Technologieanbieter zwingen die Führungskräfte der Pharmaindustrie dazu, ihre F&E-Abteilungen zu schlankeren, flexibleren und offeneren Organisationen umzugestalten. Technologische Felder legen die Messlatte für alle höher, und selbst die großen Pharmaunternehmen können sie nicht alles allein finanzieren und entdecken. Zusammenarbeit ist das neue Gebot in der Branche.

Viele Herausforderungen bleiben bestehen: Die wichtigste ist die wachsende Kluft bei der Innovationsproduktivität in der Pharmabranche. Wir haben keine Mühen gescheut, um zu analysieren, wie die führenden Unternehmen der Branche mit diesen Herausforderungen umgehen, welche Instrumente sie einsetzen und welche neuen Lösungen sie testen.

Insbesondere haben wir diese dritte Ausgabe aktualisiert, um die neuesten Technologie- und Brancheninformationen einzubeziehen, und wir haben besonderes Augenmerk auf neue Managementmodelle wie offene Innovation, systematische Partnerschaften, Auslizensierung und internationale Diversifizierung von F&E gelegt. Dies führt nicht nur zu neuen Formen der Zusammenarbeit in der Pharmaindustrie, sondern auch zu innovativen Geschäftsmodellen. Wir führen eine ausgewogenere globale Perspektive ein, indem wir den Fokus auf die Schweiz als Vorbildland reduzieren und mehr Branchenbeispiele aus den USA und Asien hinzufügen. Alles in allem ist diese dritte Auflage ein ganz anderes Buch als die beiden früheren Versionen vor rund zehn Jahren.

In dieser dritten Auflage haben wir das Buch komplett überarbeitet und wie folgt erweitert:

- Kap. 1 enthält aktuelle Informationen über die Arena, in der Pharma-Innovation stattfindet. Sie reichen von der Bedeutung von Innovationen im Pharmasektor und der Relevanz von Pharmaunternehmen als Hauptinvestoren in Forschung und Entwicklung weltweit bis hin zur Rolle von Blockbustern wie auch Fusionen und Übernahmen als wichtige Wachstumsfaktoren für die Branche.

- Kap. 2 bietet weitere Einblicke in die Komplexität des Sektors, indem es die Klassifizierung der Branche, ihre Produktgruppen und die sechs treibenden Kräfte beschreibt, die jedes Unternehmen in der pharmazeutischen Industrie beeinflussen: die Verhandlungsmacht von Lieferanten und Käufern, das Risiko des Markteintritts neuer Wettbewerber, die Ungewissheit im Zusammenhang mit dem Aufkommen von Substitutionsprodukten (z. B. Generika, Medizinprodukte oder alternative Therapien), die Rivalität zwischen etablierten Unternehmen und die Macht der Regulierungsbehörden.
- Kap. 3 gibt einen aktuellen Überblick über Biologika und die zunehmende Rolle von Biotechnologieunternehmen als Technologieanbieter für den gesamten Sektor. Neue Wissenschaften und Technologien beeinflussen die Branche, da sie die treibende Kraft für Innovationen sind. In diesem Zusammenhang liefern wir die neuesten Informationen darüber, wie die Erforschung von Medikamenten heute durchgeführt wird – von der Target-Identifizierung und -Validierung bis hin zur Rolle von HTS, Bioinformatik und „Omics"-Technologien, Big Data, Pharmakogenetik und Pharmakogenomik, personalisierter Medizin und computerbasierter Arzneimittelforschung.
- Wir haben Kap. 4 vollständig überarbeitet, um die Relevanz des Pipeline-Managements angesichts der Veränderungen im regulatorischen Umfeld, der enormen Investitionen in die pharmazeutische Forschung und Entwicklung und der insgesamt niedrigen Erfolgsquoten in der Arzneimittelforschung hervorzuheben. Wir bieten ebenso eine detaillierte Beschreibung des Standard-F&E-Prozesses mit einem Beispiel für die Bedeutung von präklinischen Sicherheitsstudien. Ein erstklassiges Projekt- und Portfoliomanagement ist heute ein Muss für eine erfolgreiche F&E. Dazu gehört auch das Verständnis dafür, warum ein Arzneimittelprojekt finanziell bewertet werden muss, wie ein Projektportfolio zu analysieren ist und was für das Management einer Projektpipeline zu tun ist.
- Die Änderungen, die wir in Kap. 5 vorgenommen haben, spiegeln den Trend wider, dass sich Pharmaunternehmen zunehmend auf ihre Kernvorteile konzentrieren und versuchen, externe Innovatoren einzubeziehen. Outsourcing, Ein- und Auslizenzierungen, Forschungskooperationen, Partnerschaften und pharma-pharma Co-Entwicklungen werden zu unverzichtbaren Instrumenten der pharmazeutischen Forschung und Entwicklung. Outsourcing spielt heute eine Schlüsselrolle im Innovationsmanagement und ist ein zentrales Element für den Zugang zu externen Technologien oder zur Senkung der F&E-Kosten. Im Folgenden werden die allgemeinen Bedingungen für Auslagerungen in der Pharma- und Biotech-Branche anhand von zwei Beispielen erläutert. CROs (contract research organisations, d. h. Auftragsforschungsunternehmen) spielen in der F&E-Wertschöpfungskette der Pharmaindustrie eine immer relevantere Rolle, auch wenn sie vielleicht noch nicht so wichtig sind wie die Zulieferer im Automobilsektor, aber sie sind für alle Arten von Gesundheitsunternehmen von zunehmender Bedeutung. Pfizer und seine CRO-Partner sind ein Beispiel für die strategische Position von Auftragsforschungsinstituten für große Pharmaunternehmen, um die F&E-Pipeline flexibel zu verwalten. Die Zusammenarbeit von Takeda mit dem Center for iPS Cell Research Application (CiRA) an der Uni-

versität Kyoto zeigt, wie Pharmakonzerne mit weltweit führenden Kompetenzzentren zusammenarbeiten müssen, um Zugang zu Wissenschaft von Weltrang zu erhalten. Darüber hinaus kann die F&E-Pipeline auch durch die Lizenzierung von Arzneimittelkandidaten entlang der gesamten Wertschöpfungskette verbessert werden – und nicht nur in den späten Phasen der Arzneimittelentwicklung. Co-Entwicklungsvereinbarungen zwischen Pharmapartnern wie Morphosys/Novartis, Pfizer/Merck und Astra Zeneca/Innate Pharma ergänzen die komplexen Modelle für den Zugang zu und das Management von Innovationen.
- Das neue Kap. 6 über offene Innovation behandelt einen der spannendsten Trends des letzten Jahrzehnts. Wir geben einen Überblick über verschiedene Open-Innovation-Modelle – virtuelle F&E, Crowdsourcing, Open Source, öffentlich-private Partnerschaften, Innovationszentren und Risikofonds – sowie über einige Fallbeispiele aus der Pharmabranche. Crowdsourcing wird mit Beispielen von YourEncore, Innocentive, der European Lead Factory und Grants4Targets illustriert. Der Novartis Venture Fund und der Boehringer Ingelheim Venture Fund werden exemplarisch für Risikofonds als Instrument zur Risikominderung beim Zugang zu risikoreichen frühen Pipeline-Projekten und bahnbrechenden Technologien herangezogen.
- Kap. 7 befasst sich mit der Internationalisierung von F&E, einem Wandel von großen inländischen F&E-Standorten hin zu einem Netz internationaler F&E-Einrichtungen mit mehreren Niederlassungen. Heute betreiben Pharmaunternehmen ein gemischtes Modell aus interner F&E mit globaler Präsenz in Kombination mit offenen Innovationspartnerschaften, um weltweit auf Innovationen zugreifen zu können. Die Gründe für diesen Trend liegen auf der Hand: geringere F&E-Kosten, Gewinnung von Talenten und technologiefreundliche rechtliche Rahmenbedingungen. In den letzten Jahren haben sich die aufstrebenden Märkte in China und Indien neben den traditionellen Pharmazentren in den USA, Europa und Japan zum vierten globalen Gravitationszentrum für pharmazeutische F&E entwickelt. Vor allem China hat in diesem Zusammenhang sowohl als Markt als auch als Zentrum für die Arzneimittelentwicklung dank eines beeindruckenden allgemeinen wirtschaftlichen Aufschwungs einiges bewirkt.
- Abschließend skizzieren wir unsere Ansichten über zukünftige Trends und Richtungen, indem wir sie auf drei Ebenen begutachten: F&E-Effizienz und -Effektivität, innovative Geschäftsmodelle sowie Mitarbeiterführung und Wandel. Diese komprimierte Zusammenstellung künftiger Entwicklungstendenzen ist unser letztes Kapitel des Buches und regt hoffentlich neue Ideen und alternative Wege für Managementinnovationen an.

Wir hoffen, dass dieses Buch zu einem besseren Verständnis von einem der faszinierendsten Wirtschaftszweige beiträgt und den Entscheidungsverantwortlichen hilft, die Wettbewerbsfähigkeit ihrer Unternehmen zu steigern. Herzlich danken möchten wir an dieser Stelle Ralf Philipp Mischkowski, Forschungsassistent am GLORAD Research Center und Student an der Universität St. Gallen, sowie dem Team um Margit Schlomski, Martina Wiese und Anish Kumar vom Springer Verlag für die kompetente und detaillierte Unterstützung bei der Übersetzung wesentlicher Teile des Buches ins Deutsche.

Ganz gleich, ob Sie eine Führungskraft in der Pharmaindustrie, ein Innovationsforscher, ein Mediziner oder ein an der Pharmaindustrie interessierter Bürger sind, wir hoffen, dass Sie sich unserer Wertschätzung für die enorme Arbeit anschließen, die von den Millionen von Menschen geleistet wird, die in dieser Branche mit dem ehrbaren Ziel beschäftigt sind, der Menschheit bessere Medikamente und Therapien zum Leben und Überleben zu bieten.

St. Gallen, Schweiz;
Ingolstadt, Deutschland;
Kopenhagen, Dänemark;
Detroit, Michigan, USA
Juni 2023

Oliver Gassmann
Alexander Schuhmacher
Max von Zedtwitz
Gerrit Reepmeyer

Inhaltsverzeichnis

Über die Autoren

Oliver Gassmann ist Professor für Technologiemanagement an der Universität St. Gallen (Schweiz) und Vorsitzender der Direktion des Instituts für Technologiemanagement. Er veröffentlichte über 800 viel zitierte Arbeiten in den führenden internationalen Fachzeitschriften. Im Jahr 2014 wurde er mit dem Scholary Impact Award des Journal of Management und 2015 mit dem Citation Excellence Award der Emerald Group ausgezeichnet. 2021 wurde er vom JETM als einer der Top 3 Forscher in Technology and Innovation Management ausgezeichnet, 2022 von Research.com zu den ‚Best Scientists in Business & Management' nominiert. Gassmann hat drei Unternehmen gegründet und ist Mitglied mehrerer Aufsichts- und Verwaltungsräte.

Alexander Schuhmacher ist Professor für Life Science Management an der THI Business School (Deutschland). Er arbeitete zuvor 9 Jahre als Professor an der Hochschule Reutlingen und 14 Jahre lang in verschiedenen Positionen in der pharmazeutischen Industrie. Sein aktueller Forschungsschwerpunkt ist die pharmazeutische F&E mit einem Fokus auf F&E-Strategie, F&E-Produktivität und Open Innovation.

Max von Zedtwitz ist Professor für Internationales Management und Innovation an der Copenhagen Business School (Dänemark), mit Gastprofessuren an der Technischen Universität Kaunas (Litauen) und der Ecole Polytechnique in Paris (Frankreich). Er leitet GLORAD, eine Forschungsgruppe zum Thema „Globale F&E und Innovation" mit Teams in Silicon Valley, Shanghai, Sao Paulo, St. Gallen und Kaunas. Er hat vier Startups mitbegründet und war Vizepräsident und Lead Partner bei der amerikanischen Unternehmensberatung PRTM (jetzt PwC) in Shanghai.

Gerrit Reepmeyer ist momentan Partner bei der Unternehmensberatung AlixPartners in Detroit (USA). Davor hatte er verschiedene Führungspositionen in Industrie- und Technologieunternehmen inne und war Mitbegründer und COO eines Start-up-Unternehmens. Er begann seine Karriere bei McKinsey & Company. Er hat an der Universität St. Gallen promoviert und war Forschungsstipendiat an der Columbia University in New York. Er ist Mitautor mehrerer Bücher und Publikationen zum Thema Technologiemanagement und Miterfinder von sieben Patenten.

1 Innovation: Der Schlüssel zum Erfolg in der pharmazeutischen Industrie

„.... lasting innovation is our biggest gift to society."
(„... dauerhafte Innovation ist unser größtes Geschenk an die Gesellschaft.")

Dr. Severin Schwan, CEO Roche

1.1 Das Produktivitätsparadoxon

Trotz ihrer hohen Forschungs- und Entwicklungsintensität steht die pharmazeutische Industrie vor einer zunehmend schwierigen Situation. Im Durchschnitt wird nur eine von 10.000 präklinisch getesteten Substanzen zu einem vermarkteten Produkt. Und lediglich drei von zehn Medikamenten erzielen Einnahmen, die die durchschnittlichen F&E-Kosten decken oder übersteigen (Grabowski et al., 2002).

Definitionsgemäß ist die F&E-Effizienz das Verhältnis zwischen dem (finanziellen) F&E-Input und dem (nominalen) Output. Die „Blackbox" dazwischen besteht aus der F&E Pipeline, Screening- und andere Arzneimittelforschungstechnologien, weltweiten Kooperationsnetze in der präklinischen Forschung und Arzneimittelentwicklung sowie einer Armada von Lizenz- und Partnerschaftsvereinbarungen mit Universitäten, Wettbewerbern und Biotechnologie Start-ups. Dennoch ist die F&E-Leistung der großen forschenden Pharmaunternehmen suboptimal:

- Die Gesamtleistung der F&E-Pipeline ist gering;
- Die Kosten für Forschung und Entwicklung sind enorm, bedingt durch größere und komplexere klinische Studien und teure Technologien in der Arzneimittelforschung;
- Ein Überangebot an Me-too-Einführungen und ein Mangel an wirklich innovativen Medikamenten machen es schwierig, die letzten Einnahmen nach Ablauf des Patents zu ersetzen;

O. Gassmann et al., *Führung und Organisation pharmazeutischer Innovation*,
https://doi.org/10.1007/978-3-031-43818-9_1

- Langwierige und komplexe klinische Prüfungen und Verwaltungsverfahren verkürzen die Vermarktungsdauer von patentierten Produkten.

Wie von den Mitgliedsunternehmen der Pharmaceutical Research and Manufacturers of America (PhRMA) angegeben, stiegen die gesamten F&E-Ausgaben der US-Pharmaunternehmen von 15,2 Mrd. US-Dollar (1995) auf 51,2 Mrd. US-Dollar im Jahr 2014 (PhRMA, 2015). Weltweit wuchsen die Gesamtausgaben für pharmazeutische und biotechnologische Forschung und Entwicklung von 108 Mrd. US-Dollar (2006) und 129 Mrd. US-Dollar (2010) auf 141 Mrd. US-Dollar im Jahr 2015 (CAGR 2006–2015: +3,1 %) (siehe Abb. 1.1).

Der Pharmasektor ist ein Top-Investor in der weltweiten F&E. Laut dem EU Industrial R&D Investment Scoreboard von 2015 für F&E-Investitionen der Industrie befinden sich die 15 größten Pharmaunternehmen in der Top-50-Liga der globalen Innovatoren und F&E-Investoren für das Geschäftsjahr 2014/2015 (siehe Abb. 1.2). So gab Novartis (8217 Mrd. €) mehr aus als die Hersteller bekannter Marken wie Google (8098 Mrd. €), Toyota Motors (6858 Mrd. €), General Motors (6095 Mrd. €) oder Apple (4976 Mrd. €) (Europäische Kommission, 2015).

Pharmazeutische Unternehmen investieren einen der weltweit höchsten Anteile ihres Gesamtumsatzes in F&E (siehe Tab. 1.1, Abb. 1.3). Im Durchschnitt investierten die Unternehmen der pharmazeutischen Industrie 14,4 % ihres Gesamtumsatzes in F&E – ein deutlich höherer Anteil im Vergleich zu anderen Sektoren wie Software und Computerdienstleistungen (10,4 %), Kraftfahrzeuge und Teile (4,3 %) oder Chemikalien (2,6 %) (Europäische Kommission, 2014). Die Höhe der F&E-Investitionen im Pharmasektor wird durch die Komplexität der zugrundeliegenden F&E, die geringen Erfolgsquoten bei der Entwicklung von Arzneimittelkandidaten von den frühen Forschungsstadien bis zum Ende, die technologie- und

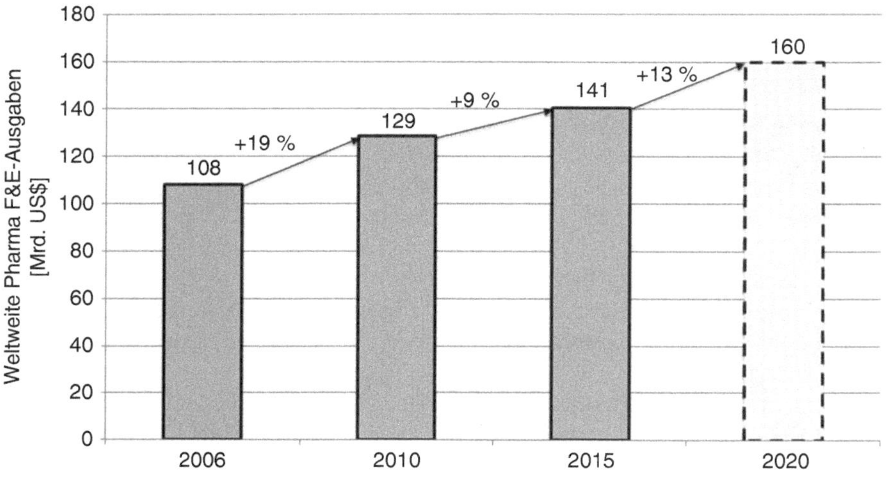

Abb. 1.1 Weltweite Gesamtausgaben der Pharmaindustrie für Forschung und Entwicklung (2006–2020). (Quelle: Evaluate (2015))

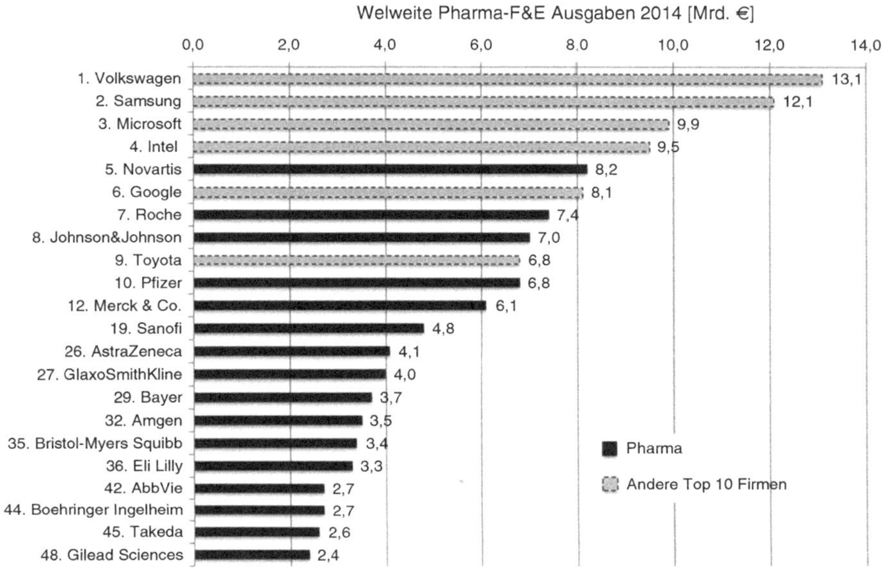

Abb. 1.2 Weltweit führende F&E-Investoren im Jahr 2014. (Quelle: Europäische Kommission (2015))

Tab. 1.1 Die größten F&E-Ausgaben der pharmazeutischen Industrie (für 2014, in Mrd. US-Dollar)

#	Unternehmen	Herkunft	F&E-Ausgaben	Gesamteinnahmen
1	Novartis	CH	9,3	46,1
2	Roche	CH	8,6	40,1
3	Pfizer	US	7,2	44,5
4	Merck & Co.	US	6,5	36,6
5	Johnson & Johnson	US	6,2	30,7
6	Sanofi	FR	6,2	38,2
7	GlaxoSmithKline	UK	5,1	30,3
8	AstraZeneca	UK	4,9	25,7
9	Eli Lilly	US	4,4	16,3
10	Amgen	US	4,1	19,3

Quelle: Jahresberichte der börsennotierten Unternehmen

ressourcenintensiven wissenschaftlichen Untersuchungen und die Notwendigkeit der Generierung von Arzneimitteln für einen globalen Markt unmittelbar nach der Produkteinführung bestimmt.

Die enormen F&E-Ausgaben pro Unternehmen ergeben sich aus der Summe der hohen direkten Kosten pro F&E-Projekt, die aufgebracht werden müssen, um eine einzige New Molecular Entity (NME) erfolgreich zur Markteinführung zu bringen (Paul et al., 2010). Zu bedenken ist auch, dass es eine unverhältnismäßig große Zahl gescheiterter F&E-Projekte gibt, deren Ergebnisse nie das Licht der Welt erblicken,

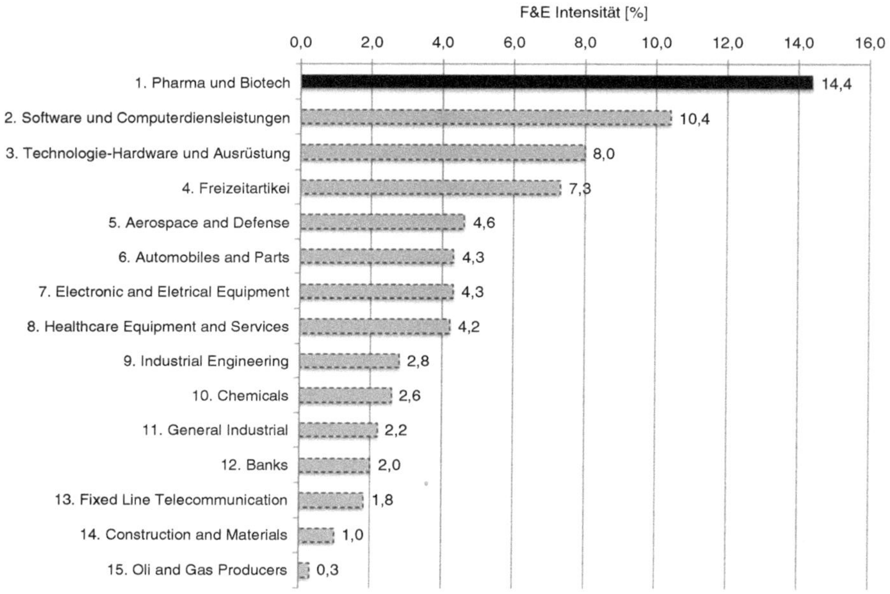

Abb. 1.3 F&E-Gesamtintensität nach Wirtschaftszweigen. (Quelle: Europäische Kommission (2014))

Tab. 1.2 Durchschnittliche Kostenstruktur eines neu entwickelten Arzneimittels

Relativer Beitrag (%)	Kostenfaktoren
20–40	Forschung, Entwicklung, Lizenzen
15–30	Produktion
5–15	Technische und administrative Kosten
20–30	Marketing und Vertrieb
20–35	Marge

Quelle: Pharma-Informationen (2002)

für die das investierende Unternehmen aber trotzdem zahlen muss. Im idealsten Fall kann eine Firma hoffen, Zwischenergebnisse oder Nebenprodukte auf dem freien Markt zu verkaufen oder vielleicht einige fortgeschrittenere Verbindungen an besser geeignete Unternehmen in Lizenz zu vergeben.

Anders als in den meisten anderen Branchen machen die F&E-Ausgaben einen großen Teil der Kostenstruktur eines neu entwickelten Arzneimittels aus. Sie besitzen einen Anteil von 20–40 % an den Gesamtkosten des erzeugten Medikaments (Tab. 1.2).

Die im Allgemeinen wissenschaftsgetriebene lineare Darstellung der pharmazeutischen Innovation ermöglicht es, die Kosten in recht einfach zu beschreibende Phasen des pharmazeutischen F&E-Prozesses zu unterteilen (siehe Abb. 1.4). Gerade weil die arzneiliche F&E hauptsächlich wissenschaftsgetrieben und in ein streng reguliertes Gesundheitsumfeld eingebunden ist, lässt sie sich so gut durch ein lineares Innovationsmodell erfassen und beschreiben.

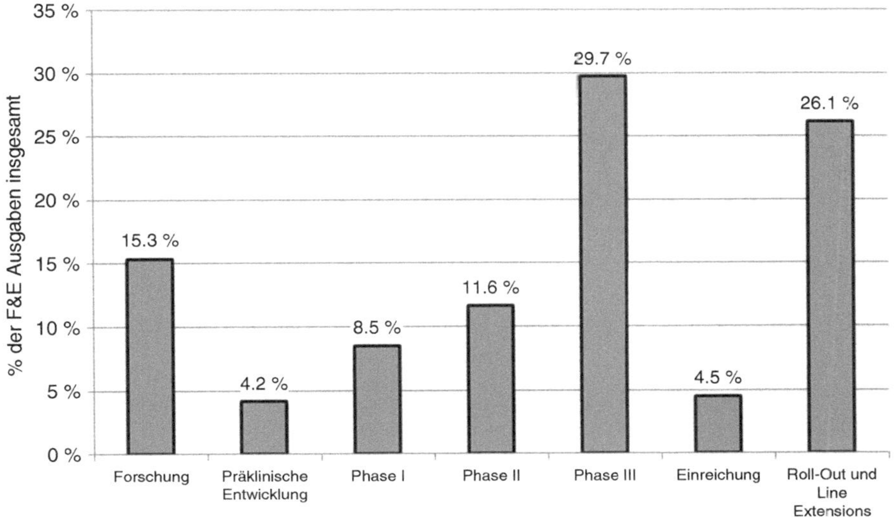

Abb. 1.4 Anteil der gesamten F&E-Ausgaben nach Phasen. (Quelle: CMR Int'l Daten von der Website clarivate.com)

Die wissenschaftsbasierte Forschung und Entwicklung ist durch eine relativ hohe Wahrscheinlichkeit des Scheiterns während des gesamten F&E-Prozesses gekennzeichnet. Diese Misserfolgsquote, die auch als „Projektrisiko" oder „Zermürbungsrate" bezeichnet wird, ist typisch für pharmazeutische Innovation; wir werden uns weiter unten mit ihr befassen. In letzter Konsequenz bedeutet dies, dass ein Großteil der in den frühen Phasen für F&E-Projekte ausgegebenen Gelder nicht zu einem marktfähigen Produkt führen wird – das Problem ist, dass niemand weiß, welches Projekt am Ende erfolgreich sein wird.

Die langen Fristen der pharmazeutischen F&E wirken sich auch negativ auf die F&E-Kosten aus: Zusätzlich zu den ohnehin schon sehr zeitaufwändigen Aktivitäten in der angewandten Forschung und der präklinischen/klinischen Entwicklung verlängert das behördliche Prüfungs- und Zulassungsverfahren die Zeit bis zur Marktreife von F&E weiter. Obwohl die US Food and Drug Administration (FDA) ihre Bearbeitungszeit seit Inkrafttreten des Prescription Drug User Fee Act (PDUFA) im Jahr 1992 verkürzt hat, beträgt die Zielzeit für eine Standardprüfung immer noch 10 Monate. Insgesamt dauert die präklinische und klinische Entwicklung eines Medikamentenprojekts im Durchschnitt etwa 9 Jahre (siehe Abb. 1.5) und die Gesamtzeit bis zur Markteinführung kann einschließlich der Medikamentenentwicklung leicht 14 Jahre umfassen.

Diese für die arzneiliche F&E typischen langen Zeiträume bringen weitere Herausforderungen mit sich. Erstens beginnen die Ausgaben für F&E-Projekte bereits in der frühen Phase der Arzneimittelentdeckung und müssen über Jahre hinweg kapitalisiert werden, bis der Return on Investment (ROI) des vermarkteten Arzneimittels erreicht ist. Dieser Effekt führt zu einem enormen Anstieg der gesamten

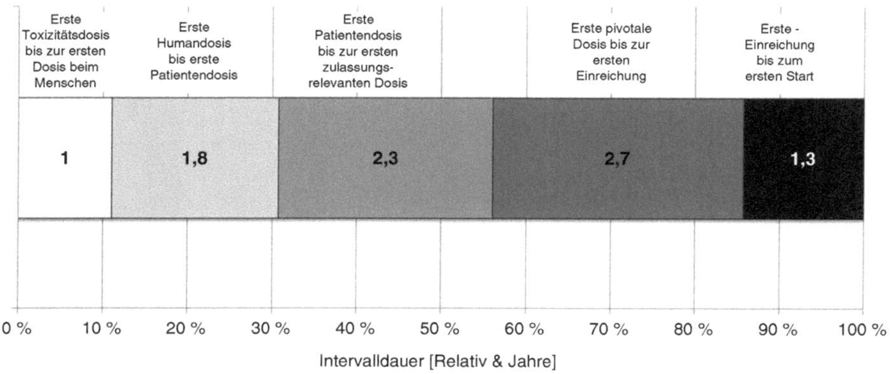

Abb. 1.5 Absolute (in Jahren) und relative (in %) zusammengesetzte mediane Intervalldauer (2009–2013). (Quelle: CMR Int'l Daten von clarivate.com Website)

F&E-Ausgaben und kann die Kosten pro Medikamentenprojekt auf bis zu 1,8 Mrd. US-Dollar pro NME verdoppeln (Paul et al., 2010).

Zweitens verfolgen viele Pharmaunternehmen ähnliche F&E-Konzepte, die sich aus den gegebenen Marktbedürfnissen ergeben. Sie setzen an denselben Krankheiten an, mit identischen biologischen Mechanismen und Wirkstoffzielen, und zielen darauf ab, neue Medikamente zur Behandlung der Patienten bereitzustellen, die an denselben Erkrankungen leiden. Die langen Zeiträume für die Arzneimittelforschung und -entwicklung erhöhen das Wettbewerbsrisiko und verringern das Marktpotenzial und den Erfolg der neuen Arzneimittel.

Drittens beeinflusst der Zeitpunkt des Patentablaufs (der nach einer bestimmten Anzahl von Jahren nach der Patenterteilung eintritt) und damit das fast unvermeidliche Auftauchen von Generikakonkurrenz die Rendite von Arzneimitteln. Jede Verzögerung in der Arzneimittelforschung oder -entwicklung wirkt sich negativ auf die kommerziell nutzbare Patentlaufzeit aus.

Das konkrete Problem für die Pharmaindustrie ergibt sich aus der Gegenüberstellung des Outputs der pharmazeutischen F&E (die Anzahl der auf den Markt gebrachten NMEs, siehe Abb. 1.6) und des Inputs (die Gesamtkosten für F&E). Auf Unternehmensebene ist die sogenannte F&E-Effizienz einiger der wichtigsten Akteure der Branche so gering, dass sie mehr als 3 Mrd. US-Dollar pro neu auf den Markt eingeführtem Medikament investieren müssen (Schuhmacher et al., 2016). Im breiteren Kontext des Pharmasektors zeigt die Aufteilung des Input/Output-Verhältnisses über die letzten 60 Jahre, dass sich die F&E-Investitionen alle 9 Jahre verdoppeln mussten, um ein neues Medikament zuzulassen (Scannell et al., 2012). Die daraus resultierende Produktivitätslücke ist in Abb. 1.7 dargestellt.

Die Gründe für die geringe F&E-Effizienz der Branche sind:

- Die geringen Erfolgsquoten von F&E-Projekten;
- Die Kapitalisierung von F&E-Kosten über den langen Zeitraum der Arzneimittelforschung;

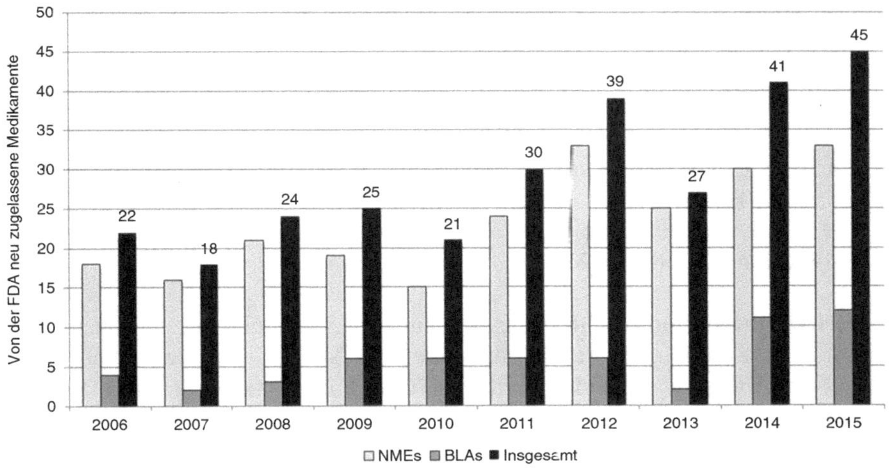

Abb. 1.6 FDA-Zulassungen für Arzneimittel 2006–2015. (Quelle: Mullard (2016))

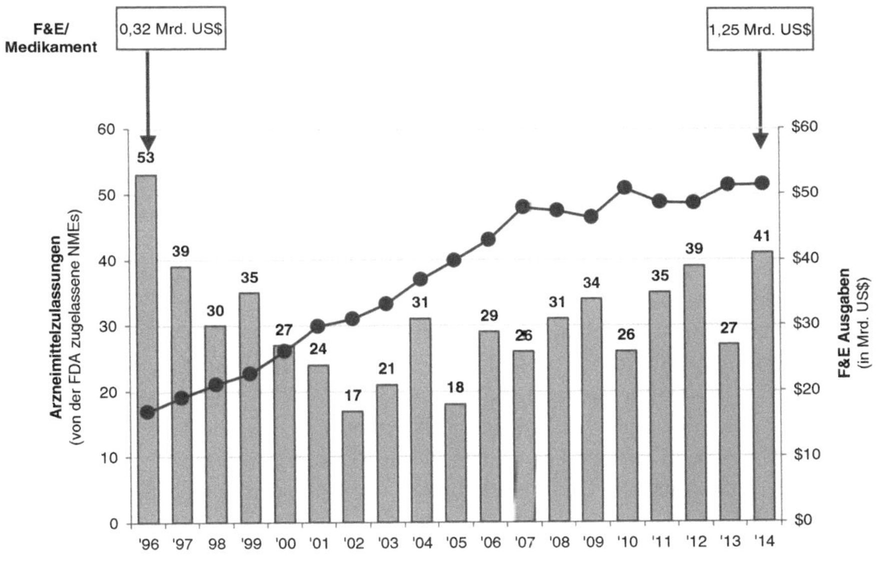

Abb. 1.7 Die Produktivitätslücke in der pharmazeutischen Forschung und Entwicklung. (Quelle: Daten von den Websites Pharma.org und Fda.gov)

- Die unzureichende Anzahl von Projekten in frühen F&E-Phasen;
- Die geringere Risikotoleranz sowohl der Regulierungsbehörden als auch der Gesellschaft insgesamt wirkt sich negativ auf die Zulassungsraten von Arzneimitteln und die mit der Entwicklung verbundenen Kosten aus;
- Neue Medikamente beruhen auf technisch aufwändigeren Untersuchungen;

- Die steigende Zahl der zugelassenen Arzneimittel erhöht die Hürde für die Zulassung und Erstattung von NMEs;
- Die geringere Anzahl gut etablierter Pharmaunternehmen und damit die niedrigere Zahl von Investoren, die das Risiko der pharmazeutischen Forschung und Entwicklung übernehmen;
- Die zunehmende Menge von Fusionen und Übernahmen (M&A), die sich negativ auf die Produktivität von F&E-Organisationen auswirken;
- Die Zeitverzögerungen, die durch Verhandlungen über Lizenzen, gemeinsame Entwicklungen und Joint Ventures entstehen.

Eine deutliche Produktivitätssteigerung im Bereich der pharmazeutischen Innovation ist erforderlich, um die sich öffnende Produktivitätslücke zu schließen und die hohen Umsatzwachstumserwartungen der Branche und der Investoren zu erfüllen.

1.2 Blockbuster Strategien

Blockbuster-Medikamente – Medikamente mit einem Jahresumsatz von mindestens 1 Mrd. US-Dollar – sind nach wie vor ein Wachstumsmotor für die meisten führenden Pharmaunternehmen und werden oft als einzige Möglichkeit genannt, die hohen Wachstumserwartungen zu erfüllen. Ein Grund für die Abhängigkeit der Branche von der Blockbuster-Strategie ist, dass Blockbuster-Medikamente im Vergleich zu weniger hochwertigen Medikamenten relativ hohe Renditen bieten, was wiederum eine Folge der erheblichen Risiken, Zeitverzögerungen und Kosten ist, die mit der Produktentwicklung und -vermarktung verbunden sind.

Im Jahr 2014 galten 64 rezeptpflichtige Arzneimittel als Blockbuster-Medikamente. Das umsatzstärkste Medikament in dem Zeitraum war Humira[1] (Adalimumab) von Abbvie mit einem weltweiten Umsatz von 12.890 Mrd. US-Dollar, gefolgt von Solvadi (10.283 Mrd. US-Dollar, Gilead Sciences) und Enbrel (8915 Mrd. US-Dollar, Amgen/Pfizer/Takeda). In der Vergangenheit waren Blockbuster-Medikamente hochvolumige Arzneimittel, die den Bedarf vieler Patienten deckten, z. B. in der Gastroenterologie oder bei Atemwegserkrankungen. Heutzutage haben auch Spezialmedikamente wie Solvadi oder die Krebsmedikamente das Potenzial, zu Blockbustern zu werden, da für diese Arten von Medikamenten hohe Preise erzielt werden. So leiden beispielsweise 3,2 Mio. US-Amerikaner an Hepatitis C. Solvadi, das Hepatitis-C-Medikament von **Gilead Sciences**, sollte nach einer Evaluate-Schätzung von 2015 innert fünf Jahren 50 % des gesamten antiviralen Segments einnehmen (Evaluate, 2015). Heute wird es in den USA zu einem Preis von 84.000 US-Dollar pro Behandlung vertrieben, was dem Arzneimittel in den USA ein Marktpotenzial von mehr als 130 Mrd. US-Dollar

[1] Wie üblich sind alle Namen von Medikamenten, Pharmazeutika und Produktkennzeichnungen als geschützte Marken zu betrachten. Wir haben kein kommerzielles Interesse an den in diesem Buch erwähnten Unternehmen oder ihren Produkten.

über die ganze Lebensdauer verleiht. Geht man davon aus, dass das Medikament in Ländern mit mittlerem Einkommen wie Argentinien, Brasilien, China und Russland zu einem Preis von weniger als 10.000 US-Dollar verkauft wird, könnte es einen zusätzlichen Umsatz von mehr als 250 Mrd. US-Dollar generieren.

Die Abhängigkeit von Blockbuster-Einnahmen kann jedoch zu ernsthaften Problemen führen, wenn ein Patent ausläuft. Das Aufkommen und die wachsende Macht von Generikaherstellern wie Teva Pharmaceuticals oder Sandoz stellen eine zunehmende Bedrohung für etablierte Pharmaunternehmen dar. Einige verschreibungspflichtige Medikamente können innerhalb von nur einem Vierteljahr nach Patentablauf bis zu 80 % ihres Marktanteils verlieren, wodurch Einnahmen in Höhe von mehreren Mrd. US-Dollar der Konkurrenz durch Generika zufallen können. So musste **Pfizer** im Jahr 2011 den Verlust der Exklusivität (engl.: loss of exclusivity: LOE) seines meistverkauften Medikaments Lipitor (Atorvastatin), eines Cholesterinsenkers, hinnehmen. Das Unternehmen verlor schließlich 59 % seines weltweiten Absatzes und 81 % seiner Einnahmen in den USA, als der Umsatz von 9,6 Mrd. US-Dollar im Jahr 2011 auf 3,9 Mrd. US-Dollar im Jahr 2012 einbrach. Pfizer reagierte auf diese Umsatzeinbußen und nutzte die Gelegenheit, um seine F&E-Pipeline zu aktualisieren, seine F&E-Kosten zu senken und sich nach anderen Wachstumsoptionen umzusehen (z. B. das attraktive Impfstoffgeschäft von Wyeth). Tatsächlich erwarb Pfizer Wyeth 2009 für 68 Mrd. US-Dollar und reduzierte seine jährlichen F&E-Ausgaben von 9,4 Mrd. US-Dollar im Jahr 2010 auf 6,7 Mrd. US-Dollar im Jahr 2013.

Die viel diskutierte Patentklippe lag in den Jahren 2011–2015. Dabei betrug im Jahr 2012 das Allzeithoch der Umsatzverluste durch die generische Konkurrenz 37 Mrd. USD. Die erwarteten Umsatzeinbußen durch das Auslaufen von Patenten dürften in den nächsten Jahren auf ein geringeres Niveau von 12–18 Mrd. USD jährlich sinken (siehe Abb. 1.8). Es sieht so aus, als sei die Branche wieder auf dem

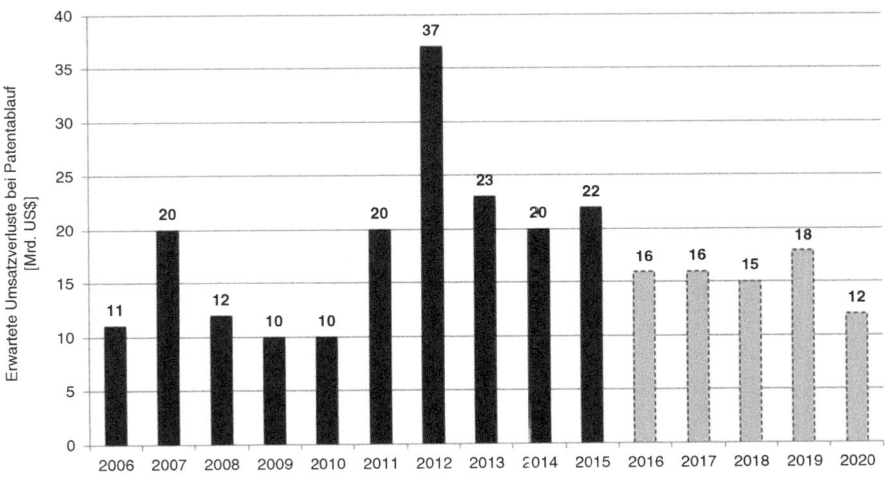

Abb. 1.8 Weltweit erwartete Umsatzverluste nach Patentablauf 2006–2020. (Quelle: Evaluate (2015))

Tab. 1.3 Gesamtzahl der Blockbuster-Medikamente der führenden Pharmaunternehmen (2005–2014)

	2005	2006	2007	2008	2009	2010	2011	2012	2013	2014	Summe
Pfizer	8	7	5	4	4	5	5	4	3	3	48
Merck	3	5	4	3	4	2	5	4	3	3	36
AstraZeneca	3	4	3	3	3	3	5	4	3	3	34
GSK	4	5	5	3	2	1	1	2	3	3	29
Eli Lilly	1	2	2	2	2	2	3	2	3	3	22
Novartis	1	1	2	2	2	2	3	3	3	3	22
BMS	3	2	2	2	3	3	1	1	1	3	21
Sanofi		1	1	1	2	1	3	3	3	3	18
Takeda	2	2	2	2	2	1	1	1	1	1	15
Boehringer			1	2	2	1	2	2	1	3	14
Amgen	1	1					4	3	1	3	13
Abbott/ Abbvie			1		1	1	2	2	2	1	10
J&J	1	1	1						3	3	9
Gilead							2	2	1	3	8
Roche									3	3	6
Astellas									1	3	4
Bayer									1	3	4
Summe	27	31	29	24	27	22	37	33	36	47	313

Quelle: Jahresberichte der Unternehmen (mehrere Jahre)

richtigen Weg, und die meisten führenden Pharmaunternehmen vermarkten heute mehr Blockbuster-Medikamente als in der Vergangenheit (Tab. 1.3). Vor allem der Trend zu Biotherapeutika (Biologika) bietet Vorteile, da sie die Behandlungsmöglichkeiten bei einigen Krankheiten revolutioniert haben und einen besseren Patentschutz besitzen. Darüber hinaus ist die Marktdurchdringung von Biosimilars (Biogenerika) bisher sehr gering: Bis 2015 wurden in den USA nur zwei Biosimilars zugelassen.

In Tab. 1.4 sind die zehn umsatzstärksten Arzneimittel des Jahres 2014 aufgeführt, einschließlich des Therapiegebiets, der Indikation, der Vertriebsfirma und des weltweiten Umsatzes. Humira (Adalimumab, 12,5 Mrd. USD) und Solvadi (Sofosbuvir, 10,2 Mrd. USD) sind beides Mega-Blockbuster mit möglichen Ambitionen, das umsatzstärkste Medikament aller Zeiten zu werden, nämlich Lipitor von Pfizer mit seinem weltweiten Absatz von 13,7 Mrd. USD im Jahr 2006. Alle diese Top-10-Arzneimittel stehen auf der Liste der größten Pharmablockbuster aller Zeiten. Vier von ihnen sind konventionelle Medikamente und die anderen sechs sind Biologika; zusammen erzielten sie 2014 einen weltweiten Umsatz von 76.118 Mrd. US-Dollar.

Nach 542 Mrd. US-Dollar im Jahr 2006 und 687 Mrd. US-Dollar im Jahr 2010 wuchs der Pharmamarkt im Jahr 2014 auf einen weltweiten Umsatz von 723 Mrd. US-Dollar mit verschreibungspflichtigen Medikamenten an (siehe Abb. 1.9). Die globale Rangliste der Pharmaunternehmen nach weltweitem Um-

Tab. 1.4 Globale Blockbuster-Medikamente im Jahr 2014

#	Markenname (INN)	Vermarktendes Unternehmen	Therapeutischer Bereich	Primäre Indikation	Umsatz in Mio. US$
1	Humira (Adalimumab)	AbbVie	Entzündliche Krankheit	Rheumatoide Arthritis	12.543
2	Sovaldi (Sofosbuvir)	Gilead Sciences	Gastroenterologie	Hepatitis C	10.283
3	Lantus (Insulin glargine)	Sanofi	Diabetes	Diabetes	8428
4	Rituxan (Rituximab)	Roche	Hämatologie	Lymphom, Leukämie	7547
5	Avastin (Bevacizumab)	Roche	Onkologie	Krebs	7018
6	Seretide (Advair)	Glaxo-SmithKline	Atemwege	Asthma, COPD	6966
7	Herceptin (Trastuzumab)	Roche	Onkologie	Krebs	6863
8	Remicade (Infliximab)	Johnson & Johnson	Entzündliche Krankheit	Rheumatoide Arthritis	5790
9	Crestor (Rosuvastatin)	AstraZeneca	Kardiovaskulär	Hoher Cholesterinspiegel	5512
10	Lyrica (Pregabalin)	Pfizer	Zentrales Nervensystem	Fibromyalgie, chronische Schmerzen	5168

INN Internationaler Freiname (Wirkstoffbezeichnung); *COPD* Chronisch obstruktive Lungenerkrankung
Quelle: Jahresberichte der Unternehmen

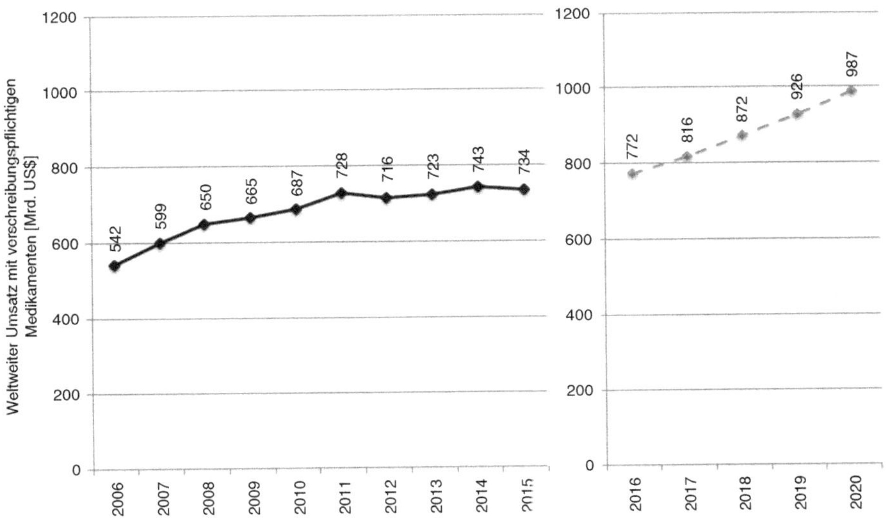

Abb. 1.9 Weltweiter Umsatz mit verschreibungspflichtigen Medikamenten (2006–2020). (Quelle: Evaluate (2015))

Tab. 1.5 Die 10 größten Pharmaunternehmen nach weltweitem Umsatz mit verschreibungspflichtigen Medikamenten im Jahr 2014

#	Unternehmen	Herkunft	Marktanteil (%)	Rx-Umsatz (Mrd. US$)
1	Novartis	CH	6,2	46,1
2	Pfizer	US	6,0	44,5
3	Roche	CH	5,4	40,1
4	Sanofi	FR	5,1	38,2
5	Merck & Co.	US	4,9	36,6
6	Johnson & Johnson	US	4,1	30,7
7	GlaxoSmithKline	UK	4,1	30,3
8	AstraZeneca	UK	3,5	25,7
9	Gilead-Wissenschaften	US	3,3	24,5
10	Abbvie	US	2,7	19,9

Rx verschreibungspflichtiges Medikament
Quelle: Jahresberichte 2015 der börsennotierten Unternehmen

satz mit rezeptpflichtigen Pharmazeutika führte 2014 der Schweizer Pharmariese Novartis mit einem weltweiten Arzneimittelumsatz von 46,0 Mrd. USD und einem Marktanteil von 6,2 % an. Pfizer (US) und Roche (CH) folgen mit einem weltweiten Umsatz von 44,5 Mrd. US-Dollar (6,0 %) und 40,1 Mrd. US-Dollar (5,4 %). Sanofi, Merck & Co, Johnson & Johnson (J&J), GlaxoSmithKline, AstraZeneca, Gilead Sciences und AbbVie vervollständigen die Liste der zehn führenden Unternehmen der Branche (Tab. 1.5). Aufgrund der starken Fragmentierung der Pharmaindustrie entfallen auf sie jedoch immer noch weniger als 46 % des Weltmarktes.

Übernahmen in der Pharmaindustrie sind daher zu erwarten, aber sie sind nicht immer einfach: Im April 2016 kündigte **Pfizer** seine Absicht an, Allergan für 160 Mrd. USD zu übernehmen und damit im Wesentlichen wieder zum weltweit führenden Pharmaunternehmen mit einem geschätzten Gesamtumsatz von etwa 74 Mrd. USD zu werden. Das Geschäft wurde jedoch aufgrund politischer Interventionen im Hinblick auf eine mögliche Verlegung des Hauptsitzes des neuen Pfizer von den USA nach Irland und die damit verbundenen Steuerausfälle für die USA gestoppt.

Betrachtet man den Pharmamarkt im Detail, so war die Onkologie 2014 mit einem weltweiten Umsatz von 79,2 Mrd. US-Dollar der größte Therapiebereich, gefolgt von Antirheumatika (48,8 Mrd. US-Dollar) und antiviralen Medikamenten (43,1 Mrd. US-Dollar) (Evaluate, 2015). Das Marktwachstum in den Jahren 2013 und 2014 stammte in erster Linie aus den Bereichen chronische Krankheiten wie Krebs (+8 %), Antirheumatika (+8 %), Antidiabetika (+8 %) und Multiple Sklerose (MS, +20 %) sowie antivirale Medikamente (+55 %), insbesondere durch neue bahnbrechende Therapien wie Solvadis von Gilead und Olysio von J&J. Die Märkte für Blutdrucksenker (30,5 Mrd. USD, −9 %) und Lipidsenker (11,7 Mrd. USD, −11 %) haben an Bedeutung verloren, während der Markt für Bronchodilatatoren (32,5 Mrd. USD, kein großes Wachstum) weiterhin wichtig ist (siehe Tab. 1.6).

Tab. 1.6 Weltweiter Umsatz mit verschreibungspflichtigen und rezeptfreien Medikamenten nach Therapiegebieten im Jahr 2020

Bereich Therapie	WW-Umsatz im Jahr 2014 (in Mrd. US$)	WW-Umsatz im Jahr 2020 (Mrd. US$)	CAGR % Wachstum	WW-Marktanteil im Jahr 2014 (%)	WW-Marktanteil im Jahr 2020 (%)
Onkologie	79,2	153,1	11,6	10,1	14,9
Antidiabetika	41,6	60,5	6,4	5,9	5,9
Antirheumatik	48,8	53,2	1,5	5,2	5,2
Antivirale Mittel	43,1	49,6	2,3	4,8	4,8
Impfstoffe	26,7	34,7	4,4	3,4	3,4
Bronchodilator	32,5	32,5	-	3,2	3,2
Sinnesorgane	18,6	30,4	8,5	3,0	3,0
Antihypertensiva	30,5	25,8	−2,8	2,5	2,5
MS-Therapie	19,4	23,1	2,9	2,2	2,2
Immunsuppressiva	9,2	18,6	12,5	1,8	1,8

WW weltweit, *CAGR* zusammengesetzte jährliche Wachstumsrate, *MS* Multiple Sklerose
Quelle: Evaluate (2015)

Rascher Markteintritt

Die Wachstumsrate und der Marktanteil, die im ersten Jahr nach der Markteinführung eines Arzneimittels erreicht werden, bestimmen weitgehend den Gesamtumsatz, der mit einem neuen Produkt in der Folgezeit erzielt werden kann. Die Zeit bis zur Einführung ist bei bahnbrechenden Arzneimitteln extrem wichtig. Das erste Medikament in einem neuen Markt erobert zwischen 40 und 60 % des Marktanteils, das zweite nur etwa 15 %. Der dritte Platz bedeutet bereits ein schlechtes Geschäft. Eine Verzögerung der Markteinführung eines Blockbuster-Medikaments um lediglich zwei Monate erhöht nicht nur das Risiko, dass ein Konkurrent einen signifikanten Marktanteil erobert, sondern bedeutet auch einen geschätzten Nettoverlust von 100 Mio. US-Dollar oder fast 2 Mio. US-Dollar pro Tag. Folglich fließen in das erste Jahr der Markteinführung eines Medikaments im Vergleich zu allen anderen Jahren des Lebenszyklus die meisten Werberessourcen.

Dies ist ein bewährtes Muster für Blockbuster-Produkte (ein gut untersuchtes Beispiel ist Lipitor von Pfizer). Alle diese Produkte verzeichneten in ihrem ersten Jahr auf dem Markt ein überdurchschnittliches Umsatzwachstum. Nur bedeutende äußere Ereignisse, z. B. die Entdeckung schwerwiegender negativer Nebenwirkungen, können vielversprechende neue Medikamente, die in ihrem ersten Jahr sehr erfolgreich waren, zu Fall bringen.

Die Marktdynamik während der Produkteinführung ist durch drei eng miteinander verknüpfte Determinanten gekennzeichnet. Um die Erfolgswahrscheinlichkeit eines neuen Arzneimittels zu erhöhen, sollte das Produkt folgende Faktoren erfüllen (siehe Reuters, 2003):

- Frühzeitiger Einstieg in einen bestimmten Therapiebereich oder eine Produktklasse;
- Positionierung im Vergleich zum bestehenden Wettbewerb;
- Begleitung von einer verstärkten Aufmerksamkeit im Vorfeld der Einführung.

Vor allem die Werbung vor der Markteinführung hat an Bedeutung gewonnen. Die Akzeptanz eines neuen Produkts kann erheblich gesteigert werden, wenn der Markt gut darauf vorbereitet ist. Im Mittelpunkt solcher Investitionen steht die Sensibilisierung von Ärzten und schließlich Patienten. Dies ist besonders wichtig in neuen Bereichen, wenn ein Produkt zum ersten Mal auf den Markt kommt oder wenn das Wissen über die Krankheit, ihre Symptome und Behandlungsmöglichkeiten gering ist.

Die Marketingabteilungen arbeiten immer enger mit ihren F&E-Kollegen zusammen, um sicherzustellen, dass die klinischen Studien auf die spezifischen Marktbedürfnisse zugeschnitten sind und Ärzte vor der Markteinführung den Kundennutzen vermittelt bekommen. Zu diesem Zweck ist der Aufbau und die Pflege von Beziehungen zu ärztlichen Meinungsführern während des gesamten F&E-Prozesses von entscheidender Bedeutung. Dies hilft auch bei der Ermittlung unerfüllter Marktbedürfnisse, der Gestaltung klinischer Studien und der Produktpositionierung. Gute Beziehungen zu Ärzten fördern die Produktakzeptanz bei der Markteinführung, da die Meinungsbildner bereits mit dem Produkt und seinen Vorteilen vertraut sind.

Zu den Marketingaktivitäten vor der Markteinführung gehören häufig die Einrichtung von Beiräten und das Sponsoring von Konferenzen vor dem Marktstart, um die Ergebnisse klinischer Studien an die interessierte medizinische Gemeinschaft weiterzugeben. Dazu gehört auch die direkte Beteiligung führender Ärzte und medizinischer Einrichtungen an klinischen Studien. Wenn es gelingt, die Meinungsführer von den Vorteilen eines Medikaments zu überzeugen, kann die Akzeptanz bei den Spätanwendern beschleunigt werden. Ein frühzeitiges Produkt-Branding steigert das Bewusstsein der Ärzte vor der Markteinführung und erhöht damit die Wahrscheinlichkeit, dass das Produkt in größerem Umfang angenommen wird.

Die Sensibilisierung vor der Einführung auf dem Markt stellt zudem sicher, dass die Bedürfnisse aller am Verschreibungsprozess Beteiligten beachtet werden, bevor ein Produkt in den Verkauf gelangt. Auch die Erwartungen der Kostenträger sollten berücksichtigt werden, da sie das letzte Wort über Preis und Erstattungshöhe haben.

Auch wenn pharmazeutische Unternehmen die Kostenträger nicht unbedingt auf dieselbe Weise auf ein Produkt aufmerksam machen müssen wie Ärzte und Patienten, sollten die Vorbereitungen vor dem Marktstart auch gesundheitsökonomische und Ergebnisstudien (z. B. Kostenwirksamkeitsstudien) umfassen, um den Kostenträgern den Wert des Produkts zu demonstrieren. Dies ist besonders wichtig in öffentlich finanzierten Gesundheitssystemen, die einer umfassenden Kostendämpfungspolitik unterliegen.

1.3 Spezielle Risiken bei der Arzneimittelentwicklung

Neben ihrer Abhängigkeit von Blockbuster-Produkten zeichnet sich die Pharmaindustrie durch zwei weitere einzigartige Umstände aus: Ihre hohen Investitionen in F&E und ihr aus diesem Grund strenges F&E-Pipeline- und Portfolio-Management (siehe Kap. 4).

Generell lassen sich die Innovationsrisiken in technische, marktbezogene und kommerzielle Risiken unterteilen. In der Pharmaindustrie umfassen die technischen Risiken alle mechanischen und wissenschaftlichen Unwägbarkeiten im Zusammenhang mit der Entdeckung und Entwicklung von Arzneimitteln. Die Marktrisiken beziehen sich auf die Frage, ob es genügend Patienten mit ungedecktem medizinischem Bedarf gibt, die mit dem neuen Medikament behandelt werden können, sobald es auf dem Markt ist. Die kommerziellen Risiken hängen von den Unwägbarkeiten der Preisgestaltung und Kostenerstattung ab.

In den meisten Industriezweigen wird die Entscheidung, ein F&E-Projekt einzustellen, in erster Linie auf der Grundlage wirtschaftlicher/finanzieller Erwägungen im Zusammenhang mit Markt- und Geschäftsrisiken getroffen. In der pharmazeutischen Industrie werden jedoch die meisten F&E-Projekte aus wissenschaftlichen und technischen Gründen abgebrochen, etwa wegen mangelnder Wirksamkeit oder unzureichender Sicherheit. Diese Risiken werden möglicherweise erst in den späten klinischen Stadien deutlich, wenn die meisten Investitionen bereits getätigt wurden. Das Scheitern eines Arzneimittelkandidaten in dieser späten Phase des F&E-Prozesses führt zu erheblichen Verlusten, da nur wenig von dem bis dahin entwickelten Produkt, der Technologie oder der Wissenschaft anderweitig wiederverwendet werden kann (was in den meisten anderen Branchen nicht der Fall ist).

Tatsächlich können negative Nachrichten über einen neuen Wirkstoff in der Entwicklung oft zu einem erheblichen Einbruch der Aktienkurse von Pharmaunternehmen führen und innerhalb weniger Minuten mehrere Milliarden US-Dollar an Aktionärswert vernichten. So verlor das US-Biotechnologieunternehmen Chimerix im Jahr 2015 82 % seines Aktienwerts, nachdem es bekannt gegeben hatte, dass sein Phase-III-Medikamentenkandidat Brincidofovir die Reaktivierung des Zytomegalievirus (engl.: cytomegalovirus: CMV) nicht verhindern konnte. In ähnlicher Weise wurden Aktionärswerte in Höhe von 12 Mrd. USD vernichtet, als Roche 2014 ankündigte, dass zwei Arzneimittelkandidaten zur Behandlung von Alzheimer und Krebs in der klinischen Entwicklung gescheitert waren.

Die schlechte Nachricht ist, dass die wissenschaftlichen und technischen Risiken der pharmazeutischen Forschung und Entwicklung immer noch extrem hoch sind. Auf der Grundlage seines Global R&D Performance Metrics Program von 2014 meldete das Center for Medicine Research International (CMR) eine Gesamterfolgsquote von 4,9 % von der ersten Toxizitätsdosis bis zur Marktzulassung (siehe Abb. 1.10). Nahezu ähnliche Ergebnisse wurden von Paul et al. (2010) mit einer Gesamtwahrscheinlichkeit des technischen und regulatorischen Erfolgs (engl.: probability of technical and regulatory success: PTRS) für Arzneimittel-F&E von 4,1 % veröffentlicht.

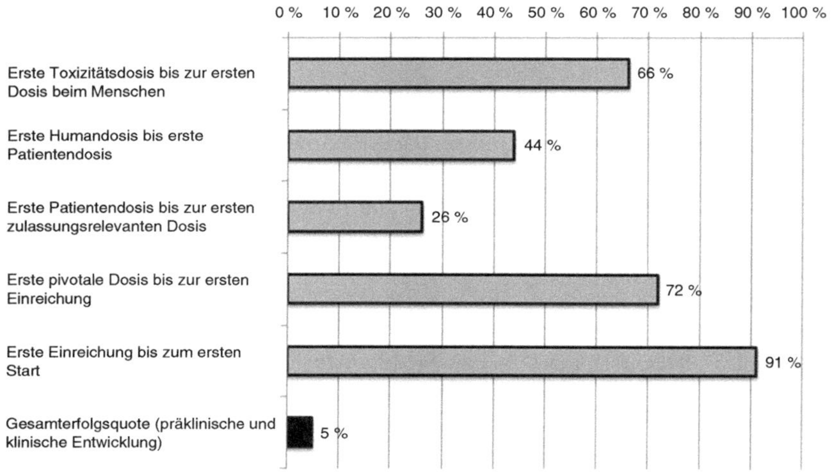

Abb. 1.10 Erfolgsquoten zwischen den Phasen (für F&E-Projekte, die zwischen 2008 und 2010 in die nächste Phase eintraten). (Quelle: CMR Int'l Daten von der Website clarivate.com)

Mangelnde Wirksamkeit, Sicherheitsbedenken, Strategieänderungen, kommerzielle Gründe und operative Herausforderungen sind die Hauptursachen für das Scheitern von Arzneimitteln in der klinischen Entwicklung. Die Ursachen für die hohen Abbruchraten in den klinischen Phasen lassen sich im Allgemeinen wie folgt zusammenfassen:

- Ungünstige Pharmakokinetik und Bioverfügbarkeit;
- Schlechte Vorhersagekraft präklinischer Tiermodelle;
- Das Konzept der zielgerichteten Arzneimittelentdeckung;
- Die zunehmende Komplexität der klinischen Prüfungen;
- Die kommerziellen Anforderungen der Marketingabteilungen;
- Fehlendes Know-how in kleineren Organisationen, wie z. B. Biotechnologieunternehmen.

Differenzierung über klinische Profile

Der nachhaltigste Ansatz zur Wertschöpfung bei pharmazeutischen Innovationen scheint einfach zu sein: ein Medikament mit einem überlegenen klinischen Profil im Vergleich zu den Präparaten der Konkurrenz anzubieten. Das klinische Profil eines Arzneimittels gilt als einer der einflussreichsten Prädiktoren für den kommerziellen Erfolg und besteht aus vier Kriterien:

- Wirksamkeit
- Sicherheit/Nebenwirkungen
- Dosierung/Verabreichung, und
- Kosten

Mit anderen Worten: Wenn ein Produkt wirksam ist, vernachlässigbare Nebenwirkungen hat und mit einem bequemen Dosierungsmechanismus verabreicht werden kann, ist es in einer guten Position, um auf den meisten Märkten zu bestehen.

Das Ausmaß, in dem ein Produkt durch eines oder alle diese Kriterien differenziert werden kann, variiert je nach therapeutischem Markt und Wettbewerbsumfeld. So müssen z. B. neue Marktteilnehmer, die nur geringfügige Verbesserungen der Wirksamkeit bieten, ihre kommerziellen Aussichten möglicherweise durch einen niedrigen Preis verbessern. Alternativ können Studien auf Bereiche mit ungedecktem Bedarf ausgerichtet werden, z. B. auf die Effektivität bei bestimmten Patientengruppen oder auf verbesserte Dosierungsschemata.

Daten aus klinischen Prüfungen werden in der Regel während der Entwicklung eines Arzneimittels in den klinischen Phasen I-III gewonnen. Da der Druck zur Produktdifferenzierung in der pharmazeutischen Industrie erheblich zugenommen hat, ist es üblich, dass die Unternehmen nach der Markteinführung eines Produkts Studien der Phase IV durchführen. Solche Studien konzentrieren sich auf weitere Indikationen und Subpopulationen oder versuchen, ein Produkt durch direkte Vergleichsstudien von seinen Hauptkonkurrenten zu unterscheiden. Sobald wertvolle Studiendaten vorliegen, ist es kritisch, die Informationen an die wichtigsten Zielgruppen zu vermitteln, insbesondere an Meinungsführer, Ärzte mit hoher Verschreibungsquote oder Patienteninteressengruppen, und zwar so, dass die Vorteile eines Produkts im Vergleich zu seinen Wettbewerbern leicht verständlich werden. Neben dem Profil eines Medikaments ist der Zeitpunkt der Markteinführung ein weiterer relevanter Erfolgsfaktor.

1.4 Ausblick

Einige neue Märkte sind entweder nicht bereit, die in den USA und den meisten europäischen Ländern üblichen hohen Preise zu zahlen, oder sie sind sehr unsicher, schwierig und teuer zu erschließen. Ein neuer Markt in der amerikanischen und europäischen Wirtschaft ist zum Beispiel die Geriatrie. Die Menschen werden immer älter, und die Ausgaben für das Gesundheitswesen steigen mit dem Alter. So beliefen sich beispielsweise die nationalen Gesundheitsausgaben in den USA für die Bevölkerung ab 65 Jahren im Jahr 2010 auf 18.424 US-Dollar, fünfmal höher als die Ausgaben für Kinder (3628 US-Dollar) und immer noch dreimal so hoch wie die durchschnittlichen Ausgaben für die Bevölkerung im erwerbsfähigen Alter (6125 US-Dollar). Daher werden derzeit viele neue Arzneimittel entwickelt, die speziell auf die Behandlung älterer Menschen abzielen und Krankheiten wie Diabetes, rheumatoide Arthritis, Alzheimer oder Parkinson betreffen.

Die Konzentration auf Blockbuster scheint eine beneidenswerte Wettbewerbsposition zu sein, da es auf dem Pharmamarkt starke Vorteile für Erstanbieter gibt. Wenn jedoch ein erheblicher Anteil des Gesamtumsatzes von Blockbustern abhängt, setzt sich ein Unternehmen dem Risiko eines starken Umsatzrückgangs aus, sobald das zugrunde liegende Medikament seinen Patentschutz verliert. Die meisten Pharmaunternehmen haben daher begonnen, ihre Medikamentenportfolios strenger auszubalancieren und abzusichern, und haben ihr Geschäft diversifiziert.

Literatur

European Commission. (2014). *The 2014 EU Industrial R&D Investment Scoreboard.* European Commission – Joint Research Centre. http://iri.jrc.ec.europa.eu/scoreboard.html. Zugegriffen am 08.06.2016.

European Commission. (2015). *The 2015 EU Industrial R&D Investment Scoreboard.* European Commission – Joint Research Centre. http://iri.jrc.ec.europa.eu/scoreboard15. Zugegriffen am 08.06.2016.

Evaluate. (2015). *World preview 2015, outlook to 2020.* http://info.evaluategroup.com/rs/607-YGS-364/images/wp15.pdf. Zugegriffen am 15.02.2016.

Grabowski, H., Vernon, J., & DiMasi, J. A. (2002). Returns on research and development for 1990s new drug introductions. *Pharmacoeconomics, 20*, 11–29.

Mullard, A. (2016). 2015 FDA drug approvals. *Nature Reviews Drug Discovery, 15*, 73–76.

Paul, S. M., Mytelka, D. S., Dunwiddie, C. T., Persinger, C. C., Munos, B. H., Lindborg, S. R., et al. (2010). How to improve R&D productivity: The pharmaceutical industry's grand challenge. *Nature Reviews Drug Discovery, 9*, 203–214.

Pharma Information. (2002). *Swiss Health Care and Pharmaceutical Market. Edition 2002.* Interpharma.

PhRMA. (2015). *2015 profile biopharmaceutical research industry*. PhRMA website at. http://www.phrma.org/sites/default/files/pdf/2015_phrma_profile.pdf. Zugegriffen am 20.06.2016.

Reuters. (2003). *The blockbuster drug outlook to 2007: Identifying, creating and maintaining the pharmaceutical industry's growth drivers.* Reuters Business Insight, Healthcare.

Scannell, J. W., Blanckley, A., Boldon, H., & Warrington, B. (2012). Diagnosing the decline in pharmaceutical R&D efficiency. *Nature Reviews Drug Discovery, 11*, 191–200.

Schuhmacher, A., Gassmann, O., & Hinder, M. (2016). Changing R&D models in research-based pharmaceutical companies. *Journal of Translational Medicine, 14*, 105–115.

2 Die Herausforderung der Branche: Wer möchte in diesem Geschäft tätig sein?

> *„We must never forget that innovation is an access issue—access for those with unmet medical needs. We must balance the needs of patients for marketed medicines today with the needs of patients depending on new medicines in the future.“ („Wir dürfen nie vergessen, dass Innovation auch eine Frage des Zugangs ist – des Zugangs für Menschen mit ungedecktem medizinischen Bedarf. Wir müssen die Bedürfnisse der Patienten, die heute auf dem Markt sind, mit den Bedürfnissen der Patienten, die in Zukunft auf neue Medikamente angewiesen sind, in Einklang bringen.“)*
>
> *Henry A. McKinnell, Jr, ehemaliger Präsident und CEO, Pfizer*

2.1 Eine hochkomplexe Industrie

In guten Zeiten ist die Pharmaindustrie eine sichere Gewinnquelle für ihre Anleger. Aber diese guten Zeiten gehören größtenteils der Vergangenheit an, und mehrere finanzielle Leistungsindikatoren sind deutlich langweiliger geworden. Der einzigartige Cocktail aus Wettbewerb durch etablierte und nicht markengebundene Unternehmen, Regulierungsbehörden, neue Technologien, sich verändernde Märkte und in letzter Zeit auch eine zunehmend misstrauische Öffentlichkeit machen das Geschäft in der Pharmaindustrie sowohl für etablierte Akteure als auch für neue Unternehmen schwierig.

Natürlich ist es immer noch möglich, in dieser Branche gute Gewinne zu erzielen. Aber gleichzeitig haben Bedenken hinsichtlich der Produktqualität und die daraus resultierenden Rechtsstreitigkeiten die Pharmaunternehmen und die Zulassungsbehörden dazu veranlasst, bei der Markteinführung neuer Medikamente äußerst vorsichtig zu sein. Große altehrwürdige Unternehmen wurden durch den Rückruf von Vioxx und andere Ereignisse an den Rand des Zusammenbruchs ge-

O. Gassmann et al., *Führung und Organisation pharmazeutischer Innovation*,
https://doi.org/10.1007/978-3-031-43818-9_2

bracht. Aufstrebende Firmen in China und Indien beginnen, mit etablierten multinationalen Pharmakonzernen zu konkurrieren, und zwar nicht nur in ihrem eigenen Land, sondern weltweit, und die Zulassungsbehörden in diesen Ländern werden in ihren Entscheidungen immer selbstbewusster und unabhängiger. Die ohnehin schon hochkomplexe Branche ist noch komplexer geworden. Das Manövrieren in dieser Branche wird immer schwieriger.

Klassifizierung der Industrie und Hintergrund
Historisch gesehen ist die pharmazeutische Industrie aus der chemischen Industrie hervorgegangen. Auch heute noch spielt die Chemie einen wesentlichen Anteil an der Innovation pharmazeutischer Produkte. Die Produktionsprozesse von chemischen und pharmazeutischen Stoffen weisen viele Ähnlichkeiten auf, und viele Branchenexperten fassen die chemische und die pharmazeutische Industrie zu einer einzigen Branche zusammen, der „pharmazeutisch-chemischen Industrie". Trotz der vielen Gemeinsamkeiten existiert ein allgemeiner Trend zur Trennung in unabhängige Disziplinen. Obwohl es immer noch viele Unternehmen gibt, die neben einer chemischen auch eine pharmazeutische Sparte betreiben, haben die Kapitalmärkte zunehmend Unternehmen bevorzugt, die diese Geschäftsbereiche getrennt haben. Die Gründe dafür liegen in der höheren Rentabilität und der geringeren Abhängigkeit von zyklischen Trends in der Pharmaindustrie, was zu einer stärkeren Orientierung am Shareholder Value führt.

Pharmazeutika werden heute in der Regel – zusammen mit den Produktgruppen Vitamine, Feinchemikalien, Pflanzenschutzmittel und Tierarzneimittel – unter der umfassenderen Kategorie der so genannten Life-Science-Produkte zusammengefasst (d. h. Produkte, die in die Stoffwechselprozesse lebender Organismen eingreifen). Einschließlich der Spezialchemikalien lassen sich die verschiedenen Produktkategorien wie folgt charakterisieren:

- Die Produktgruppe Pharmazeutika umfasst hauptsächlich patentierte, innovative Produkte, die nur auf ärztliche Verschreibung erhältlich sind (entweder patentierte oder generische). Freiverkäufliche Arzneimittel und diagnostische Hilfsmittel haben ebenfalls an Bedeutung gewonnen.
- Die Produktgruppe der Pflanzenschutzmittel umfasst Herbizide, Fungizide und Insektizide. Die Gruppe der Tierarzneimittel beinhaltet Medikamente für Haustiere und Nutztiere.
- Die Produktgruppe Vitamine und Feinchemikalien umfasst die 13 Vitamine und ihre Derivate sowie Aromen und Duftstoffe. Dabei handelt es sich nicht um Produkte für den direkten Verzehr, sondern um „Massenprodukte", die für die Herstellung von Arzneimitteln, Lebensmitteln und Tierfutter verwendet werden.

Die Produktgruppe der Spezialchemikalien umfasst mehrere hochspezialisierte Produkte, die häufig in relativ kleinen Mengen für den spezifischen Bedarf einzelner Kunden hergestellt werden. Die professionelle Beratung als Dienstleistung für die Klienten ist von großer Bedeutung.

Die Produktgruppe Pharmazeutika kann weiter in mehrere Produktgruppen unterteilt werden, die verschiedene therapeutische Bereiche abdecken. Die Klassifizierung nach therapeutischen Gebieten ist häufig die Grundlage für die Organisationsstruktur der meisten Pharmaunternehmen.

Umfangreiche Produktgruppen

Als Arzneimittel werden Stoffe oder Stoffgemische bezeichnet, die zur Erkennung, Vorbeugung oder Behandlung von Krankheiten oder zu anderen medizinischen Zwecken im Zusammenhang mit der Beeinflussung des menschlichen Organismus eingesetzt werden sollen (Leutenegger, 1994). Im Allgemeinen werden Medikamente in verschreibungspflichtige und nicht verschreibungspflichtige Medikamente unterschieden. Weitere Klassifizierungen von Arzneimitteln sind Generika, Diagnostika, Orphan Drugs oder gentechnisch hergestellte Arzneimittel.

Verschreibungspflichtige Medikamente werden oft auch als rezeptpflichtige Arzneimittel bezeichnet. Sie werden von Apotheken oder Krankenhäusern nur abgegeben, wenn sie von einem Arzt verschrieben worden sind. In manchen Fällen dürfen die Behandler auch selbst verschreibungspflichtige Arzneimittel herausgeben. Diese so genannten selbstdispensierenden Ärzte verschreiben nicht nur das jeweilige Medikament, sondern geben es auch ab.

Nicht verschreibungspflichtige Medikamente können rezeptfrei in Apotheken und Drogerien gekauft oder in Krankenhäusern erworben werden. Zu den nicht verschreibungspflichtigen Arzneimitteln gehören also sowohl Arzneimittel, die in Apotheken und Drogerien ohne Rezept gekauft werden, als auch Medikamente, die in Arztpraxen und Krankenhäusern verschrieben werden. OTC-Arzneimittel werden manchmal auch als Pharmazeutika bezeichnet, die ausschließlich zur Selbstmedikation verwendet werden (d. h. ohne jegliche Verschreibung). OTC-Arzneimittel werden in der Regel bei kleineren Beschwerden wie Kopfschmerzen oder Grippe eingesetzt.

Generische Medikamente sind chemisch identische Nachbildungen von verschreibungspflichtigen oder nicht rezeptpflichtigen Medikamenten, deren Patentschutz abgelaufen ist („off patent"). Generika werden in der Regel von Unternehmen angeboten, die das Medikament nicht selbst entwickelt haben, sondern eine Lizenz für den Verkauf des Arzneimittels erworben haben. Da diese Firmen keine hohen F&E-Investitionen tätigen müssen, werden Generika in der Regel zu einem viel niedrigeren Preis als das Originalpräparat vermarktet, haben aber die gleiche Wirksamkeit, da sie dieselben Grundstoffe wie das patentgeschützte Original verwenden. Medikamente, die kurz vor dem Verlust des Patentschutzes stehen, sind somit einem intensiven Wettbewerb ausgesetzt. Zum Beispiel verlor das historische Bestseller-Medikament Prozac von Eli Lilly im August 2001 den Patentschutz in den USA, sodass die Konkurrenz durch Generika die Unternehmensverkäufe im vierten Quartal 2001 zügig um 66 % reduzierte. Viele Pharmaunternehmen haben ihr eigenes Generikageschäft gegründet, um auf die Herausforderung durch Nachahmerprodukte zu reagieren. Novartis erwarb die Generikahersteller Eon und Hexal und integrierte sie in sein unter dem Markennamen Sandoz geführtes Generikageschäft, das heute eines der größten Generikageschäfte der Welt und einer der globalen Wachstumsmotoren von Novartis ist.

Orphan-Medikamente zielen auf seltene Erkrankungen mit in der Regel sehr kleinen Patientenpopulationen ab. Sie bieten Ärzten therapeutische Alternativen, und in einigen Fällen stellen sie sogar eine erste therapeutische Option dar. Die FDA gewährt einem Unternehmen den Status eines Arzneimittels für seltene Leiden, wenn davon ausgegangen wird, dass dieses Arzneimittel die Lebenserwartung von Patienten mit einer bestimmten Krankheit wesentlich erhöht. Dies schließt andere Unternehmen davon aus, eine FDA-Lizenz für die Herstellung eines ähnlichen Medikaments für einen begrenzten Zeitraum (in der Regel 7 Jahre) zu erhalten, wodurch das Unternehmen, das das Medikament herstellt, seine F&E-Ausgaben wieder hereinholen kann.

Mit Arzneimitteln für seltene Leiden lassen sich aufgrund der geringen Größe der Zielmärkte keine großen Gewinne erzielen, und die Entwicklungsrisiken sind nach wie vor erheblich. Daher wird davon ausgegangen, dass die Rechtsvorschriften über Arzneimittel für seltene Leiden dem Verbraucher Vorteile bringen. Zusätzlich zu den Exklusivitätsrechten in bestimmten Indikationsbereichen können Orphan Drugs jedoch auch dazu beitragen, das öffentliche Profil eines Unternehmens zu verbessern. In der Tat nimmt die Zahl der Anträge für Orphan Drugs weiter zu. Die Anzahl der Ausweisungen von Orphan Drugs stieg von durchschnittlich 65 in den 1990er-Jahren (als sie ziemlich konstant war) auf 354 im Jahr 2015 (Karst, 2017). Zwischen 1995 und 2005 wurden insgesamt 160 Orphan Drugs zugelassen, und zwischen 2001 und 2011 wuchs der Markt für Orphan Drugs mit einer CAGR von 25,8 % (Gaze & Breen, 2012). Im Jahr 2014 genehmigte die FDA die höchste Anzahl von Orphan-Medikamenten aller Zeiten – 49 – und die Zulassungszahlen bewegen sich seit 2012 im Rahmen von 30 bis 40 Medikamenten (Karst, 2017).

Gentechnisch hergestellte Arzneimittel spielen eine immer wichtigere Rolle in der pharmazeutischen Pipeline. Die Gentechnik umfasst alle Methoden zur Charakterisierung und Nutzung von genetischem Material und wird zur Entdeckung von Medikamenten, zur Forschungssimulation und sogar zu diagnostischen Zwecken eingesetzt. Die Grenzen der Gentechnologie sind vor allem ethischer Natur.

2.2 Branchenstrukturanalyse der Arzneimittelindustrie (Five Forces)

Angesichts der starken Abhängigkeit von Innovation und Wachstum, der Ungewissheit über den Erfolg der Produktentwicklung und der großen Komplexität bei der Preisgestaltung, der Vermarktung und dem Vertrieb ihrer Produkte ist es durchaus berechtigt, die Frage zu stellen: Wie attraktiv ist die Pharmaindustrie insgesamt? Diese Frage kann nicht angemessen beantwortet werden, ohne auf das Kräfteverhältnis zwischen den verschiedenen Interessengruppen der Branche einzugehen. Darüber hinaus müssen wir die Ausstiegshindernisse für bestehende Wettbewerber und die Eintrittsbarrieren für potenzielle neue Unternehmen berücksichtigen.

Bei einer reinen Betrachtung der Finanzdaten scheint die Pharmaindustrie komfortable Renditen zu bieten, mit einer relativ hohen Eigenkapitalrendite (rund 15 % für Pharmazeutika, 22 % für Biotechnologie im Jahr 2016) und eine der höchsten Nettogewinnspannen (fast 18 % sowohl für Pharma als auch für Biotech, laut Damodaran, 2016). Es ist jedoch ein Irrtum zu glauben, dass die Branche durch wenig Wettbewerb und sichere und vorhersehbare Rahmenbedingungen gekennzeichnet ist.

Eine Methode, die häufig zur Analyse der Attraktivität einer Branche und zur Ermittlung von Chancen und Gefahren verwendet wird, ist das Konzept der fünf Kräfte von Michael Porter (1985; siehe Abb. 2.1). Porter fasste fünf Hauptkräfte zusammen, die den Wettbewerb in einer Branche bestimmen: die Verhandlungsmacht von Lieferanten und Käufern, das Risiko des Markteintritts potenzieller Konkurrenten, die Bedrohung durch Ersatzprodukte und das Ausmaß der Rivalität zwischen etablierten Unternehmen innerhalb einer Branche. In Branchen mit starkem Einfluss von Regulierungsbehörden wird häufig eine sechste, regulierende Kraft hinzugefügt, um die fünf Kräfte von Porter zu ergänzen; dies gilt insbesondere für die pharmazeutische Industrie und den damit verbundenen Gesundheitssektor. Mehrere Chancen und Bedrohungen für die Pharmaunternehmen ergeben sich direkt aus den staatlichen Vorschriften, die sich unmittelbar auf den Umsatz, die Gewinnspannen und die Kosten von Arzneimitteln auswirken.

Kraft 1: Verhandlungsmacht der Lieferanten

Zu den Zulieferern in der pharmazeutischen Industrie gehören Rohstofflieferanten, Biotechnologieunternehmen und Produktionsstätten, aber auch lokale Co-Marketing-Partner oder Arbeitskräfte. Pharmazeutische Unternehmen können unterschiedliche Zulieferer haben, je nachdem, ob sie im Bereich OTC, verschreibungspflichtige Medikamente oder Generika konkurrieren.

In der pharmazeutischen Industrie scheinen die Lieferanten keine starke Verhandlungsmacht zu haben. In der klinischen Forschung beispielsweise sind die Lieferanten die Patienten, die an klinischen Studien teilnehmen, die Prüfer und ihre Forschungsteams, die die Daten liefern, sowie externe Auftragnehmer. Eine zusätzliche Bedrohung könnte von Paralleleinfuhren aus Niedrigpreisländern ausgehen (was zu heftigen Diskussionen über die Aussichten und Gefahren einer Anpassung der Preise für lebensrettende – aber teure – Behandlungen in Entwicklungsländern und die mögliche Gefahr von Re-Importen aus diesen Ländern geführt hat).

Die Pharmaunternehmen sind jedoch in zunehmendem Maße von den Biotechnologieunternehmen und der universitären Forschung abhängig. Die Verhandlungsmacht der Biotechnologieunternehmen hat in den letzten Jahren ständig zugenommen, was dazu geführt hat, dass bei Verträgen zwischen Pharma- und Biotechnologieunternehmen heute bis zur Hälfte der Gewinne und Einnahmen auf den kleineren Biotechnologiepartner entfallen. Dennoch scheinen Pharma- und Biotechnologieunternehmen eher eine Koexistenz als einen direkten Wettbewerb zu bevorzugen. Während die Biotechnologieunternehmen in der Frühphase der Zusam-

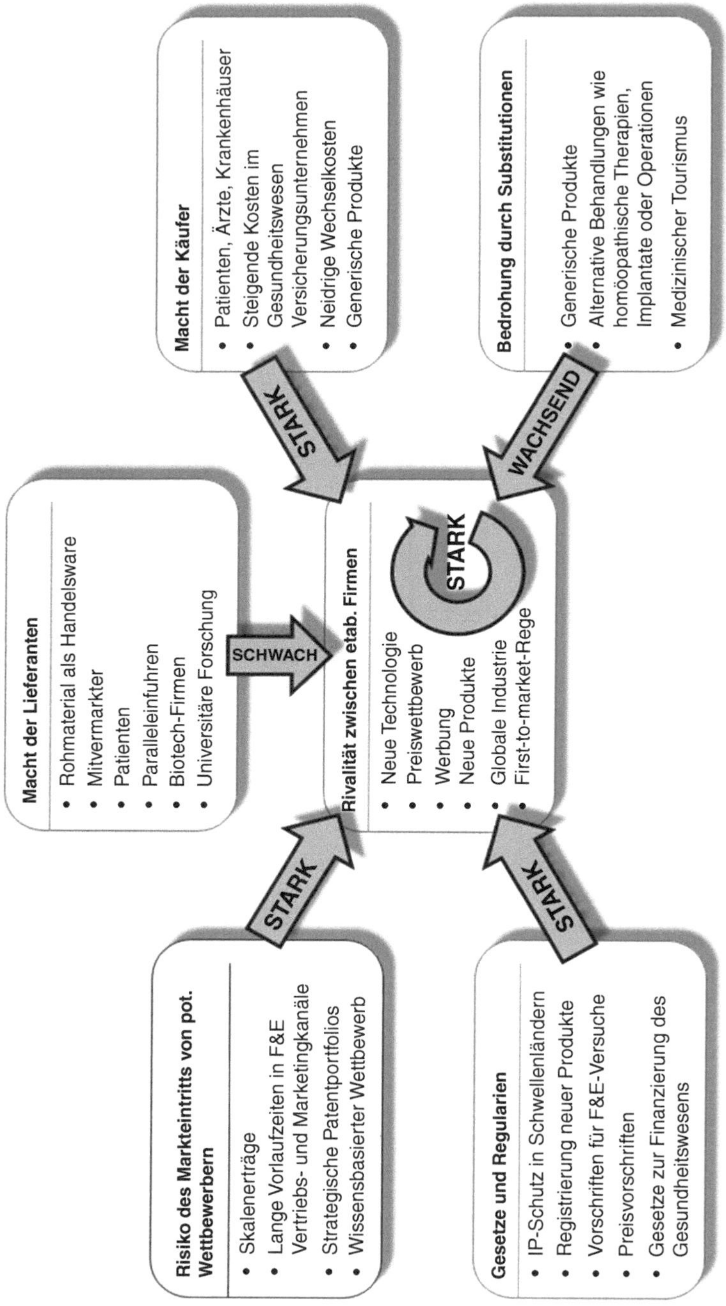

Abb. 2.1 Das Gleichgewicht der Macht in der pharmazeutischen Industrie

menarbeit neue Technologien oder Wirkstoffe einbringen, bieten die Pharmaunternehmen globales Marketing, breite und umfangreiche Vertriebskanäle und einen lokalen Außendienst.

Darüber hinaus ist die Biotechnologie-Risikokapitalbranche in den letzten Jahren gereift, was die Übernahme von Biotechnologie-Start-ups erschwert hat (obwohl einige Biotechnologieunternehmen begonnen haben, sich zusammenzuschließen und ihre Absicht bekundet haben, sich zu vollwertigen Pharmaunternehmen zu entwickeln, z. B. Celera und Axys Pharmaceuticals im Jahr 2002). Obwohl Allianzen zu einer wichtigen Quelle für neue Produkte und Marketingvereinbarungen geworden sind, scheint die Bedrohung, die Biotechnologieunternehmen für Pharmaunternehmen darstellen, insgesamt eher moderat zu sein. Es wird im Allgemeinen nicht erwartet, dass sich Biotechnologieunternehmen in voll integrierte Pharmaunternehmen verwandeln und mit ähnlichen Geschäftsmodellen konkurrieren werden.

Kraft 2: Verhandlungsmacht der Käufer

Zu den Käufern in der pharmazeutischen Industrie gehören in der Regel die Patienten (insbesondere im OTC-Geschäft), Ärzte, die Medikamente verschreiben, Krankenhausvorstände, welche den Kauf neuer Behandlungen und Medikamente genehmigen, oder Apotheker, die ihren Medikamentenbestand optimieren.

Der Endverbraucher – der Patient – hat in der Regel keinen großen Einfluss auf die Entscheidung eines Arztes über ein bestimmtes verschreibungspflichtiges Arzneimittel, da sein Wissen über das betreffende Arzneimittel und seine Folgen in der Regel begrenzt ist. Außerdem trägt der Patient in der Regel nicht die vollen Kosten des Arzneimittels, zumindest nicht direkt. Diese Kosten werden in der Regel von den Krankenkassen übernommen. Daher hat der Verbraucher/Patient kein ausgeprägtes Kostenbewusstsein in Bezug auf die verwendeten pharmazeutischen Produkte entwickelt. Daher ist die Produktqualität im Allgemeinen der wichtigste Faktor für die Kaufentscheidung.

Dies dürfte sich jedoch mit den jüngsten Änderungen in den nationalen Gesundheitssystemen wandeln: Die Patienten werden sich an den Kosten für Arzneimittel und Therapien beteiligen und damit preisbewusster werden. Zuzahlungen für verschreibungspflichtige Markenmedikamente sind ein erster Schritt in diese Richtung. In der Folge gewinnt der informierte Patient zunehmend an Bedeutung. Bei nicht verschreibungspflichtigen Arzneimitteln (OTC-Präparaten) können die Patienten in der Regel die Medikamente selbst auswählen. Dies führt zu einem höheren Kostenbewusstsein auf Seiten der Verbraucher. Die Krankenkassen entscheiden sich daher zunehmend für OTC-Arzneimittel, um ihre eigene Erstattungspflicht zu reduzieren.

Das Aufkommen selbstorganisierter Patientengruppen erfordert von den Pharmaunternehmen eine stärkere Berücksichtigung von Geschäftsmodellen, die direkt an den Kunden oder an den Patienten gerichtet sind. Während die Käufer pharmazeutischer Produkte immer noch eine stark fragmentierte Gruppe sind, hat die Kaufkraft großer Patientengruppen insbesondere in den USA in den letzten Jahren erheblich zugenommen. Die so genannten Health Maintenance Organizations (HMOs) bündeln und vertreten die Interessen großer Patientengruppen. Sie sind sehr erfolgreich bei der Aushandlung von Preisen, die für die Patienten vorteilhaft sind. So können die Käufer einen starken Einfluss auf die Preise ausüben, indem sie Preisnachlässe für Großeinkäufe fordern oder mit dem Wechsel zu anderen Anbietern drohen (insbesondere im Generikageschäft). Das HMO-Modell ist vor allem in den USA anwendbar, wo die Preise für verschreibungspflichtige Medikamente nicht der staatlichen Preisregulierung unterliegen.

Trotz der Bedrohung durch HMOs ist es den meisten Pharmaunternehmen gelungen, direkte Marketingbeziehungen zu Ärzten und Patienten in aller Welt aufzubauen. Große Gruppen von Außendienstmitarbeitern und Medical Science Liaisons (MSL) sorgen dafür, dass neue und bereits auf dem Markt befindliche Produkte bei den Ärzten angemessen bekannt werden. Allerdings hat die behördliche Kontrolle zugenommen, so dass die Pharmaunternehmen ihre Vertriebsstrategien sorgfältig überdenken und neu bewerten. Insbesondere die hohe Zahl der Arztbesuche durch Außendienstmitarbeiter hat die Aufsichtsbehörden zum Eingreifen veranlasst. Stärker fokussierte Ansätze, die den Ärzten Informationen mit höherem medizinischem Wert liefern, werden wahrscheinlich das Außendienstmodell der Zukunft darstellen.

Die Kaufkraft der Ärzte scheint leicht zugenommen zu haben, und die Wechselkosten sind relativ niedrig. Gleichzeitig beeinflussen Regierungen und Gesundheitsbehörden die lokalen Preise in ihrem Bemühen, die Gesundheitskosten einzudämmen. In Ländern mit verstaatlichtem Gesundheitswesen und strengen Preiskontrollen ist die Nachfragemacht größer: Verschreibungspreise in den meisten europäischen Ländern sind etwa 30–50 % niedriger als in den USA (Wall Street Journal, 2015). Laut BCG (2016) steht für die Verbraucher im Gesundheitswesen mehr Geld auf dem Spiel, sie müssen mehr Entscheidungen treffen und haben mehr Informationen – aber auch mehr Lärm – zu berücksichtigen als je zuvor. Abgesehen von den Empfehlungen der Primärärzte ist die Mund-zu-Mund-Propaganda so wichtig wie eh und je: In den USA würden 54 % aller Patienten Ärzte fragen, 46 % würden Freunde und Verwandte fragen, bevor sie einen kleineren Eingriff buchen (BCG, 2016).

Kraft 3: Risiko des Markteintritts potenzieller Wettbewerber
Neue Marktteilnehmer sind in der Regel mit den folgenden Marktzutrittsschranken konfrontiert:

- Größenvorteile, z. B. in den Bereichen F&E, Marketing und Vertrieb;
- Langsame Erfolgsraten bei der Entwicklung neuer Medikamente;
- Image, etablierte Beziehungen und Markenwert;
- Kapitalbedarf und finanzielle Mittel;
- Zugang zu Vertriebskanälen;
- Fähigkeit und Kapazität, mit Regulierungsbehörden und Patenten umzugehen.

Selbst kleine Biotech-Unternehmen, die sich auf eine einzige Technologie konzentrieren, müssen Hunderte von Millionen Dollar ausgeben, nur um ein potenzielles Produkt vorzuschlagen. Etablierte Pharmaunternehmen verfügen über schwer zu kopierende Produktions- und Vertriebssysteme, ein strategisches Patentportfolio, das Wettbewerber daran hindert, in neue Krankheitsbereiche vorzudringen, und große Marketingbudgets zum Schutz ihrer Marken. Dennoch versuchen einige Unternehmen, in den Pharmamarkt einzutreten, z. B. Auftragsforschungsinstitute, die sich bemühen, ihr Geschäft vertikal, d. h. nachgelagert zur Pharmaindustrie auszuweiten.

Außerdem schützt der Patentschutz nicht vor der Konkurrenz durch Generika. Generika erzielen zwar etwa 50 % des Absatzes bei kontinuierlichem Wachstum, sind aber weit weniger rentabel als verschreibungspflichtige Arzneimittel. Pfizer erwirtschaftete zum Beispiel im Jahr 2001 einen Umsatz von 26,3 Mrd. US$ mit verschreibungspflichtigen Medikamenten, der fast fünfmal so hoch war wie der Gesamtumsatz der elf führenden Generikahersteller, die in einer Branchenstudie von Standard & Poor's erfasst wurden (Saftlas, 2001).

Kraft 4: Bedrohung durch Substitutionsprodukte
Substitutionsprodukte erfüllen dieselbe Funktion wie die bestehenden Produkte, manchmal sogar besser. Generika sind Ersatzstoffe für die Originalmedikamente, aber zu einem niedrigeren Preis. Während Generika eine zunehmende Bedrohung für die Rentabilität großer Pharmaunternehmen darstellen, bieten sie auch Chancen. Novartis beispielsweise ist proaktiv auf die Bedrohung durch Generika eingegangen und hat sich selbst zu einem der größten Generikahersteller entwickelt, indem es verschiedene generische Produkte unter dem globalen Dachnamen Sandoz verkauft.

Der weltweite Generikamarkt hat ein erhebliches Wachstum der Verkaufszahlen erfahren. Dennoch ist der Marktanteil der Generika im Vergleich zum gesamten Arzneimittelmarkt immer noch vergleichsweise gering, was auf die relativ niedrigen Preise der Generika zurückzuführen ist. Ein Grund dafür könnte sein, dass sich die Hersteller von Generika in der Regel auf Arzneimittel mit sehr hohem Absatzvolumen konzentrieren, um schnell eine kritische Masse bei Umsatz und Gewinnspanne zu erreichen, und dabei kleinere Nischenmärkte vernachlässigen, die für Pharmaunternehmen sehr profitabel sind.

Neben Generika können auch bestimmte Medizinprodukte oder alternative Therapien als Ersatz für Arzneimittel dienen. Auch ein Krankenhausaufenthalt kann ein Ersatz für eine medikamentöse Behandlung sein. So kann beispielsweise eine Operation eine medikamentöse Behandlung überflüssig machen. Natürlich handelt es sich dabei nicht um perfekte Substitute, und bei der medizinischen Entscheidungsfindung müssen viele Faktoren berücksichtigt werden. Gemessen am Kosten-Nutzen-Verhältnis sind chirurgische Eingriffe, langwierige medizinische Behandlungen und Krankenhausaufenthalte jedoch weniger attraktiv.

In vielen Ländern werden neue Ersatzprodukte von den Versicherungsunternehmen nur dann finanziert, wenn der Mehrwert des neuen Produkts nachweislich viel höher ist als der des alten Produkts. Mit solchen Regelungen versuchen die Versicherungsunternehmen, die Kosten zu senken, da neue Produkte in der Regel teurer sind als ältere.

Alternative Therapien wie homöopathische Mittel, Akupunktur und pflanzliche Arzneimittel gelten immer noch als medizinisch unbewiesen und werden in der Regel nicht von den Krankenkassen übernommen. Das traditionelle Behandlungswissen könnte sich jedoch mit einer neuen Generation von Ärzten ändern, die offener ausgebildet und darin geschult sind, die Wünsche bestimmter Patienten nach sanften Behandlungen zu berücksichtigen. Sollten sich diese Produkte als medizinisch wirksam erweisen, werden sie schnell in die Schulmedizin aufgenommen werden. Insgesamt ist das Risiko einer unkontrollierbaren Exposition gegenüber Ersatzprodukten in der pharmazeutischen Industrie relativ gering. Die stärksten Substitutionsprodukte kommen nach wie vor von den innovativen Pharmaunternehmen selbst.

In den nächsten zwei Jahrzehnten ist jedoch mit einer ernsthaften Konkurrenz durch derzeitige Branchenfremde zu rechnen. So ist die Unterhaltungselektronikindustrie (z. B. Apple) drauf und dran, den Bereich der Gesundheitsvorsorge anzugreifen. Life-Style-Unternehmen, die derzeit nicht im Blickfeld der FDA stehen, werden in naher Zukunft zu einer Quelle von Ersatzprodukten werden. Darüber hinaus zieht der Handel mit hauptsächlich unstrukturierten „Big Data" bereits informationsbasierte Unternehmen (z. B. Google) und Versicherungsunternehmen an. Die digitale Pille könnte eine ernsthafte Konkurrenz für das Medikament, wie wir es kennen, darstellen. Universitäten wie das MIT, Dartmouth, Stanford und St. Gallen/Zürich weiten ihre Forschungsprogramme bereits auf klinische Versuche zu digitalen Diagnosen und Therapien in Bereichen wie Fettleibigkeit, Alzheimer und Depression aus. Digitale Therapien sind attraktiv für Therapien mit hohem Volumen und Längsschnittcharakter, d. h. für Bereiche, in denen maschinelles Lernen und künstliche Intelligenz am besten funktionieren.

Kraft 5: Rivalität zwischen etablierten Unternehmen

Die Rivalität zwischen den etablierten Pharmaunternehmen ist mäßig intensiv, da die Pharmaindustrie immer noch recht fragmentiert ist. Die zehn größten Arzneimittelhersteller kontrollierten im Jahr 2000 42 % und 2007 46 % des Weltmarktes, aber ihr Anteil ist seitdem auf 35 % im Jahr 2014 gesunken. Die Wettbewerber haben ihre Vormachtstellung durch Preiswettbewerb, Übernahmen, Werbeschlachten und die Einführung neuer Produkte untergraben. Diese Rivalität ist in gesättigten Märkten (z. B. Herz-Kreislauf- und Zentralnervensystem, Schmerzmittel) besonders intensiv und in wachsenden Märkten (z. B. Onkologie oder Immunstörungen) weniger intensiv.

Die meisten Gewinne der Industrie stammen von patentierten Produkten oder Therapien. Die so genannten „Me-too"-Produkte sind in der Regel weniger profitabel. Da die einzelnen Arzneimitteltherapien in der Regel auf bestimmte Märkte ausgerichtet sind, ist der Wettbewerb etwas eingeschränkt. Dennoch verbessern Generika ihre Position auf Kosten von Blockbuster-Medikamenten, deren Patentschutz ausläuft (mit einem Preisverfall von bis zu 80 %).

Die Rivalität wird in der Regel über die Zeit bis zur Markteinführung ausgetragen, da Unternehmen, die als erste auf den Markt kommen, einen relativ hohen

Marktanteil gewinnen und daher eher in der Lage sind, ihre F&E- und Marketingausgaben zu amortisieren. Globale Produkteinführungen tragen dazu bei, Marktanteile zu gewinnen, und daher haben große Unternehmen dank besser entwickelter Marketing- und Vertriebssysteme einen Vorteil gegenüber kleineren Unternehmen.

Kraft 6: Die Regulierungsbehörden

Öffentliche Gesetze und Vorschriften spielen in der Pharmaindustrie vielleicht eine größere Rolle als in jeder anderen Branche. Die regulierende Kraft beeinflusst die pharmazeutische Innovation auf mehreren Ebenen:

1. F&E-Vorschriften und Produktregistrierungen,
2. Preisregelungen und nationale Gesundheitssysteme, und
3. Rechte an geistigem Eigentum.

F&E-Vorschriften

Die Erforschung und Entwicklung von Arzneimitteln, von der Forschung bis zu Experimenten und klinischen Versuchen, muss in Übereinstimmung mit den Vorschriften der zuständigen Behörden wie der **Food and Drug Administration** (FDA) in den Vereinigten Staaten oder der **Europäischen Agentur für die Beurteilung von Arzneimitteln** (engl.: European Agency for the Evaluation of Medicinal Products: EMEA) in Europa erfolgen. Diese Regierungsbehörden legen die Zulassungs- und Registrierungsverfahren für alle neuen Medikamente fest, die auf den jeweiligen Märkten zur Zulassung eingereicht werden. Neue Medikamente müssen ihre Eignung für die Anwendung am Menschen nachweisen und das jeweilige Nutzen-Risiko-Profil muss vor der Zulassung ermittelt werden. Erst wenn ein Medizinprodukt alle Hürden genommen hat und damit die Anforderungen an Qualität, Wirksamkeit und Sicherheit erfüllt, wird es zugelassen.

Die FDA beispielsweise greift in zwei Phasen des Zulassungs-/Registrierungsverfahrens für neue Arzneimittel ein. Die erste erfolgt unmittelbar nach den präklinischen Tests, bei denen das sog. Center for Drug Evaluation and Research (CDER) der FDA feststellt, ob das neue Medikament für den Einsatz in klinischen Versuchen (d. h. in Versuchen mit Menschen) geeignet ist. Dieses Verfahren wird als Investigational New Drug (IND)-Programm bezeichnet. Eine IND-Genehmigung muss jährlich aufrechterhalten werden, z. B. durch Übermittlung von Jahresberichten. Darüber hinaus werden die Projekte häufig mit der FDA besprochen, insbesondere vor dem Eintritt in die klinischen Prüfungen der Phase III und der Einreichung. Nach dem erfolgreichen Abschluss der klinischen Tests und vor der Zulassung zur Vermarktung bestimmt das CDER das Nutzen-Risiko-Profil eines neuen Medikaments. Dieser Prozess wird als New Drug Application (NDA) Review Process bezeichnet.

Im Allgemeinen ist die Prüfung von Arzneimitteln auf Sicherheit, Qualität und andere Aspekte vor der Markteinführung zeitaufwendig und teuer. Die FDA nutzt jedoch zeitsparende Verfahren, um die Einführung wichtiger neuer Arzneimittel für Patienten mit besonderen Bedürfnissen zu beschleunigen. Eine beschleunigte Zulassung kann für vorrangige Arzneimittel erteilt werden, die sich als vielversprechend für die Behandlung schwerer und lebensbedrohlicher Krankheiten erweisen, für die es keine angemessene Therapie gibt. Die IND-Zulassung ermöglicht es Patienten, die nicht an den klinischen Studien teilnehmen, vielversprechende lebensrettende Arzneimittel zu nutzen, während sie sich noch in der Testphase befinden. Als beispielsweise die ersten Tests des antiviralen Medikaments Zidovudin (AZT, Azidothymidin) bei 330 AIDS-Patienten ermutigende Ergebnisse zeigten, genehmigte die FDA eine medizinische Anwendung einer Versuchssubstanz (eine sog. Treatment Use of Investigational Drugs) für mehr als 4000 AIDS-Patienten, bevor AZT zur Vermarktung zugelassen wurde.

Die durchschnittliche Dauer der Prüfung und Zulassung eines neuen Medikaments variiert von Land zu Land. So schwankt sie von 1,1 Jahren in Großbritannien bis zu 1,7 Jahren in Deutschland, Australien, Spanien und den USA. Die gesetzlichen Regelungen spiegeln oft die Haltung der gesamten Gesellschaft gegenüber der Technologie wider. In hochentwickelten Industrieländern ist die öffentliche Akzeptanz neuer Technologien wie der Bio- und Gentechnologie rückläufig, mit restriktiven Vorschriften für Tierversuche und Stammzellenforschung als typische Beispiele. Die Pharmaunternehmen sehen daher in den Vorschriften einen Anreiz, einen Teil ihrer Forschung ins Ausland zu verlagern. Neben den Genehmigungen für klinische Versuche am Menschen unterliegen auch Tierversuche und gentechnische Erfindungen strengen Genehmigungsverfahren.

Preisregulierungen und nationale Gesundheitssysteme
In den meisten Ländern werden die Arzneimittelpreise von den Bundesbehörden (direkt oder indirekt) reguliert. Die Vereinigten Staaten und Neuseeland sind die einzigen beiden Länder der Welt, in denen es keine staatliche Preisregulierung für Arzneimittel gibt. In einigen Ländern wird der Preis eines Produkts im Verhältnis zu den sozialen Kosten der Bevölkerung festgelegt. In anderen Ländern wiederum wird der Preis eines Medikaments durch seinen Innovationsgrad bestimmt, der sich an der Zahl der Patente in diesem Bereich misst (z. B. in Brasilien). Die nationalen Gesundheitssysteme haben jedoch immer den primären und direktesten Einfluss auf die Produktpreise, insbesondere wenn sie von den Krankenkassen erstattet werden.

Dieser Prozess lässt sich vielleicht am besten in den Vereinigten Staaten beobachten und analysieren, wo die Trump-Administration es sich zum Ziel gesetzt hat, die in der vorangegangenen Legislaturperiode ergriffenen Obamacare-Initiativen rückgängig zu machen. Mehrere Fragen sind für Pharmaunternehmen besonders wichtig: Wird die Trump-Administration weitere Innovationen bei Zahlungsmodellen unterstützen? Werden die Vorschriften für Fusionen und Übernahmen verschärft? Der BCG-Bericht (2016) spekuliert, dass die behördliche Aufsicht über Medizintechnik und Biopharma wahrscheinlich zunehmen wird. Politik und Pharmazie waren schon immer eng miteinander verbunden, und die Auswirkungen auf die Geschäftsmodelle können gar nicht hoch genug eingeschätzt werden.

Rechte an geistigem Eigentum

Der Zweck des Patentrechts ist es, die Entwicklung und den Schutz neuer Technologien und neuen Know-hows zu fördern. Einerseits müssen Erfindungen der Allgemeinheit zugänglich gemacht werden. Andererseits müssen die Erfinder sicher sein, dass ihre Erfindungen vor unrechtmäßiger Nachahmung und Nachbau geschützt sind. Pharmazeutische Patente sind unerlässlich, da es nicht schwierig ist, die jeweiligen Inhaltsstoffe eines Arzneimittels zu ermitteln und folglich pharmazeutische Produkte zu kopieren oder zu imitieren. Studien haben gezeigt, dass Patente das wirksamste Mittel zur Aneignung sind. 65 % der pharmazeutischen Erfindungen wären ohne Patentschutz nicht eingeführt worden im Vergleich zu einem branchenübergreifenden Durchschnitt von 8 % (Reuters, 2002).

In einigen Schlüsselbereichen der pharmazeutischen Forschung und Entwicklung ist der Patentschutz unklar oder noch in der Entwicklung. So gibt es beispielsweise Unterschiede in den USA, Europa und Japan, inwieweit Gene patentiert werden können (und damit „Eigentum" sind). In den USA sind natürlich vorkommende Gene seit 2013 nicht mehr patentierbar, aber synthetische DNA (oder komplementäre DNA, oder cDNA) kann patentiert werden. Dies ist wichtig, da cDNA für die Herstellung von Medikamenten auf der Basis von menschlichen Proteinen entscheidend ist. Manchmal wird das internationale Patentrecht nur akzeptiert, wenn nationale Interessen gewahrt werden. Brasilien zum Beispiel hat mehrmals damit gedroht, die Einhaltung internationaler Patentrechte für Malariamedikamente auszusetzen, wenn nicht bestimmte Lizenzgebühren entfallen würden.

2.3 Druck auf das traditionelle Pharma-Geschäftsmodell

Die Pharmaunternehmen müssen nicht nur durch Innovation und Forschung und Entwicklung schneller sein als andere, auch ihre Geschäftsmodelle werden grundlegend in Frage gestellt. Das traditionelle Modell, bei dem erhebliche Summen in die Entwicklung eines neuen Medikaments investiert werden, um dann für den Rest der Patentlaufzeit des Medikaments in den Genuss von Quasi-Monopolpreisen zu kommen, gerät ernsthaft unter Druck. Dieser Druck wird angetrieben durch:

- Anhaltender Anstieg von Generika/Markengenerikaprodukten
- Bedeutung von Spezialarzneimitteln
- Druck zur Portfoliooptimierung
- Zunehmend wettbewerbsorientierte Marketingmaßnahmen
- Rechtliche Herausforderungen

Anhaltender Anstieg von Generika/Marken-Generika-Produkten

Generika, d. h. kostengünstige Kopien von Markenarzneimitteln, deren Patentschutz in der Regel abgelaufen ist, sind für die Pharmaindustrie nichts Neues. Mit erheblichen Preisnachlässen von 50–70 % gegenüber ihren Markenmedikamenten erobern Generika in der Regel innerhalb weniger Monate nach ihrer Einführung einen beträchtlichen Marktanteil und stellen somit ein erhebliches Risiko für das Produktportfolio etablierter Pharmaunternehmen dar.

Aufgrund ihrer wettbewerbsfähigen Preise fördern mehrere Krankenversicherungen und Regierungen auf der ganzen Welt aktiv die Verwendung von Generika, um die ständig steigenden Gesundheitskosten zu dämpfen. Nach Angaben von IMS Research (IMS, 2016) entfielen 2016 in den USA 88 % aller Verschreibungen auf Generika, und bis 2020 könnten sie über 90 % des Verschreibungsvolumens ausmachen. Es wird erwartet, dass von 2013 bis 2018 52 % des weltweiten Wachstums der Arzneimittelausgaben auf Generika entfallen werden, verglichen mit 35 % für Markenmedikamente. Insgesamt wird der Umsatz mit Generika im Jahr 2017 voraussichtlich 442 Mrd. US-Dollar erreichen, was einer jährlichen Wachstumsrate von 10,6 % von 2013 bis 2017 entspricht.

Generikahersteller arbeiten ganz anders als traditionelle Pharmaunternehmen. Ihre Investitionen in Forschung und Entwicklung sind deutlich geringer, da das Medikament bereits entwickelt und zugelassen ist. Mehrere Unternehmen wie Teva oder Mylan haben sich zu bedeutenden und äußerst erfolgreichen Akteuren im Generikageschäft entwickelt, die den traditionellen Pharmaunternehmen weiterhin Werte abnehmen. Während Generikahersteller ihre generischen Produkte in der Regel erst dann auf den Markt bringen, wenn der Patentschutz eines Markenmedikaments ausläuft, bringen einige Generikahersteller ihre generischen Produkte bereits auf den Markt, bevor der Patentschutz eines vergleichbaren Markenmedikaments ausläuft. Rechtliche Anfechtungen werden dabei proaktiv in Betracht gezogen.

Eine recht erfolgreiche Strategie der Generikahersteller ist der Verkauf von „Markengenerika“. Die Strategie der Markengenerika ist beliebt, da sie das Beste aus beiden Welten vereint: Sie hält die F&E-Kosten niedrig, indem sie Generika verkauft, und erzielt gleichzeitig eine beträchtliche Gewinnspanne mit diesen kostengünstigen Produkten, indem sie sie als Markenmedikamente positioniert. Mit dieser Strategie erobern die Generikahersteller nicht nur Marktanteile von den traditionellen Arzneimittelherstellern, sondern sie versuchen auch, die Wertschöpfung auf dem Markt zu maximieren.

Bedeutung von Spezialarzneimitteln

Die therapeutischen Bereiche werden immer komplexer. Infolgedessen werden die entsprechenden Arzneimittel teurer, da sie oft komplizierte (z. B. Krebs, rheumatoide Arthritis) oder seltene chronische Erkrankungen (z. B. HIV) behandeln. Die entsprechenden Medikamente für diese komplexen Erkrankungen werden in der Regel als Spezialmedikamente bezeichnet.

Spezialarzneimittel sind in der Regel teurer als herkömmliche Arzneimittel, da sie für kleinere Patientengruppen bestimmt sind und eine höhere Komplexität aufweisen. Medicare definiert beispielsweise jedes Medikament als Spezialität, für das der verhandelte Preis 600 US-Dollar pro Monat oder mehr beträgt. Medikamente werden auch dann als Spezialitäten eingestuft, wenn eine besondere Handhabung erforderlich ist oder das Medikament nur über ein begrenztes Vertriebsnetz erhältlich ist. Die höheren Preisaufschläge für Spezialmedikamente erklären sich in der Regel durch den wahrgenommenen Wert von Behandlungen seltener Krankheiten, die im Vergleich zu Behandlungen häufigerer Krankheiten in der Regel sehr teuer sind.

Im Jahr 1990 gab es 10 Spezialmedikamente auf dem Markt, Mitte der 1990er-Jahre waren es weniger als 30, und im Jahr 2015 waren 300 Spezialmedikamente auf dem Markt (Kober, 2008). Laut Thomas und Pollack (2015) entfiel 2015 ein Drittel aller Arzneimittelausgaben in den Vereinigten Staaten auf Spezialmedikamente gegenüber 19 % im Jahr 2004 und mit einer Tendenz in Richtung 50 % in den nächsten zehn Jahren. Es überrascht nicht, dass der Erfolg der Spezialmedikamente zu einer Zeit kommt, in der das traditionelle Pharmageschäft mit dem Verkauf von Blockbuster-Medikamenten an die Massenmärkte Probleme bekommen hat.

In vielen Fällen werden spezielle Arzneimitteltherapiebereiche von kleineren und hoch spezialisierten Unternehmen bedient. Häufig versuchen die Akteure auf diesen Märkten, Nischen zu besetzen, indem sie eine Reihe von Behandlungsmöglichkeiten in ihrem jeweiligen Spezialgebiet anbieten. Manchmal erwerben die Spezialpharmaunternehmen auch Wirkstoffe aus angrenzenden Therapiegebieten und setzen sie in ihren jeweiligen Nischenmärkten unter verschiedenen Indikationen ein. Bekannte Spezialarzneimittelunternehmen sind beispielsweise Allergan oder Shire.

Ein Unternehmen, das für eine erfolgreiche Spezialpharmastrategie bekannt ist, ist **Valeant Pharmaceuticals**. Valeant erwarb aggressiv verschiedene Substanzen und vermarktete sie dann in mehreren hochpreisigen Nischenmärkten. Durch diese Strategie war Valeant in der Lage, die F&E-Kosten auf einem Minimum zu halten und so einen erheblichen Wert für seine Aktionäre zu schaffen. Diese Strategie funktionierte mehrere Jahre lang gut, doch im August 2015 wurden fragwürdige Aspekte der Geschäftspraktiken von Valeant aufgedeckt, darunter die Verbindungen des Unternehmens zur „firmeneigenen Apotheke" Philidor. In der Folge brach der Aktienkurs von Valeant deutlich ein, und es kam zu Umbesetzungen in der Unternehmensleitung, die teilweise auch das Vertrauen in das Geschäftsmodell des Spezialpharmaunternehmens erschütterten.

Dennoch dürfte das Geschäftsmodell der Spezialpharmazeutika vielversprechende Aussichten für die Zukunft haben und die Struktur und den Ansatz, wie viele Pharmaunternehmen innovieren werden, erheblich beeinflussen.

Druck auf Portfolio-Optimierung

Traditionell haben sich die großen Pharmaunternehmen auf große Therapiegebiete konzentriert, um die Wahrscheinlichkeit zu erhöhen, dass sie Blockbuster-Produkte finden. In den letzten Jahren haben jedoch viele Pharmaunternehmen begonnen, ihre Arzneimittelportfolios in Richtung fokussierter Therapiegebiete umzustrukturieren, in der Hoffnung, eine höhere Chance zu haben, First-in-Class-Medikamente anzubieten oder große ungedeckte medizinische Bedürfnisse zu erfüllen.

Ein solcher Bereich ist die Onkologie, und Abb. 2.2 zeigt, warum sich so viele Pharmaunternehmen derzeit auf diesen Bereich als Hauptziel konzentrieren: Mit

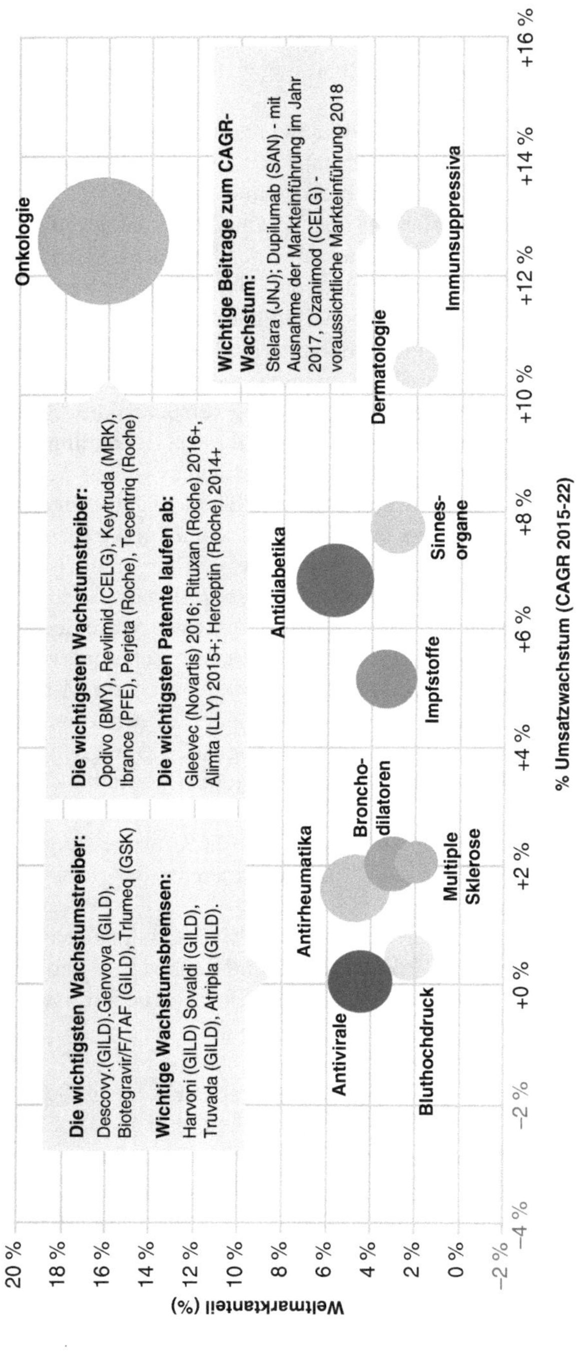

Abb. 2.2 Die zehn wichtigsten Therapiebereiche im Jahr 2022 nach Marktanteil und Umsatzwachstum. (Quelle: Evaluate (2016))

einem Pharmaumsatz von 83 Mrd. US-Dollar im Jahr 2015 und einem erwarteten Wachstum von 12,5 % p.a. auf 190 Mrd. US-Dollar im Jahr 2022 stellt die Onkologie die mit Abstand attraktivste therapeutische Marktchance dar. Viele Pharmaunternehmen haben diesen Trend frühzeitig erkannt und sich als Marktführer in diesem Therapiebereich positioniert.

So konzentrierte sich die klinische Pipeline **von Roche** 2016 auf nur fünf wichtige Therapiebereiche, darunter Entzündungen/Immunologie, Neurowissenschaften, Infektionskrankheiten, Augenheilkunde und Onkologie. Ebenfalls 2016 kündigte **Novartis** an, ihre Pharmadivision in zwei Geschäftseinheiten aufzuteilen, die dem CEO unterstellt sind: Novartis Pharmaceuticals und Novartis Oncology. Laut der Pressemitteilung von Novartis spiegelt die neue Struktur die Bedeutung der Onkologie für Novartis nach der erfolgreichen Integration der von GSK übernommenen Onkologie-Assets wider. Novartis erwartet, dass diese Änderung dazu beitragen wird, ihre Wachstums- und Innovationsstrategie voranzutreiben. Viele andere Unternehmen der Branche haben ihre Portfolios ebenfalls gestrafft und fokussiert, um die Wertschöpfung zu maximieren. Diese strategischen Portfolioüberlegungen müssen bei der Festlegung der Innovationsstrategie eines Unternehmens berücksichtigt werden.

Zunehmend wettbewerbsorientierte Marketingbemühungen

Während Innovation und F&E-Budgets zweifellos eine der wichtigsten Triebfedern für die Wertschöpfung in der Pharmaindustrie sind, darf nicht vergessen werden, dass das Marketing eine weitere sehr wichtige Ausgabenkategorie ist. Die Marketingbudgets übersteigen häufig die F&E-Budgets, wobei neun der zehn größten Pharmaunternehmen mehr für Marketing als für Innovation ausgeben (siehe Abb. 2.3).

Dieses Ausgabenverhalten und die daraus resultierende Wechselwirkung zwischen F&E- und Marketingbudgets hat mehrere Auswirkungen, die bei der Diskus-

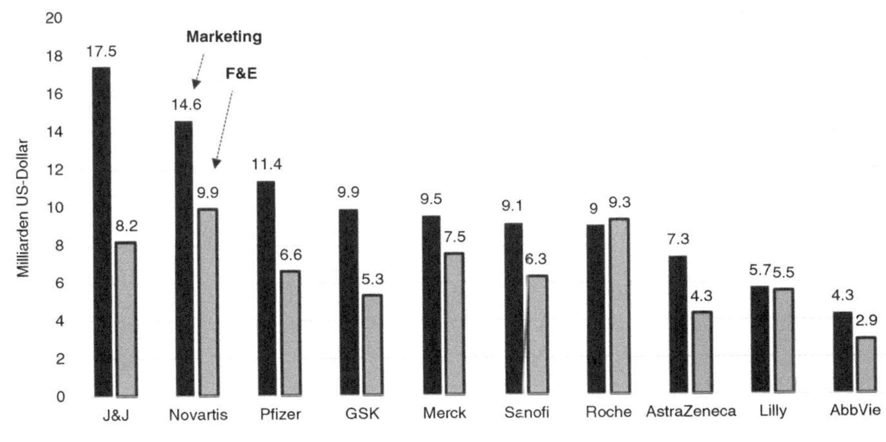

Abb. 2.3 Marketing- und F&E-Ausgaben der großen Pharmaunternehmen im Vergleich. (Quelle: Global Data, Werte von 2013)

sion über pharmazeutische Innovation berücksichtigt werden müssen: Betrachtet man die Notwendigkeit, Blockbuster-Produkte auf den Markt zu bringen, so wird deutlich, dass die damit verbundenen „Blockbuster-Kosten“ ohne entsprechende „Blockbuster-Einnahmen“ nicht tragbar sind. Daher erfordern zunehmend wettbewerbsfähige Innovationsaktivitäten immer wettbewerbsfähigere Marketinganstrengungen. Betrachtet man die tatsächlichen F&E- und Marketingkosten, so kann man sagen, dass die heutigen F&E-Entscheidungen weitgehend von Marketingüberlegungen bestimmt werden.

Die Zeit der großen Marketingausgaben für einzelne Arzneimittel könnte jedoch zu Ende gehen, nicht zuletzt aufgrund der oben beschriebenen Trends: stärker fokussierte Portfolio-Ansätze, die Bedeutung von Generika und die Zunahme von Nischen- und Spezialpharmazeutika, die auf kleinere Patientengruppen abzielen. Es wird erwartet, dass sehr gezielte, auf bestimmte Patientengruppen ausgerichtete Marketingstrategien die Oberhand gewinnen werden.

Rechtliche Herausforderungen
Der ständig steigende Wachstumsdruck und die Einführung neuer Produkte in der pharmazeutischen Industrie haben leider auch zu einigen rechtlichen Bedenken geführt. Mehrere Fälle von unkorrektem und unangemessenem Verhalten von Marktteilnehmern in den letzten Jahren geben Anlass zur Sorge.

Eines der größten Probleme in der Pharmaindustrie ist die Off-Label-Promotion von Arzneimitteln. Off-Label-Marketing betrifft den Verkauf eines Medikaments für eine nicht zugelassene Indikation oder in einer nicht zugelassenen Altersgruppe, Dosierung oder Verabreichungsart.

In den letzten Jahren haben Pharmaunternehmen Milliarden von Dollar an Geldstrafen im Zusammenhang mit dem Verkauf von Off-Label-Produkten gezahlt. Im bislang größten Vergleich in der US-Geschichte zahlte **GSK** 3 Mrd. US-Dollar, um straf- und zivilrechtliche Vorwürfe im Zusammenhang mit illegaler Werbung für Medikamente und der Nichtmeldung von Sicherheitsdaten auszuräumen. Im Mittelpunkt der Kontroverse stand das Antidepressivum Paxil. GSK bekannte sich schuldig, das Medikament als Behandlung für Kinder unter 18 Jahren verkauft zu haben, obwohl die FDA das Medikament nie für diese Verwendung zugelassen hatte. Laut einer Studie von Public Citizen aus dem Jahr 2016 wurden in den USA zwischen 1991 und 2015 insgesamt 373 Vergleiche zwischen Bundes- und Landesregierungen und Pharmaherstellern mit einem Gesamtvolumen von 35,7 Mrd. US-Dollar geschlossen. In Tab. 2.1 sind einige der größten Pharmavergleiche in der Geschichte des Marketingbetrugs aufgeführt.

Drug Watch schätzt, dass der Off-Label-Verkauf von Arzneimitteln jedes Jahr etwa 40 Mrd. US-Dollar (oder etwa 20 %) an Einnahmen einbringt. Im Fall von Risperdal zum Beispiel wurde behauptet, dass 75 % der Verkäufe im Jahr 2002 auf Off-Label-Verschreibungen entfielen. Das US-Justizministerium erzielte erst 2013, also mehr als ein Jahrzehnt später, einen Vergleich in diesem Fall.

Tab. 2.1 Größte Vergleiche bei Marketingbetrug in der Pharmaindustrie

Unternehmen	US$ Ausgleichszahlung	Medikamente	Jahr
GlaxoSmithKline	3,0 Mrd.	Paxil, Wellbutrin, Avandia	2012
Pfizer	2,3 Mrd.	Bextra, Geodon, Zyvox, Lyrica	2009
John & Johnson	2,2 Mrd.	Risperdal, Invega, Natrecor	2013
Abbott	1,6 Mrd.	Depakote	2012
Zyprexa	1,4 Mrd.	Zyprexa	2009
Merck	950 Mio.	Vioxx	2011
Serono	704 Mio.	Serostim	2005
Purdue Pharma	634,5 Mio.	OxyContin	2007
Allergan	600 Mio.	Botox	2010
AstraZeneca	520 Mio.	Seroquel	2010
Bristol-Myers Sq.	515 Mio.	Abilify	2007

Quelle: Drug Watch

Neben dem Off-Label-Marketing haben auch andere Formen unangemessenen Marktverhaltens die Pharmabranche erschüttert. Ein prominentes Beispiel ist das Unternehmen **Turing Pharmaceuticals**, das 2015 für negative Schlagzeilen sorgte, als sein CEO Martin Shkreli den Preis für das Medikament Daraprim über Nacht von 13,50 US-Dollar auf 750 US-Dollar pro Pille anhob, was einer Steigerung von rund 5500 % entspricht. Viele Patienten – viele von ihnen ältere Rentner – konnten sich dieses Medikament nicht mehr leisten. Diese Preistreiberei machte den Vorstandsvorsitzenden nicht nur zum „meistgehassten Mann Amerikas", sondern löste auch Untersuchungen des US-Kongresses über die Preisgestaltung von Arzneimitteln und eine verstärkte Kontrolle durch Regierungsbeamte aus.

2.4 Wachstumstreiber für die kommenden Jahre

Wir sind die Opfer unseres eigenen Erfolgs. Die Menschen werden älter, was altersbedingte Beschwerden, veränderte Lebensgewohnheiten und die Möglichkeit, dass Krankheiten überhaupt erst auftreten, mit sich bringt. Dies ist in den so genannten Schwellenländern in Asien noch deutlicher zu beobachten. Diese Trends treiben die Gesundheitskosten in die Höhe, und die Pharmaunternehmen werden von diesen Trends profitieren, da sie neue bahnbrechende Therapien, Diversifizierung, Zugang zu neuen regionalen Märkten und Fusionen nutzen werden, um zu expandieren.

Die Economist Intelligence Unit (EIU) sagt voraus, dass der globale Gesundheitsmarkt zwischen 2014 und 2018 um 5,3 % pro Jahr wachsen wird (Nicholls & Brayshaw, 2014). Nordamerika wird jährlich um 4,9 % wachsen, Westeuropa um 2,5 %, Lateinamerika im Durchschnitt um 5,0 %, Asien um 8,3 % und der Nahe Osten und Afrika um 8,7 %. Die steigende Lebenserwartung führt zu einer Nachfrage nach Medikamenten zur Behandlung altersbedingter Krankheiten wie Alzheimer oder Arthritis. Lebensstilbedingte Krankheiten wie Diabetes nehmen ebenfalls zu, da die Menschen in den Entwicklungsländern wie Mexiko, Indien und China den westlichen Lebensstil annehmen, ihre Ernährung umstellen und fettleibig werden.

Es wird prognostiziert, dass der weltweite Arzneimittelumsatz im Durchschnitt um 6,7 % pro Jahr (2014–2018) steigen und im Jahr 2018 1,61 Billionen US-Dollar erreichen wird (Nicholls & Brayshaw, 2014). Die wichtigsten Triebkräfte für dieses Wachstum sind die Gesundheitsreform von Obama, steigende Preise für innovative Medikamente und die Dynamik des asiatischen Markts, z. B. in China, Indien, Indonesien, Malaysia, Südkorea und Thailand. So wurde China im Jahr 2016 zum zweitgrößten Pharmamarkt weltweit. Der weltweite Umsatz mit verschreibungspflichtigen Medikamenten wird Schätzungen zufolge um rund 5 % (CAGR 4,8 %) von 743 Mrd. USD im Jahr 2014 auf 987 Mrd. USD im Jahr 2020 steigen (siehe Abb. 1.9). Allein der weltweite Umsatz mit Generika wird von 74 Mrd. USD im Jahr 2014 auf 112 Mrd. USD im Jahr 2020 steigen und damit seinen Anteil am weltweiten Pharmamarkt von 7,4 % im Jahr 2014 auf 11,3 % im Jahr 2020 erhöhen (Evaluate, 2015). Die Zahl der einkommensstarken Haushalte (Haushalte mit einem Jahreseinkommen von mehr als 25.000 US-Dollar) wird voraussichtlich auf rund 570 Mio. ansteigen, was auf eine Rekordzahl von Menschen hinweist, deren verfügbares Einkommen hoch genug ist, um sich innovative Arzneimittel zu leisten (Deloitte, 2014).

Die Innovation wird auch in den kommenden Jahren einer der wichtigsten Wachstumsfaktoren sein. Die Zahl der von der FDA zugelassenen NMEs ist in den letzten zwei Jahren im Vergleich zum vorangegangenen Jahrzehnt bemerkenswert gestiegen (siehe Abb. 1.6). Durchbruchstherapien waren in den letzten Jahren ein wichtiger Wachstumsmotor für die Branche wie beispielsweise Humira von Abbvie oder Solvadis von Gilead. Es gibt Anzeichen dafür, dass sich dieser Trend fortsetzen wird:

- Die weltweiten F&E-Ausgaben für Pharmazeutika und Biotechnologie werden voraussichtlich von 142 Mrd. USD im Jahr 2014 auf 160 Mrd. USD im Jahr 2020 steigen (CAGR: +2 %, siehe Abb. 1.1).
- Die F&E-Pipeline der Branche wird auf rund 500 Mrd. US-Dollar geschätzt, was eine positive Zukunftsperspektive aufzeigt (Evaluate, 2015).
- Laut einer Studie von PwC besteht ein eindeutiger Zusammenhang zwischen Innovation und Wachstum, da die innovativsten Pharmaunternehmen (die 20 % der Unternehmen, die in die Studie einbezogen wurden) um 16 % schneller wuchsen als die am wenigsten innovativen (Arlington & Davies, 2014). In derselben Studie gaben die befragten Führungskräfte großer Pharmaunternehmen an, dass sich ihre Unternehmen eher auf Produktinnovation als auf Service- oder Geschäftsmodellinnovation konzentrieren werden, und 45 % der Befragten erwarteten, dass sie weitere bahnbrechende Medikamente auf den Markt bringen werden. So wird beispielsweise erwartet, dass Orkambi von Vertex (zur Behandlung von Mukoviszidose), LCZ696 von Novartis (zur Behandlung von Herzinsuffizienz)

oder Ibrance von Pfizer (zur Behandlung von Brustkrebs) zu Blockbuster-Medikamenten werden und bis 2020 zu den 50 meistverkauften Produkten gehören.

Der weltweite Umsatzanteil von Biologika wird voraussichtlich von 23 % (2014) auf 27 % (2020) steigen (Evaluate, 2015). Es wird erwartet, dass Biologika die Behandlung von Autoimmunkrankheiten und Krebs revolutionieren werden, zwei Marktsegmente, die bereits jetzt schnell wachsen und der Pharmabranche zusätzliches Wachstum bescheren. Im Jahr 2006 machten Biologika „nur“ 21 % der 100 umsatzstärksten Arzneimittel aus, doch wird dieser Anteil bis 2020 voraussichtlich auf 46 % steigen.

Obwohl einige Branchenkommentatoren behaupten, das Blockbuster-Modell sei gescheitert, deuten jüngste Prognosen darauf hin, dass der weltweite Umsatz mit den 50 wichtigsten verschreibungspflichtigen Medikamenten von 161 Mrd. USD im Jahr 2014 auf 233 Mrd. USD im Jahr 2020 ansteigen wird, bei einer jährlichen Wachstumsrate von 6 %. Dies bedeutet, dass der finanzielle Wert von Blockbustern und ihre Bedeutung für die Zukunft der Branche erheblich zunehmen wird. Acht der zehn wichtigsten Medikamente, die 2014 zugelassen wurden, werden voraussichtlich innerhalb von fünf Jahren nach ihrer Einführung zu Blockbustern werden (Evaluate, 2015).

Generell haben Krebsmedikamente das Potenzial, zu Blockbustern zu werden, da ein hoher medizinischer Bedarf zur Behandlung dieser lebensbedrohlichen Krankheit besteht. Die Onkologie wird bis 2020 der bei weitem umsatzstärkste Therapiebereich im Pharmasektor sein. Wie in Tab. 1.6 dargestellt, wird prognostiziert, dass Krebsmedikamente im Jahr 2020 153,1 Mrd. US-Dollar ausmachen werden, was einem CAGR von 11,6 % im Vergleich zu 2014 entspricht. Obwohl Blockbuster-Medikamente wie Glivec, Rituxan oder Herceptin ihre Marktexklusivität bereits verloren haben oder bald verlieren werden, befinden sich bereits neue milliardenschwere Medikamente in der Pipeline, die auf den Markt gebracht werden sollen und das wachsende Marktpotenzial der Onkologie untermauern. Die anderen wichtigen Therapiebereiche sind Antidiabetika (60,5 Mrd. USD, CAGR + 6,4 %), Antirheumatika (53,2 Mrd. USD, CAGR + 1,5 %) und antivirale Medikamente (49,6 Mrd. USD, CAGR + 2,3 %).

Für 2020 wird für jedes der 50 umsatzstärksten Medikamente ein weltweiter Produktumsatz von mehr als 2,5 Mrd. USD prognostiziert. Laut Evaluate (2015) wird das umsatzstärkste Medikament voraussichtlich Humira (13.934 Mrd. USD, Abbvie) sein, gefolgt von Revlimid (9640 Mrd. USD, Celgene) und Opdivo (8182 Mrd. USD, Bristol-Myers Squibb). Gemessen an den prognostizierten weltweiten Umsätzen mit verschreibungspflichtigen Medikamenten im Jahr 2020 werden Novartis (53,3 Mrd. USD), Pfizer (44,9 Mrd. USD) und Roche (44,7 Mrd. USD) ihre Vormachtstellung in diesem Sektor behalten, ebenso wie Pharmaunternehmen aus den USA im Allgemeinen, wo fünf der zehn größten Unternehmen ihren Hauptsitz haben (siehe Abb. 2.4).

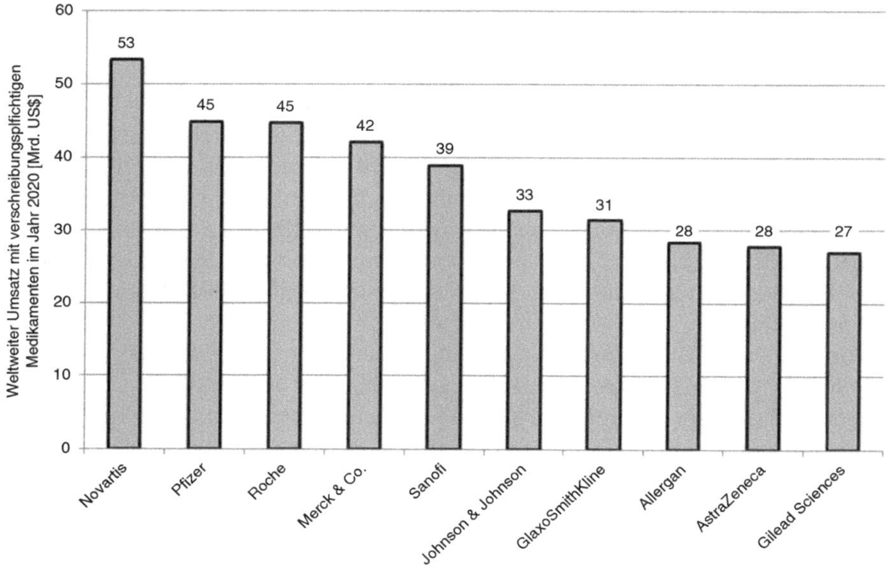

Abb. 2.4 Die zehn größten Pharmaunternehmen nach weltweitem Umsatz mit verschreibungspflichtigen Medikamenten im Jahr 2020. (Quelle: Evaluate (2015))

2.5 Zuflucht in M&A und Diversifizierung suchen

Nachdem die Branche diese und andere große Übernahmen in den 2000er-Jahren erlebt hatte, dachten viele Branchenbeobachter, dass die Zeit der großen Fusionen und Übernahmen vorbei sei. Die Fusions- und Übernahmetätigkeit war jedoch weiterhin stark durch potenzielle Megafusionen gekennzeichnet. So der Versuch von Pfizer, AstraZeneca im Jahr 2014 zu akquirieren, der Versuch von Abbvie, Shire im Jahr 2014 zu übernehmen, oder dem gescheiterten Deal von Pfizer mit Allergan im Jahr 2015 sowie abgeschlossene Übernahmen, z. B. von Wyeth durch Pfizer im Jahr 2009 oder der Fusion von Roche mit Genentech im Jahr 2009.

Nach 456 weltweiten Übernahmen im Jahr 2012 und 615 angekündigten Fusionen und Übernahmen im Jahr 2013 verzeichnete die Branche auch in den letzten beiden Jahren einen Anstieg der Zahl und des Umfangs der Fusionen und Übernahmen mit einem Gesamtvolumen von weltweit 300 Mrd. USD. In jüngster Zeit haben chinesische multinationale Unternehmen begonnen, sich nach Technologieakquisitionen in verschiedenen Branchen umzusehen (z. B. die jüngste Übernahme des Schweizer Agrochemieunternehmens Syngenta durch ChemChina im Jahr 2016/2017). Neben den milliardenschweren Fusionen erwerben Pharmaunternehmen auch Biotechnologieunternehmen, um Zugang zu Pipeline-Projekten, Technologien, geistigen Eigentumsrechten und Know-how zu erhalten.

Die größten M&A-Transaktionen in der Branche waren bisher:

- Pfizer erwarb Warner-Lambert 1999 im Wert von 87,3 Mrd. US-Dollar,
- Sanofi erwarb Aventis SA im Jahr 2004 für 73,5 Mrd. US-Dollar,
- Glaxo übernahm SmithKline Beecham im Jahr 2000 für 72,4 Mrd. US-Dollar,
- Allergan übernahm 2015 Actavis für 65 Mrd. US-Dollar,
- Pfizer erwarb Pharmacia im Jahr 2002 für 64,3 Mrd. US-Dollar, und
- Pfizer hat Wyeth im Jahr 2009 für 64,2 Mrd. US-Dollar übernommen.

Ein typischer Fall: Mergermania um Actavis/Allergan

Actavis (ehemals Watson Pharmaceuticals) ist ein globales Pharmaunternehmen, das durch Fusionen und Übernahmen stark gewachsen ist (siehe Abb. 2.5). So erwarb Actavis im Jahr 2014 das Spezialpharmaunternehmen Forest Laborartories für 23 Mrd. US-Dollar und das Botox-Unternehmen Allergan für 66 Mrd. US-Dollar. Obwohl Actavis vor der Fusion mit Allergan seinen Hauptsitz in Dublin, Irland, hatte, wurde der Deal zwischen Actavis und Allergan (einem US-Unternehmen) nicht als Steuerumkehr eingestuft. Der Umsatz des neuen Unternehmens wird durch das Blockbuster-Präparat Botox gestützt, das 2013 weltweit einen Umsatz von rund 2 Mrd. USD erzielte. Die daraus resultierende neue **Allergan** hat einen weltweiten Umsatz von 15 Mrd. US-Dollar und ist damit eines der größten Pharmaunternehmen nach Umsatz.

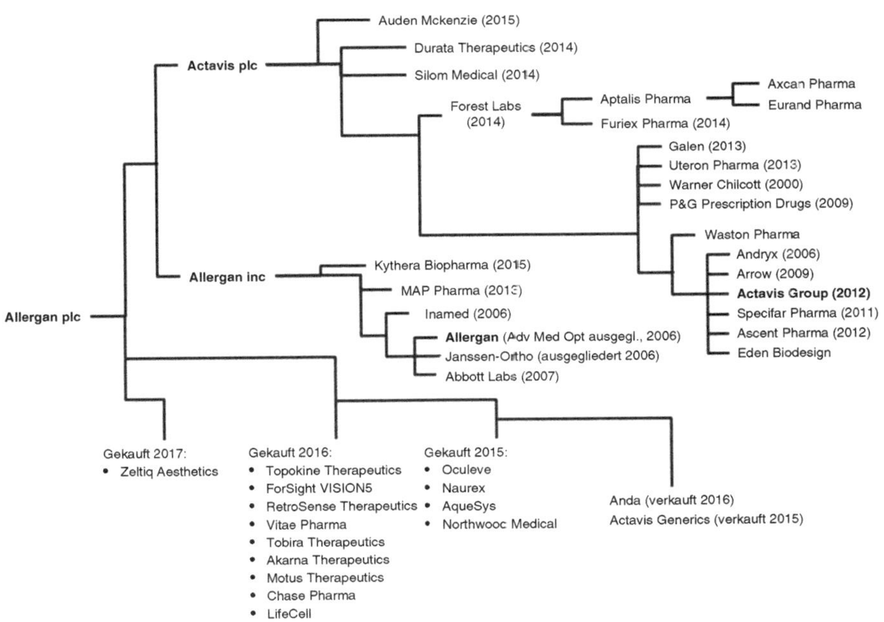

Abb. 2.5 Die jüngste M&A-Geschichte von Allergan umfasst Dutzende von Unternehmen. (Quelle: Allergan-Website)

Im Jahr 2015 gab **Pfizer** Pläne zur Übernahme von Allergan bekannt (nach dem gescheiterten Versuch von Pfizer, AstraZeneca im Jahr zuvor zu übernehmen). Der 160-Milliarden-USD-Deal wäre der drittgrößte M&A-Deal gewesen, der jemals in allen Branchen getätigt wurde. Pfizer wäre mit einem erwarteten Gesamtumsatz von 74 Mrd. US-Dollar zum weltweit führenden Pharmaunternehmen geworden, nachdem Novartis 2014 die Rolle des Branchenführers übernommen hatte. Finanzielle Überlegungen scheinen bei diesen Übernahmeplänen ausschlaggebend gewesen zu sein. Es wurde argumentiert, dass die Übernahme Pfizer zu niedrigeren Steuerzahlungen verholfen hätte, da sich der Hauptsitz von Allergan in Dublin in Irland befand, einem Land mit niedrigen Unternehmenssteuern. Im April 2016 kündigte Pfizer jedoch den Vertrag mit Allergan, nachdem das US-Finanzministerium Bedenken gegen die Verlagerung von US-Unternehmen ins Ausland aus rein steuerlichen Gründen geäußert hatte. Im Rahmen der Aufhebungsvereinbarung erklärte sich Pfizer bereit, Allergan 150 Mio. US-Dollar für die mit dem gescheiterten Geschäft verbundenen Kosten zu zahlen.

Beweggründe für Pharma M&A
Einer der am häufigsten genannten Gründe für Fusionen ist die Nutzung von Synergieeffekten, die zu einer Senkung der Kosten für Infrastruktur, Verwaltung, Vertrieb, Steuern oder auch Forschung und Entwicklung führen. Auch der Zugang zu neuen regionalen Märkten und Teilsektoren ist wichtig. Andere wichtige Gründe für Fusionen und Übernahmen sind:

- Ausgleich von Umsatzeinbußen durch das Auslaufen von Blockbuster-Patenten,
- Die Explosion der technologiebasierten Behandlungsinnovationen und Kernkompetenzen,
- Die Notwendigkeit, Lücken in der F&E-Pipeline zu schließen,
- Das Ziel, Zugang zu strategisch wichtigem geistigem Eigentum zu erhalten, und
- Die Notwendigkeit, nach Wachstumsoptionen wie dem Zugang zu neuen regionalen Märkten und der Stärkung der Vertriebskanäle zu suchen.

Pharmazeutische Unternehmen verfolgen eine Mischung aus defensiven und aggressiven Wachstumsstrategien. Defensive Strategien zielen darauf ab, eine Wettbewerbsposition durch Co-Marketing-Vereinbarungen, Co-Selling, Cross-Licensing und marktbezogene Übernahmen zu halten. Mit dieser Strategie werden eine kritische Größe und Dynamik aufgebaut, die Vertriebskosten gesenkt und im Wesentlichen Eintrittsbarrieren für Neueinsteiger geschaffen. Aggressive Strategien versuchen, von Wettbewerbern errichtete Markteintrittsbarrieren zu überwinden. Diese Strategie führt zwar nicht unmittelbar zu einer Senkung der Gesamtkosten, bietet jedoch ein größeres Potenzial für die Schaffung von Mehrwert und damit für eine langfristige Kostensenkung. Fusionen und Übernahmen können beide Arten von Strategien unterstützen, wenn es darum geht, Einnahmeverluste im Falle des Auslaufens von Patenten zu kompensieren, die Pipeline aufzufüllen, wenn F&E-Lücken entstehen, auf strategisch wichtiges geistiges Eigentum zuzugreifen, wenn ein Wettbewerber eine Marktbarriere errichtet hat, neue regionale Märkte zu erschließen, wenn andere Wachstumsoptionen scheitern, oder sogar Steuern zu sparen, um den Gewinn zu steigern und die finanziellen Möglichkeiten des Unternehmens zu stärken.

Es wird also deutlich, dass Mega-M&A-Deals in den Wachstumsstrategien einiger großer forschender Pharmaunternehmen weiterhin eine wichtige Rolle spielen werden. Es wird spannend sein zu sehen, wie Pfizer seine Wachstumsziele nach den gescheiterten Fusionen mit AstraZeneca und Allergan erreichen wird, ebenso wie es interessant sein wird, die Entwicklungen der Schweizer Pharmariesen Novartis und Roche zu verfolgen. Beide Unternehmen haben ihren Hauptsitz in Basel, und Novartis ist mit einer Beteiligung von 33,3 % einer der Hauptaktionäre von Roche.

Wachstum durch Diversifizierung

Die Diversifizierung ist eine weitere Option zur Steigerung der Einnahmequellen. So erwarb Eli Lilly 2015 die Tiergesundheitssparte von Novartis für 5,4 Mrd. US-Dollar, wodurch das zweitgrößte Tiergesundheitsunternehmen entstand und der jährliche Gesamtumsatz von Eli Lilly um rund 2 Mrd. US-Dollar stieg. Bei der Fusion mit Wyeth im Jahr 2009 erwarb Pfizer ein lukratives Impfstoffgeschäft und erweiterte mit dieser zukunftsweisenden Technologie sein Produkt- und F&E-Portfolio. Heute umfasst das Geschäft von Pfizer verschreibungspflichtige Markenarzneimittel und Generika, rezeptfreie Medikamente und Impfstoffe. Bayer hat bereits im Jahr 2004 mit der Übernahme des OTC-Geschäfts von Roche begonnen, sein Pharmageschäft stärker zu diversifizieren. Seitdem haben weitere Akquisitionen das Portfolio von Bayer gestärkt und erweitert, wie etwa die 1,2 Mrd. US-Dollar teure Übernahme des US-amerikanischen Vitamin- und Nahrungsergänzungsmittelherstellers Schiff Nutrition International im Jahr 2015.

Eine kluge Diversifizierungsstrategie kann sich auszahlen. So erwirtschaftet **J&J** beispielsweise 40 % seiner Einnahmen mit dem Verkauf von Arzneimitteln, 40 % mit Medizinprodukten und 20 % mit Konsumgütern, was die mit den verschiedenen Geschäftsbereichen verbundenen Risiken mindert und J&J hervorragende Wachstumsmöglichkeiten und Konzernergebnisse bietet. J&J war das wertvollste Pharmaunternehmen (Marktwert von 277 Mrd. USD) und verzeichnete 2014 den höchsten Nettogewinn (17,1 Mrd. USD) unter allen Pharmaunternehmen (Evaluate, 2015).

Angesichts des Trends zu einer alternden und allgemein gesundheitsbewussteren Gesellschaft werden die Pharmaunternehmen in absehbarer Zukunft ihre führende Rolle behalten. Die 20 größten Pharmaunternehmen werden im Jahr 2020 fast 100 Mrd. USD und die acht größten Unternehmen jeweils mehr als 5 Mrd. USD für Forschung und Entwicklung ausgeben (Evaluate, 2015).

2.6 Schlussfolgerungen

Die pharmazeutische Industrie umfasst eine breite Palette von Produktgruppen, von Vitaminen, Feinchemikalien, Pflanzenschutzmitteln und Tierarzneimitteln bis hin zu traditionellen Arzneimitteln und Biopharmazeutika. Innerhalb der Gruppe der

Pharmazeutika gibt es mehrere verschiedene Produktkategorien, die mehrere unterschiedliche Therapiebereiche abdecken.

Die hohe Komplexität der Branche selbst scheint jedoch nicht das größte Hindernis für den Unternehmenserfolg zu sein. Trotz potenziell attraktiver Gewinnspannen und eines günstigen Kräfteverhältnisses in Bezug auf Lieferanten und Produktsubstitute ist die Pharmabranche insgesamt ein schwieriger Wirtschaftszweig. Was früher ein „sicherer Hafen" für Marktführer war, hat sich zu einem Substitutionsmarkt entwickelt. Während viele Krankheiten noch immer auf eine wirksame Behandlung warten, sind die meisten offensichtlichen oder einfachen Zielmoleküle entdeckt und wirtschaftlich tragfähige Therapien entwickelt worden. Start-ups und andere Marktteilnehmer setzen neue Technologien ein, um mit den etablierten Pharmaunternehmen um internationale Märkte und neue Innovationen zu konkurrieren.

Während der Patentschutz in der Regel eine monopolistische Marktmacht für eine begrenzte Zeit sichert, ist die Bedrohung durch Generika immens. Verkäufe von Markenprodukten, die Jahre brauchten, um sich zu etablieren, brechen innerhalb weniger Wochen ein. Die meisten Pharmaunternehmen wissen immer noch nicht, wie sie mit dieser Wettbewerbsbedrohung umgehen sollen.

Literatur

Arlington, S., & Davies N. (2014). *Managing Innovation in Pharma*. PWC. https://www.pwc.com/gx/en/pharma-life-sciences/assets/pwc-managing-innovation-pharma.pdf. Zugegriffen am 25.04.2016.

BCG. (2016). *Moving beyond the 'milkman' model in MedTech*. BCG Perspectives.

Damodaran, A. (2016). *Datasets*. http://people.stern.nyu.edu/adamodar/NewHomePage/data.html. Zugegriffen am 12.12.2016.

Deloitte. (2014). *2015 Global life science outlook. Adapting in an era of transformation*. https://www2.deloitte.com/content/dam/Deloitte/global/Documents/Life-Sciences-Health-Care/gx-lshc-2015-life-sciences-report.pdf. Zugegriffen am 25.04.2016.

Evaluate. (2015). *World preview 2015, outlook to 2020*. http://info.evaluategroup.com/rs/607-YGS-364/images/wp15.pdf. Zugegriffen am 15.02.2016.

Evaluate. (2016). *World Preview 2016, Outlook to 2022* (9. Aufl) September 2016.

Gaze, L., & Breen, J. (2012). *The economic power of orphan drugs*. Thomson Reuters. http://thomsonreuters.com/content/dam/openweb/documents/pdf/pharma-life-sciences/white-paper/1001450.pdf. Zugegriffen am 26.06.2016.

IMS. (2016). *Price declines after branded medicines lose exclusivity in the U.S.* IMS Institute for Healthcare Informatics, January 2016.

Karst, K. R. (2017). Orphan drug approvals and designations dipped in 2016, but orphan drug designation requests skyrocketed. Online. http://www.fdalawblog.net/fda_law_blog_hyman_phelps since25Jan2017e. Zugegriffen am 22.02.2017.

Kober, S. (2008). The evolution of specialty pharmacy. *Biotechnology Healthcare, 5*(2), 50–51.

Leutenegger, J. -M. (1994). *Wettbewerbsorientierte Informationssysteme in der Schweizer Pharma-Branche*. Haupt.

Nicholls, A. & Brayshaw, L. (2014). World industry outlook: Healthcare and pharmaceuticals. *The Economist Intelligence Unit*. http://pages.eiu.com/rs/eiu2/images/GlobalOutlook_Healthcare.pdf. Zugegriffen am 25.04.2016.

Porter, M. E. (1985). *Competitive advantage: Creating and sustaining superior performance*. Macmillan.

Reuters. (2002). *Pharmaceutical innovation – an analysis of leading companies and strategies.* Reuters Business Insight, Healthcare.

Saftlas, H. (2001). *Industry surveys, healthcare: Pharmaceuticals* (S. 32). Standard & Poors.

Thomas, K., & Pollack, A. (2015, July 15). Specialty pharmacies proliferate, along with questions. *New York Times*. Retrieved 5 Oct 2015.

Wall Street Journal. (2015). *Why the U.S. pays more than other countries for drugs*. Article online. https://www.wsj.com/articles/why-the-u-s-pays-more-than-other-countries-for-drugs-1448939481

3 Die Herausforderung für Wissenschaft und Technologie: Wie man neue Medikamente findet

„The stakes are too high, the medical need too great, and the science too compelling for all of us to do business as usual.“
(„Es steht zu viel auf dem Spiel, der medizinische Bedarf ist zu groß und die Wissenschaft ist zu überzeugend, als dass wir wie gewohnt weitermachen könnten.“)

Mikael Dolston, Präsident für Globale F&E, Pfizer

3.1 Aufschwung der Biotechnologie-Industrie: Förderung der Innovation

Aufgrund der enormen Kosten für den Aufbau einer pharmazeutischen F&E-Infrastruktur war man bis in die 1980er-Jahre allgemein der Ansicht, dass kein neues Unternehmen jemals in der Lage sein würde, in das Pharmageschäft einzusteigen und mit den etablierten Branchenriesen zu konkurrieren (siehe Robbins-Roth, 2001). Ironischerweise war dies der Zeitpunkt, an dem Unternehmer eine völlig neue Branche schufen – die Biotechnologiebranche. Neben einem innovativen Managementansatz und kreativen Finanzierungsstrategien waren die wichtigsten Triebkräfte für den Aufstieg der Biotechnologiebranche das Aufkommen neuer Wissenschaften und Technologien. Die etablierten Pharmaunternehmen stützten sich traditionell auf die medizinische Chemie, Physikochemie und Pharmakologie, wohingegen Biotechnologieunternehmen ihren Ruf in vielen neuartigen Bereichen wie Zellbiologie, Molekulargenetik, Proteinchemie und Immunologie aufbauten (Whittaker & Bower, 1994).

Die Anwendung der Biotechnologie in der pharmazeutischen Industrie begann mit der Entwicklung wissenschaftlicher Techniken wie der Gentechnik und der Antikörperherstellung. Die Gentechnik wurde 1973 entwickelt, und ihre erste kommerzielle pharmazeutische Anwendung erfolgte 4 Jahre später, als Eli Lilly mit der

O. Gassmann et al., *Führung und Organisation pharmazeutischer Innovation*,
https://doi.org/10.1007/978-3-031-43818-9_3

Entwicklung von rekombinantem Humaninsulin in Zusammenarbeit mit Genentech anfing. Das daraus resultierende Produkt, Humulin wurde 1983 als erstes biotechnologisches Produkt auf den Markt gebracht. In den vergangenen Jahren nahm die Zahl der Biologika zu, und heute sind fast 50 % aller von der FDA zugelassenen neuen Arzneimittel Biologika (siehe Abb. 3.1). Bis Ende 2013 wurden insgesamt 91 Biologika von der US-amerikanischen Food and Drug Administration (FDA) zugelassen, davon waren 34 monoklonale Antikörper, 26 Enzymmodulatoren und 31 Rezeptormodulatoren (Kinch, 2015).

Der Anteil der Biologika an den weltweiten Umsätzen mit verschreibungspflichtigen Medikamenten ist entsprechend gestiegen. Während Biologika im Jahr 2006 nur 14 % aller weltweiten Umsätze (78 Mrd. USD) ausmachten, waren es 2015 bereits 24 % (183 Mrd. USD), und es wird erwartet, dass bis 2020 27 % der weltweiten Umsätze mit verschreibungspflichtigen und rezeptfreien Arzneimitteln auf Biologika entfallen werden (278 Mrd. USD) (siehe Abb. 3.2).

Die ersten biotechnologischen Medikamente, die Blockbuster-Status erreichten und einen Umsatz von über 1 Mrd. US-Dollar pro Jahr erzielten, waren Procrit (J&J), Epogen (Amgen), Neupogen (Amgen) und Humulin (Genentech und Eli Lilly). Heute sind sieben der zehn weltweit meistverkauften Medikamente Biologika (siehe Tab. 3.1). Humira (Adalimumab), ein monoklonaler Antikörper gegen den Tumornekrosefaktor-alpha, war mit einem weltweiten Gesamtumsatz von 12.890 Mrd. USD im Jahr 2014 das meistverkaufte Produkt weltweit.

Dementsprechend und wie in Tab. 3.2 dargestellt, waren die Unternehmen mit den höchsten weltweiten Umsätzen mit verschreibungspflichtigen Medikamenten aus biotechnologischen Produkten im Jahr 2014 Roche (30,8 Mrd. US-Dollar), Amgen (17,6 Mrd. US-Dollar), Sanofi (16,0 Mrd. US-Dollar), Novo Nordisk (15,0 Mrd. US-Dollar), AbbVie (13,4 Mrd. US-Dollar), Pfizer (10,8 Mrd. US-Dollar), J&J (10,6 Mrd. US-Dollar), Merck & Co. (8,2 Mrd. US-Dollar), Eli Lilly (6,0 Mrd. US-Dollar) und BMS (3,7 Mrd. US-Dollar). Evaluate Pharma

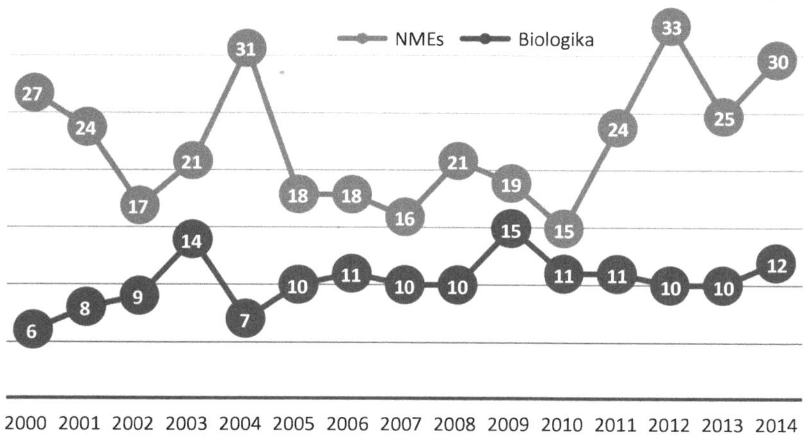

Abb. 3.1 Von der FDA zugelassene NMEs und Biologika (2000–2014)

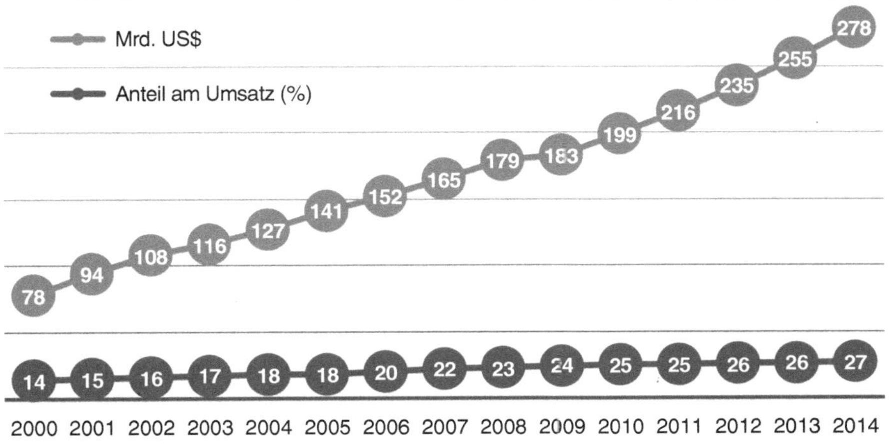

Abb. 3.2 Weltweiter Umsatz mit verschreibungspflichtigen (Rx) und rezeptfreien (OTC) Biotechnologieprodukten

Tab. 3.1 Weltweit umsatzstärkste Produkte 2014 (Umsatz in Mrd. US$)

Rang	Produkt	Gattungsbezeichnung	Firmen	Umsatz	Technologie
1	Humira	Adalimumab	AbbVie + Eisai	12.890	MAb
2	Solvadi	Sofosbuvir	Gilead-Wissenschaften	10.283	SMOL
3	Enbrel	Etanercept	Amgen + Pfizer + Takeda	8915	Rekombinantes Produkt
4	Remicade	Infliximab	J&J, Merck und Mitsubishi Tanabe	8807	MAb
5	Lantus	Insulin Glargin rekombinant	Sanofi	8428	Rekombinantes Produkt
6	Rituxan	Rituximab	Roche	7547	MAb
7	Seretide/ Advair	Fluticason proprionat; Salmeterol Xinafoat	GSK	7058	SMOL
8	Avastin	Bevacizumab	Roche	7018	MAb
9	Herceptin	Trastuzumab	Roche	6863	MAb
10	Januvia/ Janumet	Sitagliptin Phosphat	Merck	6358	SMOL

SMOL kleines Molekül, *MAb* monoklonaler, Antikörper
Quelle: Evaluate (2015)

(2015) prognostiziert, dass diese Unternehmen ihren Anteil am Umsatz mit biotechnologischen Arzneimitteln zwischen 2014 und 2020 mit jährlichen Wachstumsraten (CAGR) von 2–23 % pro Unternehmen weiter steigern werden.

Der Fortschritt in der Biotechnologie wirkt sich auf die pharmazeutische Wertschöpfungskette in dreifacher Hinsicht aus:

Tab. 3.2 Weltweite Umsätze mit verschreibungspflichtigen Medikamenten aus biotechnologischen Produkten im Jahr 2020

#	Firma	2014 (Mrd. US$)	2020 (Mrd. US$)	CAGR (2014–20) (%)	WW-Marktanteil (2020) (%)
1	Roche	30,8	35,8	+3	12,9
2	Novo Nordisk	15,0	21,3	+6	7,7
3	Sanofi	16,0	20,8	+4	7,5
4	Amgen	17,6	20,2	+2	7,3
5	AbbVie	13,4	15,3	+2	5,5
6	Pfizer	10,8	14,0	+4	5,0
7	J&J	10,6	13,7	+4	4,9
8	BMS	3,7	12,8	+23	4,6
9	Merck & Co.	8,2	12,6	+7	4,6
10	Eli Lilly	6,0	12,0	+12	4,3

WW weltweit, *CAGR* durchschnittliche jährliche Wachstumsrate, *BMS* Bristol Myers-Squibb
Quelle: Evaluate (2015)

1. Da die Markteinführung neuer biotechnologischer Produkte weiterhin schneller voranschreitet als diejenige herkömmlicher pharmazeutischer Produkte, haben forschende Pharmaunternehmen durch Kooperations- und Lizenzvereinbarungen mit Biotechnologieunternehmen einen bedeutenden Zugang zu diesen neuen Technologien geschaffen.
2. Die führenden Biotechnologieunternehmen haben sich durch die Entwicklung von Schlüsselprodukten weiterentwickelt und eine kritische Masse in den Bereichen Entwicklung und Marketing aufgebaut, so dass sie über die gesamte Wertschöpfungskette hinweg in direktem Wettbewerb mit integrierten Pharmaunternehmen stehen.
3. Biotechnologieunternehmen sind wichtige Ziele für Fusionen und Übernahmen, da sie ein Wachstumspotenzial durch Innovation bieten.

Seit der Gründung von Genentech im Jahr 1976 und der Entwicklung von rekombinantem Humaninsulin im Jahr 1978 haben Biotechnologieunternehmen eine immer wichtigere Rolle bei der Auffüllung der F&E-Pipelines von Pharmaunternehmen gespielt. Nach Angaben von Recombinant Capital (2005) werden jedes Jahr weltweit mehr als 600 Allianzen zwischen Pharma- und Biotechnologieunternehmen geschlossen, mit einem Geschäftswert von über 30 Mrd. US-Dollar. Die Art dieser Allianzen ist unterschiedlich: Ein Biotechnologieunternehmen tauscht beispielsweise eine Exklusivlizenz für die Vermarktung und den Verkauf eines patentierten Medikaments mit einem Pharmaunternehmen aus, das bereit ist, einige Forschungskosten im Voraus zu zahlen. Solche Vereinbarungen können auch eine begrenzte Nutzung der Herstellungs- und Vertriebskanäle des Pharmaunternehmens beinhalten.

Im Laufe der Zeit hat sich die Verhandlungsmacht und das Gleichgewicht bei der Zusammenarbeit zwischen Pharma- und Biotechnologieunternehmen zugunsten der Biotechnologieunternehmen verschoben. Viele junge Biotechnologieunternehmen haben sich zu so genannten „born globals“ entwickelt, d. h. zu kleinen Unternehmen, die weltweit tätig sind und daher vor ähnlichen Herausforderungen stehen wie große Unternehmen (Gassmann & Keupp, 2007). Einige Biotechnologieunternehmen haben erfolgreich mit großen Pharmaunternehmen über Co-Promotions- und Produktionsrechte für aktuelle und zukünftige Produkte verhandelt. So hat beispielsweise Exelixis (in Zusammenarbeit mit GlaxoSmithKline) die nordamerikanischen Co-Promotionsrechte für mehrere in gemeinsamer Entwicklung befindlichen Wirkstoffe erhalten.

Pharmazeutische Unternehmen können auch Barinvestitionen im Austausch für einen Teil der künftigen Einnahmen und/oder eine Kapitalbeteiligung an dem Biotechnologiepartner tätigen. So ist es nicht ungewöhnlich, dass ein großes Pharmaunternehmen Biotechnologie-Beteiligungen hält, die ihm einen erheblichen Anteil am Geschehen verschaffen. **Novartis** und **Morphosys**, ein führendes deutsches Biotechnologieunternehmen im Jahr 2016, begannen ihre langfristige Partnerschaft beispielsweise bereits 2004, um Biopharmazeutika auf Antikörperbasis als therapeutische Wirkstoffe zu entdecken und zu entwickeln. Zusätzlich zu den üblichen Dienstleistungsgebühren investierte Novartis 9 Mio. € in das Start-up-Unternehmen, indem es unverzinsliche Wandelanleihen von Morphosys erwarb. Im Jahr 2007 unterzeichneten die beiden Unternehmen eine Kooperationsvereinbarung zur Entdeckung therapeutischer Antikörper. 2012 wurde diese strategische Allianz durch die Zustimmung von Morphosys zur Bereitstellung neuer Technologieplattformen für Novartis vertieft.

Untersuchungen über Allianzen zwischen Biotechnologie- und Pharmaunternehmen deuten darauf hin, dass die Allianzen immer ausgefeilter und ausgereifter werden. So stellen Pharmaunternehmen zentrale Knotenpunkte in den Allianznetzen dar und neue Biotechnologieunternehmen spielen eine Vermittlerrolle bei der Umwandlung wissenschaftlicher Erkenntnisse in patentierte Technologien (siehe Lin, 2001).

Der Wettbewerb zwischen den Biotechnologieunternehmen, die die neuesten Techniken zur Entdeckung von Arzneimitteln einsetzen, übt zusätzlichen Druck auf die Pharmaunternehmen aus, in ihrem jeweiligen Bereich technologisch führend zu werden. Traditionelle Ansätze und sequentielle Experimente in der Arzneimittelentdeckung werden zunehmend durch automatisierte, massenhaft durchgeführte Analysen von Substanzbibliotheken und computergestützte Experimente mit verschiedenen neuen Technologien ergänzt. Die vollständige Kartierung des menschlichen Genoms wird diesen Paradigmenwechsel in der pharmazeutischen Forschung und Entwicklung nur noch weiter verstärken.

Die Anwendung neuer Wissenschaften und Technologien führte zu den folgenden wesentlichen Veränderungen im Prozess der Arzneimittelentdeckung (siehe auch Nightingale, 2000):

- Die Art des wissenschaftlichen Verständnisses von Krankheiten wird grundlegender. Ein detaillierteres Verständnis der Funktion von Arzneimittelzielen im Zusammenhang mit der molekularen Art und Weise des Ausbruchs, des Fortschreitens und der Chronifizierung von Krankheiten wird die Qualität der angewandten Targets erhöhen;

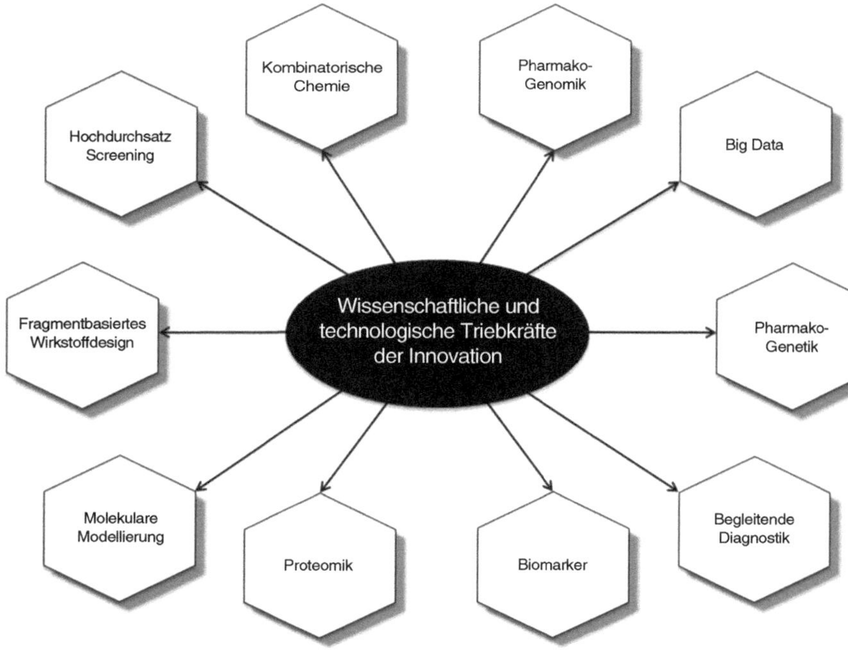

Abb. 3.3 Neue Wissenschaften und Technologien als Motor für Innovation

- Der Umfang des Experimentierens ändert sich grundlegend und verlagert sich von einer individuellen Initiative zu einem automatisierten Massenproduktionsprozess;
- Die Zyklen der Versuch-und-Irrtum-Experimente („Trial-and-Error") werden durch Computersimulationen erweitert;
- Ein ergänzendes Screening erfolgt durch Computersimulationen;
- Einzelne Verbindungen werden durch Verbindungsbibliotheken ersetzt;
- Die strukturelle Komplexität und Vielfalt der Substanzbibliotheken nimmt zu.

Dieses Kapitel konzentriert sich auf die neuen Wissenschaften und Technologien als die grundlegenden Triebkräfte für Innovationen in der pharmazeutischen Industrie (Abb. 3.3). Sie ermöglichen die verschiedenen Bereiche der pharmazeutischen Forschung und Entwicklung und führen zu bedeutenden und revolutionären Ergebnissen in der pharmazeutischen Innovation.

3.2 Die Herausforderung der Entdeckung von Targets

Die Entdeckung von Zielmolekülen ist der erste Schritt bei der Findung von Arzneimitteln, und dazu müssen Zielmoleküle identifiziert und validiert werden. In einer Analyse der von der FDA zwischen 1980 und 2010 zugelassenen Arzneimittel wurden im menschlichen Genom 435 Wirkungsvermittlungsziele identifiziert, die in die folgenden Zielklassen unterteilt sind: Rezeptoren (193), Enzyme (124), Transporter (67) und andere (51) (siehe Rask-Andersen et al., 2011).

Aus verfahrenstechnischer Sicht kann die Entdeckung von Targets nach dem molekularen oder dem systemischen Ansatz erfolgen. Während der molekulare Ansatz durch Technologien in der Molekularbiologie wie der Genomik vorangetrieben wurde, bezieht sich der Systemansatz auf die Entdeckung von Targets durch die Untersuchung von Krankheiten in ganzen Organismen, z. B. in Tiermodellen oder klinischen Studien.

Werkzeuge zur Identifizierung von Zielmolekülen sind z. B. sog. reverse genetische Screens, kleine kompetitive RNAs (engl.: small interfering RNA: siRNAs) und Genexpressionprofilierung. Alle Instrumente zielen darauf ab, eine Veränderung in einem Gen (Genomik) oder Protein (Proteomik) oder eine genetische Variation (Genetik) mit einer menschlichen Krankheit in Verbindung zu bringen. Ein genomischer Ansatz zielt beispielsweise darauf ab, durch den Vergleich von normalem und krankem Gewebe mit Hilfe von Genexpressionsprofilen unter Verwendung von Genarrays ein neues Ziel zu identifizieren, während die Proteomik die zelluläre Funktion durch Messung der Proteinexpression entweder mit Proteinarrays oder zweidimensionaler Gelelektrophorese in Beziehung setzt.

Die Target-Validierung ist der Nachweis der funktionellen Rolle des Targets bei einer Krankheit. In einem ersten Schritt wird die Target-Validierung durch die Expression des Targets im erkrankten Gewebe gezeigt, oder wenn die Modulation der Target-Expression eine Auswirkung auf den Krankheitsphänotyp in einem Tiermodell hat, z. B. in transgenen Mäusen. Letztendlich ist die Validierung des Targets gegeben, wenn die Rolle des Targets bei einem Krankheitsphänotyp in Studien am Menschen nachgewiesen wird.

Für einige Infektionskrankheiten wurde eine frei zugängliche Datenbank für Wirkstoffziele, die TDR-Target-Datenbank, eingerichtet. Sie enthält Informationen aus der Genomsequenzierung, der funktionellen Genomik, Proteinstrukturdaten und Wirkstofftargets der krankheitsverursachenden Erreger von Malaria, Tuberkulose, afrikanischer Trypanosomiasis, Chagas-Krankheit, Leishmaniose oder Schistosomiasis sowie Daten über die Therapierbarkeit bestimmter Targets.

Einen alternativen Ansatz verfolgt die Accelerating Medicines Partnership (AMP), eine Zusammenarbeit zwischen der FDA, dem National Institute of Health (NIH), gemeinnützigen Organisationen und zehn Pharmaunternehmen, die 230 Mio. US-Dollar für die Suche nach neuen Zielmolekülen zur Behandlung von Alzheimer, Typ-2-Diabetes, rheumatoider Arthritis und Lupus bereitgestellt hat. Diese öffentlich-private Partnerschaft zielt darauf ab, das derzeitige Forschungs- und Entwicklungsmodell für die Entwicklung neuer Diagnostika und Medikamente zu verändern, indem vielversprechende biologische Targets gemeinsam identifiziert und validiert werden, um den Zeit- und Kostenaufwand für Forschung und Entwicklung zu verringern. Nicht alle großen forschenden Pharmaunternehmen haben sich der AMP angeschlossen: Amgen, AstraZeneca, Bayer Healthcare, Novartis und Roche beispielsweise sahen das Potenzial gemeinsamer vorwettbewerblicher Forschungsaktivitäten nicht. AstraZeneca bevorzugt gezielte Forschungskooperationen bei der Entdeckung von Zielmolekülen, und Amgen erwarb 2012 das isländische Unternehmen Decode Genetics für 415 Mio. US-Dollar, um seine Fähigkeiten zur Entwicklung besserer zielgerichteter Medikamente zu verbessern.

Funktionelle Genomik als Methode der Arzneimittelentdeckung bedeutet, dass verschiedene Technologieplattformen wie Molekularbiologie, Zellbiologie, Proteomik, Bioinformatik und Modellorganismen eingesetzt werden, um mehrdimensionale Profile von Genen zu erstellen und so vielversprechende neue Arzneimittelziele zu ermitteln (Kramer & Coher, 2004). Diese Methode umfasst auch die Analyse und Interpretation großer Datenmengen und die Umsetzung der daraus resultierenden Informationen in ein Verständnis der Rolle von Genen in biologischen Pfaden und damit verbundenen Krankheiten.

Natürlich vorkommende Mutationen beim Menschen können auch zur Bewertung von Wirksamkeits- und Sicherheitsaspekten im Zusammenhang mit Arzneimittelzielen verwendet werden, insbesondere wenn präklinische Tiermodelle nur eine begrenzte Aussagekraft haben. Der Gedanke hinter diesem Ansatz, der auch als „Experiment der Natur" bezeichnet wird, ist, dass von Patienten gewonnene Daten verwendet werden können, um Arzneimittelziele mit Krankheiten in Beziehung zu setzen. Die Ergebnisse des Naturexperiments können verwendet werden, um die Wirkung einer Modulation des Wirkstoffziels nachzuahmen und pharmakodynamische und pharmakokinetische Informationen vor Beginn der klinischen Versuche zu liefern. Die Wirksamkeit mehrerer dieser präklinischen Modelle für die Target-Validierung ist in Tab. 3.3 dargestellt.

Schließlich wird die Pharmakophylogenomik bei der Entdeckung von Arzneimitteln eingesetzt, um die Auswahl und Validierung von Wirkstoffzielen (Targets) zu verbessern. Sie ist „die Anwendung von Prinzipien und Techniken aus der Evolutionsbiologie auf die Genomik, um ein besseres Verständnis der Genfunktion zu erreichen" (Searls, 2003).

Heutzutage haben große Datensätze aus der Genomik, Proteomik, Transkriptomik oder Metabolomik zu einem Paradigmenwechsel hin zu komplexen Gennetzwerken, einer netzwerkbasierten Sichtweise von Krankheiten und immer komplexeren Strategien zur Entdeckung von Medikamenten geführt.

Tab. 3.3 Humanrelevanz präklinischer Modelle für die Target-Validierung

Modell	Menschliche Relevanz	Kausalität beim Menschen
Zelluläre Modelle	Unwirksam	Unwirksam
Tiermodelle	Wirksam, mit einigen Einschränkungen	Unwirksam
Epidemiologie beim Menschen	Äußerst wirksam	Unwirksam
In-vivo-Expressionsstudien	Äußerst wirksam	Unwirksam
Natürliche Bedingungen	Äußerst wirksam	Äußerst wirksam
Humangenetik	Äußerst wirksam	Wirksam, mit einigen Einschränkungen

Quelle: Plenge et al. (2013)

3.3 Hochdurchsatz-Screening: Zügig scheitern, früher Erfolg haben

Da die Molekularbiologie die Arzneimittelforschung in den letzten 30 Jahren revolutioniert hat, verlagerte sich die Arzneimittelentdeckung von der auf Tierversuche ausgerichteten Forschung zur zielgerichteten Forschung. Diese neue Zielidentifizierung und -validierung ebnete den Weg für Hochdurchsatz-Screening-Technologien (engl.: High-throughput Screening: HTS). Der Einstieg in die Arzneimittelforschung ist in der Regel die Identifizierung von niedermolekularen Modulatoren mit einer spezifischen Aktivität in einem biochemischen Target-Assay. Solche Treffer können durch verschiedene Strategien wie wissensbasierte Ansätze, kombinatorische Chemie und HTS identifiziert werden (Bleicher et al., 2003). HTS ist die am häufigsten verwendete Technologie in der Entdeckungsforschung, um Treffer für die Leitstrukturfindung zu finden.

HTS ist das (biochemische) Screening einer großen Anzahl chemischer Verbindungen zur Identifizierung von Treffern in einem In-vitro-Test, der in der Regel robotergestützt in Mikrotiterplatten mit 1536 oder 3456 Vertiefungen durchgeführt wird. Es besteht aus einem System zur Datenverarbeitung, einer Reihe von zu testenden Verbindungen, einem Roboter zur Durchführung der Tests und einem biologischen Test, der für die Automatisierung konfiguriert ist. Pharmazeutische Unternehmen haben erheblich in die HTS-Technologie und ihre Screening-Sammlungen investiert, um eine Screening-Plattform für verschiedene Wirkstofftargets aufzubauen. Die Größe der Screening-Sammlungen der Unternehmen hat sich von 200.000–300.000 im Jahr 2000 auf heute etwa 2.000.000 erhöht. Da die Screening-Sammlungen der Unternehmen nur wenige Überschneidungen in Bezug auf die Identität und Ähnlichkeit der Verbindungen aufweisen, schlugen Kogej et al. (2013) vor, den Wert der Screening-Sammlungen durch den Austausch der Sammlungen der Pharmaunternehmen zu erhöhen, um den chemischen Raum zu erweitern, auf den das HTS zugreifen kann. Wichtig ist, dass typische HTS-Läufe 10^5–10^7 Verbindungen umfassen. Im Vergleich zu der theoretisch möglichen Anzahl von Verbindungen im chemischen Raum von 10^{40}–10^{100} sprechen die Ergebnisse von HTS-Läufen für diese Technologie (Macarron, 2006).

Zusammen mit der Sequenzierung des menschlichen Genoms, der Bioinformatik und der kombinatorischen Chemie wurde erwartet, dass die HTS eine Welle neuer Zielmoleküle und Therapien mit geringeren Kosten und kürzeren Fristen hervorbringen würde. Die sehr hohen Erwartungen haben sich jedoch nur zum Teil erfüllt. HTS wurde als eine Technologie kritisiert, die Daten von schlechter Qualität liefert, teuer und zeitaufwändig ist und keine Leitstrukturen liefert (Macarron et al., 2011). Außerdem wird ihr vorgeworfen, zu den hohen Fluktuationsraten und der geringen Produktivität in der pharmazeutischen Forschung und Entwicklung beizutragen, da der phänotypische Screening-Ansatz zur Entwicklung von mehr First-in-Class-Medikamenten (28) führte, die zwischen 1999 und 2008 von der FDA zugelassen wurden, als der target-basierte Ansatz (17) (Swinney & Anthony, 2011). Mehrere Faktoren trugen zu der geringeren Erfolgsquote des target-basierten Ansatzes bei, z. B. schlecht validierte Targets, frühe, nicht arzneimittelähnliche Substanzbibliotheken, kleine Screening-Bibliotheken, künstliche Assay-Systeme, begrenzte Bioinformatik-Kapazitäten und ein Mangel an geeigneten Tiermodellen. Der Nachteil des phänotypischen Screenings ist die zeitaufwändige Identifizierung des Wirkstofftargets, nachdem in einem phänotypischen Screening Wirkstoffe als aktiv identifiziert worden sind.

Daher ist der zielgerichtete Ansatz für HTS in einigen Fällen eine nützliche Strategie, aber sicherlich nicht für alle Krankheitsmechanismen geeignet. Er ist teurer als alternative Ansätze, aber in Anbetracht der hohen Anzahl der untersuchten Verbindungen und der gelieferten Daten ist er eine vergleichsweise günstige Technologie. Obwohl die Vorabinvestitionen für HTS-Einheiten beträchtlich sind, liegen die Kosten für ein einziges HTS bei etwa 75.000 US-Dollar und damit nur 10–20 % höher als bei anderen Methoden (Macarron et al., 2011). Die Erfolgsraten alternativer Methoden, wie fragmentbasiertes Screening, strukturbasiertes Design oder virtuelles Screening, sind nicht höher. HTS ist jedoch auf mehr Targets anwendbar, und es ist weniger Anfangswissen über das Target und den Liganden erforderlich.

Die Erfolgsquoten von HTS bei der Identifizierung von Hits wurden für **GlaxoSmithKline** (GSK) analysiert. In Macarrons (2006) Studie über 42 HTS-Laboratorien lag die durchschnittliche Erfolgsquote bei 56 % und reichte von 8 bis 100 % (je nach Zielklasse). In einer späteren Arbeit, die eine Analyse von Pfizer, GSK, Novartis und Sanofi umfasste, zeigten Macarron et al. (2011), dass der Anteil der aus HTS abgeleiteten Leads zwischen 48 und 84 % lag.

Selbst wenn im Rahmen des HTS-Screenings Treffer identifiziert werden, sind diese nicht immer für die weitere Verwendung in der medizinischen Chemie geeignet. Daher wird HTS oft parallel zu anderen Ansätzen eingesetzt. Die Identifizierung von Hits und die Leitstrukturoptimierung erfolgen zunehmend auf der Grundlage von zellulären Assays und nicht von biochemischen Assays, da zelluläre Assays physiologisch relevanter sind.

Neben der Suche nach Leitstrukturen war die wichtigste Auswirkung von HTS für die Arzneimittelentdeckung der mit HTS verbundene Technologieschub. Forschende pharmazeutische Unternehmen investierten in erheblichem Umfang in die zugrundeliegenden Technologien, die von der Sammlung von Wirkstoffen über die Verwaltung von Wirkstoffen, Assay-Technologien und Bioinformatik bis hin zur Finanzierung von Biotechnologieunternehmen reichen. Technologien, die ursprünglich für HTS und die Hit-Identifizierung entwickelt wurden, werden nun auch in anderen Bereichen der Arzneimittelforschung eingesetzt, z. B. in der Hochdurchsatz-Pharmakokinetik.

Kombinatorische Chemie: Verkürzung der experimentellen Zykluszeiten
Zusammen mit HTS gilt die kombinatorische Chemie als wesentliches Instrument für die Arzneimittelentdeckung. Während ihrer branchenweiten Einführung entfiel auf beide Technologieplattformen mehr als die Hälfte aller Ausgaben für neue Entdeckungstechnologien in der pharmazeutischen Industrie (Reuters, 2002).

Das Aufkommen der kombinatorischen Chemie wurde durch die zunehmende Anwendung von HTS-Technologien ausgelöst. Mit dem Aufschwung der HTS-

Technologien kam es zu einem Engpass im Entdeckungsprozess, da die Produktion von Wirkstoffen nicht in gleichem Maße zunahm. Da die raschen Fortschritte in der HTS-Technologie das Screening von Zehntausenden von Verbindungen statt nur einiger Hundert ermöglichten, wurde es für die Pharmaunternehmen offensichtlich, dass sie nun alle ihre Verbindungen sehr schnell testen konnten. Die Verbesserungen bei den Screening-Technologien steigerten also die Nachfrage nach Verbindungen und führten zu einem „umgekehrten Vorzeichen" in der synthetischen Chemie (Nightingale, 2000).

Bei der kombinatorischen Chemie handelt es sich um eine Synthesetechnologie, bei der durch die Synthese aller möglichen Kombinationen einer Reihe kleiner chemischer Strukturen oder Bausteine Bibliotheken von Verbindungen und nicht nur einzelne Verbindungen hergestellt werden. Die kombinatorische Chemie ist also eine Technologie zur Massenproduktion, bei der eine große Anzahl von Verbindungen für den Einsatz in HTS parallel synthetisiert wird. Bei ihrer Einführung in den 1990er-Jahren ermöglichte die kombinatorische Chemie eine Verkürzung der Versuchszyklen um den Faktor 800 und eine Senkung der Kosten und Risiken um den Faktor 600 im Vergleich zu herkömmlichen Methoden (Booz Allen & Hamilton, 1997).

Die Substanzbibliotheken von Pharmaunternehmen umfassen in der Regel historische Substanzsammlungen, Naturstoffe und kombinatorische Substanzbibliotheken. Während in den Anfängen des HTS und der kombinatorischen Chemie Verbindungen lediglich zur Vergrößerung der Bibliotheken ohne Berücksichtigung zielbezogener Design- oder Filterkriterien generiert wurden, werden die Substanzbibliotheken aus diesen Standard-Screening-Sets entfernt und umfassen nun kleinere und gezielte arzneimittelähnliche Teilmengen, um die Erfolgsquoten des HTS zu erhöhen.

Hit- und Lead-Generierungstechnologien jenseits von HTS

Das Target-basierte Screening wurde ursprünglich eingeführt, um die arzneimittelähnlichen Eigenschaften und die Selektivität neuer Arzneimittel zu verbessern. Swinney und Anthony (2011) stellten fest, dass sich das HTS und der damit verbundene zielgerichtete Ansatz negativ auf die Erfolgsquoten bei der Arzneimittelentdeckung und die F&E-Produktivität auswirken. Dies deckt sich mit früheren Berichten, wonach einige der spezifischsten Arzneimittel auf ein Ziel gerichtet sind, das bei der Krankheitspathologie keine zentrale Rolle spielt. Zudem wurde berichtet, dass viele Arzneimittel, von denen man erwartete, dass sie mit einem bestimmten Ziel interagieren, unerwünschte Off-Target-Nebenwirkungen haben (Greef & McBurney, 2005). Dies hat zu einer Diskussion darüber geführt, wie die Entdeckung von Arzneimitteln durchgeführt werden sollte: zielspezifisch oder systemisch:

- Der systembasierte Ansatz ist ein hypothesendiagnostischer Test, ein Ansatz, der auf phänotypischen Veränderungen in vitro oder in vivo beruht. Beim phänotypischen Screening wird eine große Anzahl von Wirkstoffen im Rahmen eines systembasierten Ansatzes getestet.

- Der chemozentrische Ansatz ist ein Ansatz zur Entdeckung von Arzneimitteln, der sich auf eine bestimmte Verbindung oder eine Verbindungsklasse konzentriert.
- Der zielgerichtete Ansatz ist eine hypothesengesteuerte Methode, die darauf abzielt, ein biologisches System durch pharmakologische Modulation eines bestimmten Ziels zu beeinflussen.

Eine kürzlich von Eder et al. (2014) durchgeführte Analyse von 113 Medikamenten der ersten Klasse, die zwischen 1999 und 2013 von der FDA zugelassen wurden, ergab, dass die meisten dieser Medikamente (78) durch target-basiertes Screening entwickelt wurden. 33 Medikamente wurden ohne Kenntnis des Wirkstofftargets entwickelt, davon 25 durch chemozentrische Ansätze und 8 durch phänotypisches Screening. Die zielgerichteten Arzneimittel können in kleine Moleküle (45) und Biologika (33) unterteilt werden. Die Biologika wurden in der Regel durch Screening (Antikörper) oder rationales Design identifiziert. Die 45 niedermolekularen Arzneimittel wurden durch HTS (18), chemozentrische Ansätze (18), rationales Design (6), fragmentbasiertes Screening (1), *In-Silico-Screening* (1) und Low-Throughput-Screening (1) gefunden. HTS hat also eine herausragende Rolle bei der Entdeckung von Arzneimitteln gespielt, aber auch andere Technologien sind wichtig für die Bereitstellung von Hit- und Leitstrukturen.

Das fragmentbasierte Wirkstoffdesign ist eine dieser Alternativen für die Arzneimittelentdeckung. Im Gegensatz zu den herkömmlichen Screening-Methoden, die darauf abzielen, möglichst viele potente Hit- und Leitverbindungen zu analysieren, basiert das fragmentbasierte Wirkstoffdesign auf dem Screening einer kleineren Anzahl von Verbindungen in der Hoffnung, Fragmente mit geringer Affinität zu finden. Dabei wird das Prinzip der Fragmentierung einer Leitverbindung in kleinere Teile (in der Regel mit Durchmessern von weniger als 250 Da), die Optimierung einzelner funktioneller Gruppen durch Computeralgorithmen und NMR-Spektroskopie oder Röntgenkristallografie genutzt. Die Optimierung jeder Wechselwirkung der Leitverbindung in der Bindungsstelle und der anschließende Einbau aller Wechselwirkungsstellen in ein Arzneimittelmolekül liefert Verbindungen mit besseren arzneimittelähnlichen Eigenschaften als die durch HTS gelieferten Treffer/Leitverbindungen. Das Screening einer Fragmentbibliothek mit 10.000 Verbindungen umfasst eine größere chemische Vielfalt als ein typisches HTS-Screening. Eine von Abbott, Hajduk und Greer (2007) durchgeführte Analyse von 45 Screens ergab, dass die Erfolgsquote des fragmentbasierten Ansatzes bei 76 % lag, was zu der Schlussfolgerung führte, dass der fragmentbasierte Ansatz zu einer höheren Trefferquote als HTS führen kann. In der Praxis werden beide Ansätze komplementär eingesetzt. Während HTS schnelle Ergebnisse und erste Leads liefert, benötigt das fragmentbasierte Screening mehr Zeit, liefert aber qualitativ hochwertigere Leitstrukturen.

Während beim zielgerichteten Ansatz Hits und Leitstrukturen auf der Grundlage ihrer Aktivität gegenüber einem bestimmten Ziel identifiziert und optimiert werden, skizziert Butcher (2005) einen zellsystembiologischen Ansatz, der die Biologie an den Anfang des Prozesses stellt. Primäre menschliche Zellsysteme werden verwendet, um Aspekte der Krankheitsbiologie zu modellieren und um Leitstrukturen zu identifizieren und zu optimieren. Der Wirkstoffkandidat selbst, nicht das Zielmolekül, wird zur Validierung verwendet. In diesem Sinne wurden auch die Systempathologie und die Systempharmakologie als alternative Wege in der Arzneimittelentdeckung vorgeschlagen (Greef & McBurney, 2005).

Ein weiterer Trend ist die Verwendung von induzierten pluripotenten Stammzellen (engl.: induced pluripotent stem cells: iPSC) für das Wirkstoffscreening. iPSC können zur Herstellung von patientenspezifischen Zelllinien als Modelle für bestimmte Erkrankungen verwendet werden. Die aus iPSC gewonnenen Zellen tragen zum Verständnis der Krankheitsentstehung bei, unterstützen die Identifizierung und Validierung von Zielmolekülen und sind nützlich für HTS-Screens. Takeda Pharmaceuticals ist einer der Protagonisten in diesem Bereich. In Zusammenarbeit mit dem Center for iPS Cell Research Application (CiRA) der Universität Kyoto hat der japanische Pharmariese klinische Anwendungen von iPSCs entwickelt (Einzelheiten siehe Kap. 6). Auch zahlreiche andere Pharmafirmen haben ihre Forschungsorganisationen für neue Kooperationsmodelle geöffnet, um die Erfolgsquoten ihrer Lead-Finding-Einheiten zu erhöhen. Beispiele sind die offenen Innovationsmodelle von Eli Lilly (PD^2), Bayer Healthcare (G4T) oder die Innovative Medicines Initiative European Lead Factory. Ebenso werden Kooperationen zwischen Industrie und Hochschulen oder unter Industrieunternehmen genutzt, um Know-how und Fähigkeiten in der Arzneimittelforschung zu ergänzen, z. B. MedChemica oder die Zusammenarbeit zwischen Bayer Healthcare und AstraZeneca zum Austausch von Screening-Fähigkeiten.

3.4 Bioinformatik und die eHealthcare Revolution

Die Fortschritte in der Molekularbiologie, der Genomik, der Proteomik und anderen neuen Technologien haben dazu geführt, dass Biotechnologie- und Pharmaunternehmen riesige Mengen an biologischen und chemischen Daten verarbeiten müssen. Informationen aus dem menschlichen Genom, Genexpressionsprofile, Protein-Protein-Interaktionen und Stoffwechselwege werden genutzt, um die Mechanismen von Krankheiten zu verstehen und neue Medikamente zu entdecken.

Bioinformatik, eBiologie, trockene Biologie, In-Silico-Biologie, computergestützte Biologie, konzeptionelle Biologie oder Wissensentdeckung werden als synonyme Begriffe verwendet. Die Bioinformatik integriert und verwendet Daten aus verschiedenen Quellen der Arzneimittelentdeckung und der klinischen Entwicklung in einer systemischen Weise für die Identifizierung, Einstufung und Weiterentwicklung von Arzneimittelentdeckungsprogrammen. Die Rolle der Bioinformatik bei der Entdeckung von Arzneimitteln kann nur noch wichtiger werden, da sich die Menge des weltweiten Wissens alle sieben Jahre verdoppelt (Davis & Botkin, 1994).

Die pharmazeutische Forschung gehört zu den Spitzenreitern in der Wissensproduktion. Zu den treibenden Kräften für die zunehmende Wissensakkumulation gehören der zunehmende Einsatz neuartiger Technologien zur Entdeckung von Arzneimitteln sowie der Erwerb von externem Wissen. Genomikdaten wie Daten aus Sequenzanalysen, genetische Variationen, Ähnlichkeitsdaten von Zielmolekülen, Daten zu Zielfunktionen, Expressionsprofile, Knockouts, Screening-Daten, klinische Daten und Daten aus der Pharmakogenomik werden in die Analysen integriert, um zusätzlich zu den Experimenten im „Nasslabor" spezifische Fragen zu beantworten. Die neuen Technologien in der Arzneimittelforschung produzieren riesige Mengen an Daten und Informationen. Da ein einziges pharmazeutisches Labor täglich Hunderte von Gigabyte an Daten erzeugen kann, sind hochentwickelte Informationstechnologien und Algorithmen erforderlich, um diese zu scannen und zu interpretieren.

Die computergestützte Systembiologie zielt darauf ab, experimentelle biologische Forschung und computergestützte Forschung zu integrieren, um die Komplexität der Biologie besser modellieren und verstehen zu können (Kitano, 2002). Die computergestützte Biologie hat zwei unterschiedliche Aufgaben: (1) Wissensentdeckung oder Data Mining und (2) simulationsbasierte Analyse. Während der erste Teil darauf abzielt, Muster aus einer riesigen Datenmenge zu extrahieren, werden im zweiten Teil wissenschaftliche Hypothesen in In-silico-Experimenten getestet. Kombinatorische Informatik oder Chemogenomik ist ein weiterer Ansatz zur Entdeckung von Arzneimitteln, bei dem In-silico-Experimente mit Daten aus dem Nasslabor kombiniert werden (Agrafiotis et al., 2002).

Zusätzlich zu den Unternehmensinformationen greifen Biotechnologie- und Pharmaunternehmen auch auf Daten aus öffentlichen Datenbanken wie der Kyoto Encyclopedia of Genes and Genome, der Alliance for Cellular Signaling, PubChem, DrugBank, Chemical Entities of Biological Interest oder ChemBank zu. Diese offen zugänglichen Datenbanken sind die Grundlage für die vorwettbewerbliche Forschung und die Basis für öffentlich-private Partnerschaften.

Eine weitere Initiative ist die Integration von Struktur-Wirkungs-Beziehungen (engl.: structure-activity relationship: SAR) aus verschiedenen Quellen in ein einziges System, das rund 4,8 Mio. Verbindungen und etwa 600.000 SARs für 3000 Protein-Targets aus veröffentlichten und privaten Quellen enthält, um ein besseres Verständnis des pharmakologischen Raums zu erhalten (Paolini et al., 2006). Der Similarity Ensemble Approach kann zum Durchsuchen von Substanzdatenbanken und zum Erstellen von Cross-Target Similarity Maps verwendet werden. Das Tool gruppiert Rezeptoren nach der chemischen Ähnlichkeit ihrer Liganden, um unbekannte Beziehungen zwischen Rezeptoren und Liganden zu ermitteln.

Die Bioinformatik stellt sich der Herausforderung, dass es mehrere und inkonsistente Informationsquellen (innerhalb und außerhalb der Unternehmen) gibt. Die Daten sind dabei fragmentiert und Informationen müssen in einer kohärenten Einheit integriert werden. In dem Maße, in dem sich die Datenquellen erweitern, wird eine robuste Datenanalyse und Wissensentdeckung immer wichtiger. Selbst kleine Start-up-Unternehmen operieren in der Forschung und Entwicklung relativ global: Sie erwerben ihr Wissen durch die Zusammenarbeit mit anderen komplementären Unternehmen sowie durch öffentliche Datenbanken (z. B. das Internet).

So haben Forscher bei **Johnson & Johnson** (J&J) eine integrierte Bioinformatikplattform namens ABCD entwickelt, die einen Rahmen für die Organisation chemischer und biologischer Daten, eine Schnittstelle für den Zugriff auf Daten aus verschiedenen Quellen und einen Rahmen zur Unterstützung der projektteambasierten Struktur der F&E-Organisation von J&J bietet. Der Vorteil besteht darin, dass alle relevanten Daten über ein einziges System verfügbar sind (Agrafiotis et al., 2007).

Informationstechnologien in der pharmazeutischen Forschung müssen sich sowohl mit dem Management von Daten und Wissen innerhalb der Unternehmensgrenzen als auch mit den Verbindungen zur externen Forschungsgemeinschaft befassen. Baumann (2003) fasst die Hauptaufgaben der Informationstechnologien in der pharmazeutischen F&E wie folgt zusammen:

- Bereitstellung und Verwaltung von Datenbanken für die riesige Menge an Informationen;
- Ermöglichung der Erstellung von Substanzprofilen für eine verbesserte Zielidentifizierung und ein besseres Screening;
- Zur Verwaltung von Genom- und Proteinsequenzen;
- Zur Visualisierung von 3D-Daten;
- Daten über Modellorganismen zu sammeln;
- Verwaltung der riesigen Datenmengen aus den klinischen Tests und Bereitstellung von Feedback für die frühen Phasen der Arzneimittelentwicklung;
- Ermöglichung der Zugänglichkeit und des Austauschs von Wissen innerhalb des Unternehmens sowie mit externen Mitarbeitern.

Eine der wichtigsten Aufgaben der Informationstechnologien in der pharmazeutischen Forschung besteht darin, die großen Mengen komplexer Daten zu bewältigen, die in allen Phasen des F&E-Prozesses anfallen. So ist beispielsweise das U.S. Trials Register zu einer globalen Quelle für von der Industrie gesponserte klinische Studien der Phasen II-IV und zu einer Option für den Zugang zu großen Datenmengen aus laufenden klinischen Studien geworden.

Darüber hinaus sind elektronische Gesundheitsdatenbanken zu einer wichtigen Quelle für die pharmakoepidemiologische und translationale Forschung geworden. Mithilfe dieser Datenbanken können Forscher Erkenntnisse über die kurz- und langfristigen Auswirkungen von Arzneimitteln gewinnen, Responder und Non-Responder sowie Patienten mit einem Risiko für unerwünschte Wirkungen identifizieren oder Informationen über den Gebrauch eines Arzneimittels in verschiedenen Regionen abrufen.

Das Internet ist bereits ein wichtiges Kommunikations- und Informationsinstrument und wird den Pharmaunternehmen die Möglichkeit geben, effektiver mit Partnern, Regulierungsbehörden und Verbrauchern zu interagieren. Internetbasierte Technologien haben das Potenzial, sich auf jede Stufe der pharmazeutischen Wertschöpfungskette auszuwirken. Die Fähigkeit, auf Daten zuzugreifen und diese gemeinsam zu nutzen, sowie die Interaktion und Kommunikation innerhalb und zwischen Unternehmen, wird darüber entscheiden, wie erfolgreich die neuen Technologien integriert werden. Investitionen in Internet-Technologien dürften zu erheblichen Produktivitätssteigerungen in den Bereichen Forschung und Entwicklung führen.

Die gründliche und umfassende Nutzung von Informationen, z. B. über ein bestimmtes therapeutisches Gebiet oder eine Krankheit, kann für ein Pharmaunternehmen einen Wettbewerbsvorteil darstellen. Für neurogenerative Krankheiten, wie die Alzheimer-Krankheit, stehen große Datenmengen zur Verfügung. Die Alzheimer's Disease Neuroimaging Initiative, Brain Research through Advancing Innovative Neurotechnologies, die Human Brain Initiative, die Allen Brain Initiative oder das Blue Brain Project haben damit begonnen, Bildgebungs-, Genomik- und Computertechnologien einzusetzen, um die funktionellen, strukturellen und biochemischen Netzwerke des Gehirns zu entschlüsseln. Eine weitere Informationsquelle und Grundlage für die Korrelation von Informationen aus der Systembiologie mit unerwünschten Ereignissen, Komorbiditäten und Arzneimittelreaktionen, die in elektronischen Arztberichten oder Patientenfragebögen gespeichert sind, sind die Verbrauchergenomik und elektronische Arztberichte. Die Entdeckung von Krankheitsmechanismen, die Identifizierung von prädiktiven mechanistischen Modellen und die Bereitstellung neuartiger Arzneimittelziele auf der Grundlage dieses Wissens sind potenzielle Ausgangspunkte für die nächste Generation therapeutischer Fortschritte.

Es herrscht jedoch immer noch Skepsis hinsichtlich der Investitionsrendite (engl.: return on investment: ROI) von Big Data, und kritische Fragen wie ein effizientes Verfahren für die gemeinsame Nutzung von Daten oder gemeinsame Richtlinien für den Datenaustausch sind bisher noch nicht gelöst (siehe z. B. Manji et al., 2014). Zu den Hindernissen für die Einführung neuer Internettechnologien gehören auch Bedenken hinsichtlich der Sicherheit unternehmenseigener Informationen und rechtliche Bedenken hinsichtlich der Vertraulichkeit von Patientendaten.

„Big Data" und seine Bedeutung für die pharmazeutische F&E[1]
Die Erfolge von Unternehmen wie Facebook, Amazon und eBay haben die Erwartung geweckt, dass auch Pharmaunternehmen durch die Einführung neuer Geschäftsmodelle einen Mehrwert aus Big Data ziehen können. Während Facebook und seine Konkurrenten leichten Zugang zu hochwertigen Verbraucherdaten haben, da sie die Daten im Rahmen ihrer allgemeinen Geschäftsbedingungen zusammenstellen und besitzen, haben Pharmaunternehmen Schwierigkeiten, auf relevante Daten für ihr Kerngeschäft, d. h. die Entwicklung von Arzneimitteln, zuzugreifen. Die Hauptquelle für zuverlässige Patientendaten sind die geschützten Informationen aus ihren eigenen klinischen Studien. Daten, die von Krankenkassen, sozialen Medien oder öffentlichen Quellen generiert werden, sind oft von geringer Granularität und Qualität.

Fehlende Datenstandards und das Fehlen von kontrollierten Vokabularen verhindern die Zusammenstellung großer und zuverlässiger Datenmengen – die Voraussetzung für eine detaillierte Datenanalyse. Die Einführung elektronischer Gesundheitsakten (oder elektronische Patientenakte, ePA; engl.: electronic health record: EHR) und der Trend zur Erfassung von immer mehr molekularen Daten in der

[1] Mit Dank an Dr. Lars Greifenberg, F&E Direktor IT, AbbVie Deutschland.

Standardgesundheitsversorgung (z. B. Genetik, Proteomik, Metabolomik) bieten jedoch die Chance, in Zukunft auf mehr relevante Patientendaten zuzugreifen. Bedenken hinsichtlich der Datensicherheit und des Datenschutzes sowie fehlende gesetzliche Regelungen zum Datenmissbrauch hindern Pharmaunternehmen in vielen Ländern immer noch daran, auf neue Datenquellen zuzugreifen. Es entspricht dem gesunden Menschenverstand, dass Patientendaten geschützt und anonymisiert werden müssen, bevor sie weitergegeben und von einer zweiten Partei verwendet werden. Leider handelt es sich bei genetischen Informationen um einen persönlichen Fingerabdruck, der nicht anonymisiert werden kann. Die Schaffung eines sicheren Umfelds, in dem der Einzelne einen klaren persönlichen und kollektiven Nutzen aus der gemeinsamen Nutzung von Daten ziehen kann, scheint der einzige Weg zur Verwirklichung dieser Vision zu sein.

Wenn EHRs den Pharmaunternehmen zur Verfügung gestellt werden, würde dies den Wissenschaftlern ermöglichen, die zugrunde liegenden Mechanismen von Krankheiten besser zu verstehen, klinische Studien besser zu konzipieren, die Wahrscheinlichkeit zu erhöhen, dass Patienten positiv auf neue Behandlungen ansprechen, und unerwünschte Ereignisse zu reduzieren. Big Data hat also nicht nur das Potenzial, die Effizienz von Forschung und Entwicklung zu steigern, sondern würde es auch ermöglichen, das Geschäftsmodell der Industrie von der Heilung auf die Vorbeugung von Krankheiten umzustellen, wenn auch Daten von gesunden Menschen (vor der Krankheit) einbezogen würden.

3.5 Proteomik und die „-omics"-Welt

Der Begriff Proteom bezeichnet die Gesamtheit der von einem Genom exprimierten Proteine, und die Proteomik befasst sich mit den von Zellen und Organismen produzierten Proteinen. Die etwa 30.000 Gene, die im Rahmen des Humangenomprojekts übersetzen sich in mehrere Hunderttausend Proteine, wenn man alternatives Spleißen und posttranslationale Veränderungen berücksichtigt. Während ein Genom weitgehend unverändert bleibt, verändern sich die Proteine in einer Zelle dramatisch, da Gene als Reaktion auf die Umwelt an- und abgeschaltet werden.

Die meisten Arzneimittel wirken auf Proteine oder Proteinrezeptoren. Eine zentrale Herausforderung der Proteomik besteht daher darin, Unterschiede zwischen den Mustern einer gesunden und einer kranken Person zu erkennen, sie zu analysieren und dann Zielproteine zu identifizieren und zu isolieren. Folglich umfasst die Proteomik das Bestreben, eine vollständige Beschreibung der Genprodukte in einer Zelle oder einem Organismus zu erhalten. Ziel der Proteomik ist es, den Informationsfluss innerhalb einer Zelle und eines Organismus durch Proteinwege und -netzwerke zu analysieren. Die Proteomik umfasst also nicht nur die Identifizierung und Quantifizierung von Proteinen, sondern auch die Bestimmung ihrer Lokalisierung, Modifikationen, Interaktionen, Aktivitäten und letztlich ihrer Funktion.

Es wird allgemein angenommen, dass die Proteomik uns helfen wird, Krankheiten und die ihnen zugrundeliegenden Mechanismen zu verstehen, und dass sie den zielgerichteten Ansatz bei der Arzneimittelentdeckung weiter erleichtern wird.

Darüber hinaus werden Proteomik-Technologien in der klinischen Entwicklung eingesetzt, z. B. bei Krebs, um Krebs früher zu erkennen oder neue Arzneimittelziele und Biomarker zu identifizieren.

In den letzten Jahren sind weitere „omics"-Technologien entstanden, die eine moderne Arzneimittelforschung ermöglichen. Die Metabolomik beispielsweise ist die Untersuchung von In-vivo-Stoffwechselprofilen, die Aufschluss über die Toxizität von Medikamenten, Krankheitsmechanismen oder Genfunktionen geben (Nicholson et al., 2002). Unter Lipidomik versteht man die Analyse und Charakterisierung von Lipiden und ihren interagierenden Bestandteilen auf Systemebene (Wenk, 2005). Toxikogenomik ist die Anwendung von Technologien zur Genexpression in der Toxikologie, um Gefahren frühzeitig zu erkennen und Risiken im Zusammenhang mit Arzneimittelkandidaten zu verringern (Ulrich & Friend, 2002).

3.6 Pharmakogenetik und Pharmakogenomik

Das Ansprechen eines Patienten auf ein Arzneimittel hängt von intrinsischen Faktoren wie Gesundheitszustand, Geschlecht oder Genen und von extrinsischen Faktoren wie der Ernährung oder der Verwendung von Begleitmedikamenten ab, die beide die Pharmakokinetik und Pharmakodynamik eines Arzneimittels beeinflussen. Mit der Sequenzierung des menschlichen Genoms begann man, den Einfluss der Gene auf das Ansprechen auf ein Arzneimittel zu analysieren. Heute wissen wir, dass die individuelle Reaktion auf ein Medikament von folgenden Faktoren abhängt:

- Gene, die für die Absorption, die Verteilung, den Stoffwechsel und die Ausscheidung des Arzneimittels von Bedeutung sind;
- Gene, die für Arzneimittelziele kodieren; und
- Gene, die das Fortschreiten der Krankheit beeinflussen.

Alle Faktoren zusammen beeinflussen die Pharmakokinetik und Pharmakodynamik eines Arzneimittels und damit die unterschiedlichen Ergebnisse klinischer Studien in verschiedenen Untergruppen von Patienten.

Die Pharmakogenetik befasst sich mit den vererbten genetischen Unterschieden in den Stoffwechselwegen von Arzneimitteln, die sich auf die individuelle Reaktion auf Arzneimittel auswirken können, und zwar sowohl in Bezug auf die therapeutische Wirkung als auch auf die unerwünschten Wirkungen. Die Pharmakogenetik stützt sich auf klinische Beobachtungen der Wirksamkeit, Sicherheit und Verträglichkeit von Arzneimitteln. Die zwischenmenschlichen Unterschiede im Ansprechen auf Arzneimittel können mit spezifischen biologischen Markern in Verbindung gebracht werden, die wiederum eine Vorhersage des individuellen Ansprechens auf Arzneimittel ermöglichen. Durch die Analyse des unterschiedlichen Ansprechens verschiedener Personen auf ein und dasselbe Medikament ist es möglich, die Medikation auf den einzelnen Patienten abzustimmen. Die Patienten werden in zwei Untergruppen unterteilt, die Responder und die Non-Responder, je nachdem, ob sie besser auf ein Medikament ansprechen als der Durchschnittspatient. Das Ergebnis ist eine bessere Wirksamkeit des Medikaments und eine bessere Verträglichkeit für den Patienten. Die Pharmakogenetik trägt somit dazu bei, die Ausfallquoten in der Forschung und Entwicklung zu verringern und unerwünschte Ereignisse nach der Markteinführung des neuen Medikaments zu reduzieren.

Genomische Technologien ermöglichen zwar ein besseres Verständnis der Zielfunktion von Arzneimitteln in genomischen Teilpopulationen und sogar bei Einzelpersonen, werfen jedoch große kommerzielle und finanzielle Probleme auf. Für die Entwicklung genetischer Profile müssen viel Zeit und Ressourcen aufgewendet werden, während der Markt für maßgeschneiderte Arzneimittel viel kleiner ist, was ganz andere Portfoliomanagementstrategien erfordert. Um diese Chance zu nutzen, müssen die Unternehmen die genotypbasierte Diagnostik für die personalisierte Medizin nutzen, wodurch sich die Gleichung des Endspiels von hochvolumigen/hochwertigen (d. h. Blockbuster-)Medikamenten hin zu Arzneimitteln mit geringem Volumen und höherem Wert (d. h. individualisierte Medikamente) verschiebt. Während einige der Meinung sind, dass die personalisierte Medizin nur von begrenzter Bedeutung sein wird, sind andere davon überzeugt, dass sie einen großen Einfluss auf die Industrie haben wird. Zudem erwarten Letztere, dass die genotypbasierte Eliminierung/Ausschluss der wichtigsten Nebenwirkungen letztendlich zu noch größeren Blockbuster-Produkten führen wird, als dies derzeit möglich ist.

Wenn es der Pharmakogenetik gelingt, die Stratifizierung von Patienten in Teilsegmente von Respondern und Non-Respondern zu perfektionieren, hat sie das Potenzial, die pharmazeutische Forschung und Entwicklung und deren Ergebnisse erheblich zu verändern:

- Verstehen, warum manche Medikamente bei bestimmten Patientensegmenten nicht wirksam sind;
- die Häufigkeit von unerwünschten Arzneimittelwirkungen begründen;
- die Variabilität des Ansprechens auf ein Medikament in klinischen Studien zu erklären; und
- Hilfe bei der Gestaltung besserer klinischer Studien.

Eine Schlüsseltechnologie in der Pharmakogenetik ist die DNA-Sequenzierung. Durch den technologischen Fortschritt sind die Kosten für die DNA-Sequenzierung erheblich gesunken. Heute ist es möglich, ein menschliches Genom (3,27 Mrd. Basenpaare) für rund 10.000 US-Dollar zu sequenzieren. Die Sequenzierung des bakteriellen Genoms von *Chlamydia pneumonia* (nur 1,2 Mio. Basenpaare) kostete im Jahr 2000 noch mehr als 1 Mio. US-Dollar. Damit hat sich die Genomsequenzierung zu einer kosteneffizienten Methode entwickelt, die die Pharmakogenetik und damit die personalisierte Medizin ermöglicht.

Biotechnologieunternehmen wie Illumina oder Life Technologies haben sich auf die Bereitstellung neuer Sequenzierungstechnologien für den Einsatz in der Pharmakogenetik oder Pharmakogenomik spezialisiert. Beide Unternehmen haben kürzlich in Sequenziertechnologien der dritten Generation (engl.: third generation sequencing: 3GS) investiert, um den Sequenzierdurchsatz bei geringeren Kosten weiter zu erhöhen. So erwarb Illumina 2015 GeneLogics LifeScience Software und

2016 Conexio Genomics. Die Expertise in der DNA-Sequenzierung wird weiter an Bedeutung gewinnen: Für 2017 wird ein weltweiter Sequenzierungsmarkt von 4,27 Mrd. US-Dollar prognostiziert, 39 % davon für Anwendungen im Gesundheitswesen (Mohamed & Syed, 2013).

Die Europäische Agentur für die Beurteilung von Arzneimitteln (EMEA), die US-amerikanische Food and Drug Administration (FDA) und die japanische Pharmaceuticals and Medical Devices Agency (PMDA) haben bereits Leitlinien zur Rolle der Pharmakogenetik in der pharmazeutischen Forschung und Entwicklung herausgegeben, was die Bedeutung unterstreicht, die die Pharmakogenetik bereits heute hat. Es gibt jedoch noch viele Herausforderungen, wie z. B. die Verknüpfung von genetischen Variationen mit einer bestimmten Krankheit und einem relevanten klinischen Ergebnis oder Fragen des Schutzes der Privatsphäre von Patienten, die an genomischen Studien teilnehmen. All dies lässt die Vision einer wirklich personalisierten Medizin in weite Ferne rücken.

Wie bei der Pharmakogenetik waren die neuen genomischen Sequenzierungstechnologien auch der Beginn der Pharmakogenomik. Die Pharmakogenomik ist die genomweite, systemische Bewertung der Auswirkungen von Arzneimitteln auf die Genexpression. Dabei werden nicht die interindividuellen Unterschiede in Bezug auf die Wirkung eines Arzneimittels untersucht, sondern die Unterschiede zwischen verschiedenen Arzneimitteln auf das Expressionsprofil bestimmter Gewebe. Heute wird die Pharmakogenomik bei der Identifizierung der besten Arzneimittelkandidaten eingesetzt. Sie wird bei der Substanzprofilierung mit Hilfe von in-vitro pharmakologischen Methoden eingesetzt, d. h. beim Screening von Wirkstoffen gegen ein breites Spektrum von Wirkstoffzielen (Off-Targets), die sich von den primären therapeutischen Zielen unterscheiden, was zur Ermittlung spezifischer Wechselwirkungen beiträgt, die möglicherweise die Ursache für unerwünschte Arzneimittelwirkungen sind. Off-Target-Effekte sind in der Regel schädlich, aber in einigen Fällen haben diese Eigenschaften zu wichtigen positiven Effekten geführt, die sich als Glücksfall für die Verwendung eines Arzneimittels in neuen therapeutischen Indikationen erweisen. Die gemeinsame Nutzung von Nebenwirkungsprofilen kann also für die Entdeckung von Targets genutzt werden. Sie kann auch dazu beitragen, dosisabhängige Nebenwirkungen bei bestimmten Arzneimitteln mit bekannten genomischen Biomarkern zu vermeiden.

Biomarker sind natürlich vorkommende Gene, Moleküle oder andere Merkmale, die als Indikatoren für normale biologische Prozesse, pathogene Prozesse oder pharmakologische Reaktionen auf eine therapeutische Maßnahme verwendet werden können. Biomarker helfen zum Beispiel dabei, die Abgabe von Arzneimitteln an ihre primären Ziele zu messen, die vorhergesagte Pathophysiologie und deren Veränderung zu verstehen und Variablen von klinischer Relevanz zu überwachen. Biomarker sind nützlich, um F&E-Ressourcen zu sparen, indem sie frühe Proof-of-Concept-Studien ermöglichen.

Insgesamt hat die Zahl der in der Arzneimittelforschung verwendeten Biomarker in den letzten Jahren erheblich zugenommen, obwohl die Zahl der Biomarker, die als Surrogat-Endpunkte in zulassungsrelevanten klinischen Studien akzeptiert werden, gering geblieben ist (Hurko & Jones, 2011). Ein Surrogatendpunkt ist definiert als ein Biomarker, der einen klinischen Endpunkt ersetzen soll. So ist beispielsweise ein gesenkter Blutdruck ein akzeptierter Surrogatendpunkt für Schlaganfall oder Herzinfarkt.

Prädiktive Biomarker nutzen ein Ausgangsmerkmal eines Patienten, um vorherzusagen, ob der Patient überhaupt von einer Therapie profitieren wird (Beckman et al., 2011). So hat beispielsweise das zunehmende Verständnis der Krebsbiologie zu der Erkenntnis geführt, dass Krebs eine heterogene Krankheit ist und mit spezifischen Krebsmedikamenten behandelt werden muss. Personalisierte Medikamente wurden speziell gegen einen Defekt in der zellulären Signalübertragung entwickelt, der nur bei bestimmten Subpopulationen von Patienten auftritt. Der Defekt und damit die Subpopulation werden durch das Auftreten eines bestimmten Biomarkers charakterisiert. Prominente Beispiele für personalisierte Medikamente sind Herceptin (Roche) zur Behandlung von Brustkrebs, der durch eine HER2-Überexpression gekennzeichnet ist, oder Glivec (Novartis) zur Behandlung von chronischmyeloischer Leukämie bei Patienten, die durch das BCR-ABL-Fusionsgen gekennzeichnet sind. Die Identifizierung von Patienten, die von einer solchen Behandlung profitieren, erfolgt in der Regel mit Hilfe von Begleitdiagnostika, d. h. In-vitro-Diagnosetests, die Informationen liefern, die für den sicheren und wirksamen Einsatz der therapeutischen Maßnahme unerlässlich sind.

Die wachsende Bedeutung von Biomarkern in der Arzneimittelforschung und -entwicklung wird heute von den zuständigen Regulierungsbehörden anerkannt (siehe HHS und FDA, 2005 oder FDA, 2014). Darüber hinaus wurde 2006 von der FDA in Zusammenarbeit mit dem National Institute of Health (NIH) und der Pharmaceutical Research and Manufacturers of America (PhRMA) das Biomarker Consortium gegründet, um die Entwicklung der personalisierten Medizin durch die Unterstützung der Forschung an biomarkerbasierten Technologien und Arzneimitteln sowie die Entwicklung von Therapien in den Bereichen Krebs, neurodegenerative Erkrankungen, Stoffwechselstörungen und Entzündungskrankheiten zu fördern. Im Jahr 2010 startete das Biomarker Consortium eine bahnbrechende adaptive klinische Studie mit zahlreichen Arzneimittelkandidaten zur Behandlung von Brustkrebs. Ziel ist es, herauszufinden, welcher Biomarker-Subtyp von welcher therapeutischen Maßnahme am meisten profitiert. Die Ergebnisse sollen dazu beitragen, dass nachfolgende Phase-III-Studien erfolgreicher verlaufen.

Neben den technischen und regulatorischen Vorteilen kann die Bereitstellung von Begleitdiagnostika ein wichtiges Entscheidungskriterium für die Preisgestaltung und die Kostenerstattung für ein neues Medikament sein. Beispielsweise können die Preise für neue Krebsmedikamente bis zu 100.000 US-Dollar pro Jahr und Patient betragen. Begleitdiagnostika helfen dabei, den Preis zu rechtfertigen und sicherzustellen, dass nur Patienten, die auf das Medikament ansprechen, behandelt werden. Die Begleitdiagnostik gilt als wertschöpfendes und wissenschaftsbasiertes Konzept für die Arzneimittelentwicklung, da sie das Risiko klinischer Studien senkt, die Markteinführung beschleunigt und die Entwicklungskosten insgesamt reduziert.

Pharmakogenetik und Pharmakogenomik-Technologien sind Eckpfeiler der personalisierten Medizin (engl.: personalized healthcare: PHC). Ihre wichtigsten Vorteile sind:

- stärkere Medikamente;
- bessere, sicherere Medikamente beim ersten Mal;
- genauere Methoden zur Bestimmung angemessener Medikamentendosierungen;
- fortgeschrittenes Screening auf Krankheiten;
- Verbesserungen bei der Entdeckung und Zulassung von Arzneimitteln;
- bessere Verhandlungsposition bei der Preisgestaltung und Kostenerstattung.

Schließlich wird erwartet, dass beide Technologien zu einer allgemeinen Senkung der Kosten für die Gesundheitsversorgung führen werden, da die Kosten sinken:

- die Anzahl der unerwünschten Arzneimittelwirkungen;
- die Zahl der gescheiterten Arzneimittelversuche;
- die Zeit, die für die Zulassung eines Arzneimittels benötigt wird;
- die Dauer der Medikamenteneinnahme;
- die Anzahl der Medikamente, die Patienten einnehmen, um eine wirksame Therapie zu finden;
- die Auswirkungen einer Krankheit auf den Körper (durch Früherkennung).

3.7 Computergestützte Entdeckung von Arzneimitteln

Methoden des computergestützten Wirkstoffdesigns können in verschiedenen Phasen der Arzneimittelentdeckung angewandt werden, z. B. virtuelles Screening zur Identifizierung von Hits, fragmentbasiertes Wirkstoffdesign bei der Lead-Findung oder Molecular Modelling bei der Lead-Optimierung.

Das virtuelle Screening hat sich zur wichtigsten Alternative zum HTS entwickelt. Dabei werden große Datenbanken von Wirkstoffen *in silico* gescreent, eine begrenzte Anzahl von Wirkstofftreffern für biologische Tests ausgewählt und neuartige chemische Einheiten identifiziert, die die gewünschten Eigenschaften aufweisen und am wahrscheinlichsten an das Wirkstoffziel binden.

Röntgenkristallographie und Kernspinresonanz (engl.: nuclear magnatic resonance: NMR) werden bereits zur Bestimmung der Proteinstruktur auf atomarer Ebene eingesetzt. Die Kenntnis der dreidimensionalen Struktur eines Zielproteins ist der Ausgangspunkt für strukturbasierte Ansätze zur Entwicklung von Arzneimitteln, indem die Merkmale der komplementären Strukturen von Ligand und Ziel definiert werden. Die entsprechenden Informationen werden zur Optimierung von Arzneimittelmolekülen verwendet, indem effektivere Wechselwirkungen mit dem Zielprotein aufgebaut werden, was zu einer potenziell verbesserten Wirksamkeit und höheren Selektivität führt. Die dreidimensionalen Strukturen von Proteinen werden mit Hilfe von Hochdurchsatztechnologien bestimmt, was z. B. ein fragmentbasiertes Wirkstoffdesign ermöglicht.

Während die neuartigen Screening-Methoden dazu beitragen, die relevanten Substanzen zu finden, indem sie die irrelevanten Substanzen eliminieren, leitet das Molecular Modelling das Design der Zielmoleküle analytisch ab. Dieser Ansatz scheint weitaus effektiver und effizienter zu sein als Screening-Methoden, da er auf einem analytischen Prozess und nicht auf Serendipität beruht.

Die meisten Arzneimittel wirken durch eine Wechselwirkung mit dem Zielmolekül oder -protein, das die jeweilige Krankheit verursacht. Das Medikamentenmolekül fügt sich in einen funktionell wichtigen Spalt des Zielproteins ein, wie ein Schlüssel in ein Schloss. Das Medikamentenmolekül wird dann mit dem Zielmolekül verbunden und löst entweder die normale Funktion des Proteins aus oder hemmt sie, was häufiger der Fall ist.

Folglich würde ein besseres und direkteres Verständnis der Wechselwirkung zwischen Medikament und Zielprotein das Screening von Hunderttausenden von Substanzen überflüssig machen. Wenn es möglich wäre, das geeignete Zielmolekül für einen bestimmten therapeutischen Bedarf im Voraus zu bestimmen (einschließlich der Struktur des Zielproteins), könnte die Struktur eines idealen Arzneimittelmoleküls, das mit dem jeweiligen Zielmolekül interagiert, leicht entworfen werden.

Das Molecular Modelling dient also dazu, die dreidimensionalen Strukturen der molekularen Zielproteine und der entsprechenden Arzneimittelmoleküle zu nutzen. Nach der Bestimmung der dreidimensionalen atomaren Architektur des Zielproteins und seiner funktionell kritischen Regionen kommt eine Vielzahl von Spezialprogrammen auf interaktiven Grafik-Workstations zum Einsatz. Ein Designteam entwickelt und bewertet Ideen für Strukturen von Arzneimittelmolekülen, die die einzigartige Struktur und elektronische Umgebung des Zielproteins ergänzen. Die medizinischen Chemiker synthetisieren dann die vielversprechendsten Kandidatenstrukturen chemisch. Wie bei herkömmlichen Strategien zur Entdeckung von Arzneimitteln messen die Biochemiker die Fähigkeit dieser neu synthetisierten Arzneimittelkandidaten, die beabsichtigte Wirkung auf das Zielprotein zu erzielen. Die Kristallographen bestimmen dann erneut die Struktur des Zielproteins, nun aber in Kombination mit den Wirkstoffkandidatenmolekülen. Sie sehen die detaillierten strukturellen Wechselwirkungen, die die Wirkstoffkandidaten mit ihrem Zielprotein eingehen. Die Wissenschaftler setzen die mit bekannten biochemischen Techniken gemessene Leistung solcher Verbindungen in Beziehung zu ihren strukturellen Wechselwirkungen mit dem Target, wie sie durch die Kristallographie aufgedeckt wurden. Das Entwicklungsteam berücksichtigt die Ergebnisse dieser Analyse bei der Entwicklung der nächsten Generation von Wirkstoffen.

Diese Methodik zur Entwicklung von Arzneimitteln besteht aus iterativen Zyklen von Entwurf, Simulation, Synthese, Strukturbewertung und Neuentwurf. Die pharmazeutische Industrie versucht, die aus der Maschinenindustrie bekannten Designregeln an die weitaus komplexere Welt der Moleküle anzupassen.

3.8 Schlussfolgerungen

Seit ihrer Gründung ist die pharmazeutische Industrie einer der forschungsintensivsten und innovativsten Sektoren des verarbeitenden Gewerbes. Die wissenschaftliche und technologische Revolution in der pharmazeutischen Industrie wurde von der Biotechnologie vorangetrieben und hat die Arzneimittelentdeckung in den letzten zwei Jahrzehnten stark beeinflusst. Heute werden komplexe Wissenschaften und Technologien wie HTS, kombinatorische Chemie, genombasierte Technologien, Proteomik oder rationales Wirkstoffdesign eingesetzt, um Treffer zu identifizieren und Leitsubstanzen zu finden. Die Neuartigkeit, Komplexität und strategische Bedeutung dieser Technologien sowie die Sequenzierung des menschlichen Genoms haben zu der allgemeinen Meinung geführt, dass eine neue Welle bahnbrechender Innovationen bevorsteht.

Neben der Biotechnologie ist auch die Pharmaindustrie vom Aufkommen von Big Data betroffen. Dies ist für die Pharmaindustrie nichts Neues, da sie schon immer mit Big Data zu tun hatte. Aber die Kombination von personenbezogenen Daten mit sozialen Daten und die Nutzung von Informationen, die von intelligenten Wearables generiert werden, könnten bald noch größere Auswirkungen auf die Biowissenschaften haben. Die Herausforderung für Pharmaunternehmen ist neu: Viele ihrer Big-Data-Konkurrenten sind nicht Teil der regulierten Welt der FDA und anderer Regulierungsinstitutionen. Sie kommen aus der Welt der Unterhaltungselektronik und Software: Apple, Google und viele E-Health-Plattformen bieten Plattformen für Endverbraucher, die riesige Datenmengen erzeugen. Digitale Therapien für fettleibige Kinder werden deren Smartphones nutzen, und da soziale Medientechnologien viel stärker akzeptiert werden, könnten sie einen größeren Einfluss haben als traditionelle pharmazeutische Arzneimittel. Die Herausforderung für traditionelle Pharmaunternehmen ist größer als die Integration neuer Technologien, die durch das Aufkommen des biotechnologischen Denkens verursacht wird. Der Verbraucher/Endnutzer wird über den Weg der Wertschöpfung entscheiden. Es ist so gut wie sicher, dass softwaregesteuerte Plattformanbieter und Unternehmen der Unterhaltungselektronik große Teile der Wertschöpfung an sich reißen werden. Neue Geschäftsmodelle und neue Kompetenzen sind erforderlich, um diese Herausforderung zu meistern. Pharmaunternehmen werden sich einem Innovationswettlauf mit schnell agierenden und meist unregulierten Wettbewerbern stellen müssen. Anstelle der traditionellen Regulierung der Arzneimittelforschung gelten neue Regeln für den Datenschutz und den Schutz der Privatsphäre. Kein einziges Pharmaunternehmen verfügt heute über die Kompetenz und Erfahrung, um im neuen, globalisierten Gesundheitsgeschäft erfolgreich zu sein.

Die noch größere Herausforderung besteht darin, das Ökosystem des neuen Gesundheitssystems zu managen und zu beeinflussen und mit den richtigen Geschäftsmodellen und Kooperationspartnern an der Wertschöpfung und -erfassung teilzunehmen. Wenn man bedenkt, wie lange es gedauert hat, bis die Biotechnologie in die pharmazeutische Innovationspipeline aufgenommen und akzeptiert wurde, ist diese Herausforderung immens: Nichts weniger als die gesamte Welt der Software, der sozialen Ökosysteme, der Plattformen und der neuen Geschäftsmodelle muss in die pharmazeutische Innovationspipeline integriert werden.

Literatur

Agrafiotis, D. K., Lobanov, V. S., & Salemme, F. R. (2002). Combinatorial informatics in the post-genomics era. *Nature Reviews Drug Discovery, 1*, 337–346.

Agrafiotis, D. K., Alex, S., Dai, H., Derkinderen, A., Farnum, M., Gates, P., et al. (2007). Advanced biological and chemical discovery (ABCD): Centralizing discovery knowledge in an inherently decentralized world. *Journal of Chemical Informatics and Modeling, 47*, 1999–2014.

Baumann, G. (2003). The challenge of innovation in the drug discovery process. Presentation at CTO-Roundtable 'Management of Pharmaceutical R&D in Turbulent Times – Perspectives and Trends'. Zurich 2003.

Beckman, R. A., Clark, J., & Chen, C. (2011). Integrating predictive biomarkers and classifiers into oncology clinical development programmes. *Nature Reviews Drug Discovery, 10*, 735–748.

Bleicher, K. H., Böhm, H. J., Müller, K., & Alanine, A. I. (2003). A guide to drug discovery: Hit and lead generation: Beyond high-throughput screening. *Nature Reviews Drug Discovery, 2*, 369–378.

Booz Allen & Hamilton. (1997). *In vivo, making combinatory chemistry pay*. Booz Allen & Hamilton Report.

Butcher, E. C. (2005). Can cell systems biology rescue drug discovery? *Nature Reviews Drug Discovery, 4*, 461–467.

Davis, S., & Botkin, J. (1994). The coming of knowledge-based business. *Harvard Business Review, 5*, 165–170.

Eder, J., Sedrani, R., & Wiesmann, C. (2014). The discovery of first-in-class drugs: Origins and evolution. *Nature Reviews Drug Discovery, 13*, 577–587.

Evaluate. (2015). *World preview 2015, outlook to 2020.* http://info.evaluategroup.com/rs/607-YGS-364/images/wp15.pdf. Zugegriffen am 15.02.2016.

FDA. (2014). *Guidance for industry and FDA staff qualification process for drug development tools*. FDA.

Gassmann, O., & Keupp, M. M. (2007). The competitive advantage of early and rapidly internationalising SMEs in the biotechnology industry: A knowledge based view. *Journal of World Business, 42*, 350–366.

van der Greef, J., & McBurney, N. (2005). Rescuing drug discovery: In vivo systems pathology and systems pharmacology. *Nature Reviews Drug Discovery, 4*, 961–967.

Hajduk, P. J., & Greer, J. (2007). A decade of fragment-based drug design: Strategic advances and lessons learned. *Nature Reviews Drug Discovery, 6*, 211–219.

HHS & FDA. (2005). *Drug-diagnostic co-development concept paper*. Department of Health and Human Services.

Hurko, O., & Jones, G. K. (2011). Valuation of biomarkers. *Nature Reviews Drug Discovery, 10*, 253–254.

Kinch, M. S. (2015). An overview of FDA-approved biologics medicines. *Drug Discovery Today, 20*, 393–398.

Kitano, H. (2002). Computational systems biology. *Nature, 420*, 206–210.

Kogej, T., Blomberg, N., Greasley, P. J., Mundt, S., Vainio, M. J., Schamberger, J., et al. (2013). Big pharma screening collections: More of the same or unique libraries? The AstraZeneca – Bayer pharma AG case. *Drug Discovery Today, 18*, 1014–1024.

Kramer, R., & Coher, D. (2004). Functional genomics to new drug targets. *Nature Reviews Drug Discovery, 3*, 965–972.

Lin, B.-W. (2001). *Strategic alliances and innovation networks in the biopharmaceutical industry*. Institute of Technology Management, National Tsinghua University.

Macarron, R. (2006). Critical review of the role of HTS in drug discovery. *Drug Discovery Today, 11*, 277–279.

Macarron, R., Banks, M. N., Bojanic, D., Burns, D. J., Cirovic, D. A., Garyantes, T., et al. (2011). Impact of high-throughput screening in biomedical research. *Nature Reviews Drug Discovery, 10*, 188–195.

Manji, H. K., Inel, T. R., & Narayan, V. A. (2014). Harnessing the informatics revolution for neuroscience drug R&D. *Nature Reviews Drug Discovery, 13*, 561–562.

Mohamed, S., & Syed, B. A. (2013). Commercial prospects for genomic sequencing technologies. *Nature Reviews Drug Discovery, 12*, 341–342.

Nicholson, J. K., Connelly, J., Lindon, J. C., & Holmes, E. (2002). Metabonomics: A platform for studying drug toxicity and gene function. *Nature Reviews Drug Discovery, 1*, 153–161.

Nightingale, P. (2000). Economies of scale in experimentation: Knowledge and technology in pharmaceutical R&D. *Industrial and Corporate Change, 9*(2), 315–359.

Paolini, G. V., Shapland, R. H. B., Hoorn van, W. P., Mason, J. S., & Hopins, A. L. (2006). Global mapping of pharmacological space. *Nature Biotechnology, 24*, 805–815.

Plenge, R. M., Scolnick, E. M., & Altshuler, D. (2013). Validating therapeutic targets through human genetics. *Nature Reviews Drug Discovery, 12*, 581–594.

Rask-Andersen, M., Sällman Almén, M., & Schiöth, H. B. (2011). Trends in the exploitation of novel drug targets. *Nature Reviews Drug Discovery, 10*, 579–590.

Recombinant Capital. (2005). Analyst's notebook. Trends. http://www.recap.com/consulting.nsf/ANB_tab_trends?openform. Zugegriffen am 11.02.2005.

Reuters. (2002). *Pharmaceutical innovation – An analysis of leading companies and strategies*. Reuters Business Insight, Healthcare.

Robbins-Roth, C. (2001). *Zukunftsbranche Biotechnologie*. Gabler.

Searls, D. B. (2003). Pharmacophylogenomics: Genes, evolution and drug targets. *Nature Reviews Drug Discovery, 2*, 613–623.

Swinney, D. C., & Anthony, J. (2011). How were new medicines discovered? *Nature Reviews Drug Discovery, 10*, 507–519.

Ulrich, R., & Friend, S. H. (2002). Toxicogenomics and drug discovery: Will new technologies help us produce better drugs? *Nature Reviews Drug Discovery, 1*, 84–88.

Wenk, M. R. (2005). The emerging field of lipidomics. *Nature Reviews Drug Discovery, 4*, 594–610.

Whittaker, E., & Bower, D. J. (1994). A shift to external alliances for product development in the pharmaceutical industry. *R&D Management, 24*(3), 249–260.

4 Die Pipeline-Herausforderung: Wie man Innovation erfolgreich organisiert

> *„Our industry is poised to translate our most promising scientific breakthroughs into meaningful treatments capable of tackling the most urgent and vexing medical challenges of our times." („Unsere Industrie ist in der Lage, unsere vielversprechendsten wissenschaftlichen Durchbrüche in sinnvolle Behandlungen umzusetzen, mit denen die dringendsten und ärgerlichsten medizinischen Herausforderungen unserer Zeit angegangen werden können.")*
>
> *Kenneth C. Frazier, Vorsitzender und CEO, Merck & Co.*

4.1 Die Bedeutung des Pipeline-Managements

Wie in vielen anderen Branchen ist Innovation der wichtigste Motor für nachhaltiges Wachstum, und damit einher geht die Herausforderung, Innovation effektiver und effizienter als die Konkurrenz zu gestalten. Etwas spezifisch für die pharmazeutische Industrie ist jedoch die dauerhafte Präsenz von Risiken in allen Phasen von F&E und sogar darüber hinaus: Diese Risiken lassen sich in technologische, marktbezogene und kommerzielle Risiken unterteilen.

Technologische Risiken bestehen in den wissenschaftlichen und technischen Unwägbarkeiten der Entdeckung und Entwicklung eines neuen Medikaments und dem Nachweis seiner Wirksamkeit und Sicherheit in vitro und in vivo bei Tieren und Menschen. Marktrisiken beziehen sich auf strategische Unwägbarkeiten, wie z. B. eine ausreichende Zahl von Patienten, die zum Zeitpunkt der Markteinführung und danach behandelt werden sollen, oder die Frage, wie viele Wettbewerber wahrscheinlich ähnliche Produkte anbieten werden. Kommerzielle Risiken sind Ausführungsunsicherheiten in Bezug auf Preisgestaltung und Kostenerstattung.

Die grundlegenden Unsicherheiten der wissenschaftlichen und technologischen Risiken in der pharmazeutischen Forschung und Entwicklung sind enorm und füh-

O. Gassmann et al., *Führung und Organisation pharmazeutischer Innovation*,
https://doi.org/10.1007/978-3-031-43818-9_4

ren dazu, dass die Gesamtwahrscheinlichkeit des technischen und regulatorischen Erfolgs (engl.: probability of technical and regulatory success: PTRS) für die Arzneimittelforschung und -entwicklung bei nur 4 % liegt. Die meisten F&E-Projekte scheitern und wirken sich negativ auf die Gesamtkosten von F&E aus. Schlimmer noch, die Pharma-Manager müssen auch die außergewöhnlich langen Projektlaufzeiten von durchschnittlich 14 Jahren pro F&E-Projekt berücksichtigen. Die damit verbundenen kapitalisierten Kosten können sich leicht auf mehr als 2 Mrd. US$ summieren.

Wenn Pharmaunternehmen überleben wollen, müssen sie in einem vorhersehbaren und stetigen Rhythmus neue Produkte entwickeln und auf die Zielmärkte bringen. Folglich muss der Prozess der Arzneimittelentdeckung und -innovation in irgendeiner Weise die betriebswirtschaftlichen und technischen Unwägbarkeiten erfolgreich bewältigen – ein hochkomplexes Unterfangen angesichts der langen Zeithorizonte (Abb. 4.1).

Um die technischen Aspekte zu bewältigen, haben die Pharmaunternehmen in den letzten Jahren und Jahrzehnten immer mehr in F&E investiert (siehe Abb. 4.2). Dieses Engagement hat wiederum den Druck auf die F&E-Manager erhöht, wohlüberlegte Investitionsentscheidungen in F&E zu treffen.

Komplexität und Phasen des F&E-Prozesses

Blockbuster scheinen in der Pharmaindustrie die ganze Aufmerksamkeit zu bekommen, aber man muss bedenken, dass hinter den Kulissen eines der komplexesten F&E-Systeme aller Branchen arbeitet. Obwohl Pharmaunternehmen weltweit zu den Top-Investoren in F&E gehören, sind sie im Durchschnitt nur die sechstwirksamste

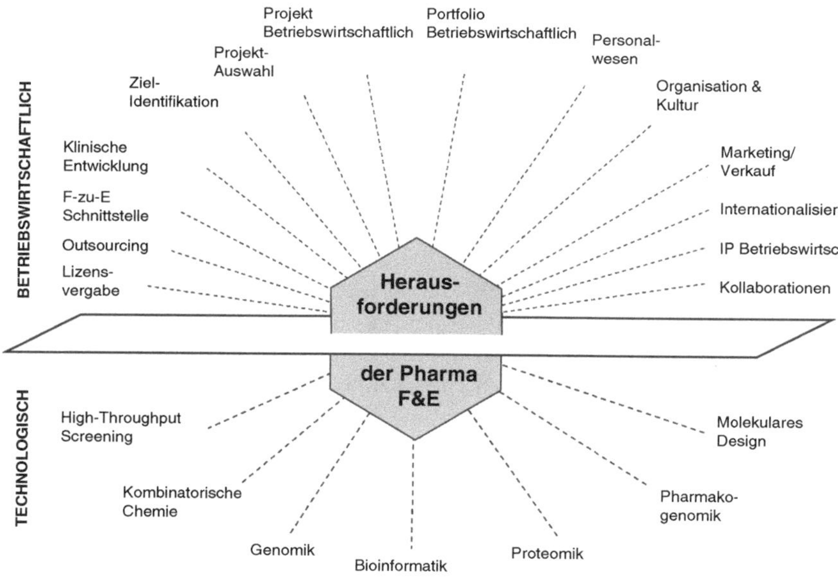

Abb. 4.1 Herausfordernde Aspekte im pharmazeutischen F&E-Prozess

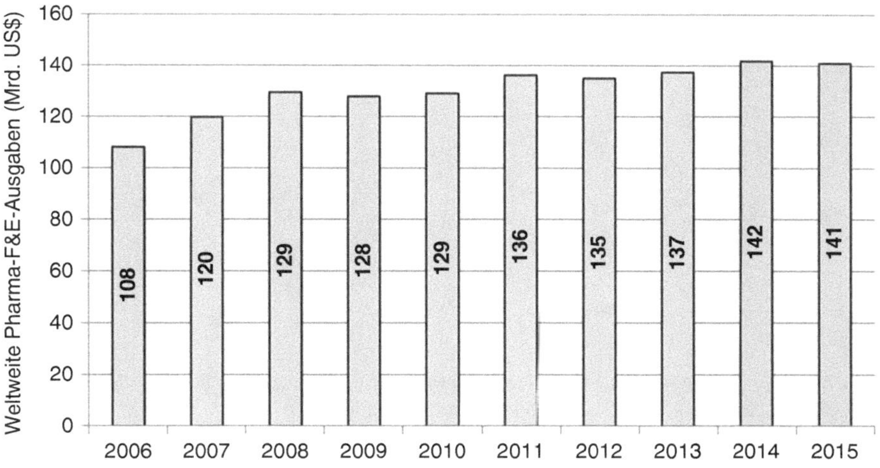

Abb. 4.2 Weltweite Gesamtausgaben für Forschung und Entwicklung nach Jahren (2006–2015). (Quelle: Evaluate (2015))

Branche bei der Schaffung von Innovationen, hinter Luft- und Raumfahrt und Verteidigung, Automobilbau, Elektrotechnik/Elektronik, Chemie und IT-Hardware (Reuters, 2002). Diese Diskrepanz bedarf einer Erklärung: Warum korrelieren hohe F&E-Investitionen mit strengen F&E-Prozessen nicht mit einem hohen F&E-Output?

Im Vergleich zu anderen Branchen weist der Innovationsprozess in der pharmazeutischen Industrie einige einzigartige Merkmale auf, insbesondere das sehr strenge regulatorische Umfeld, das sich direkt auf das Phasenmodell der F&E, den Zeitplan, die PTRS und die damit verbundenen Kosten auswirkt. Im Allgemeinen durchläuft nur eine von 5000 bis 10.000 in der Arzneimittelforschung untersuchten Substanzen den F&E-Prozess, wird zugelassen und auf den Markt gebracht (siehe Abb. 4.3): ein sehr geringer Output, insbesondere in Anbetracht der Hochdurchsatztechnologien, die in der Arzneimittelforschung eingesetzt werden. Vielleicht noch bemerkenswerter ist, dass das durchschnittliche neue Medikament nicht genug Gesamtumsatz erzielt, um seine F&E-Kosten zu decken.

Weitere Besonderheiten sind: Während in den meisten Branchen die Entscheidung, ein Projekt abzubrechen, auf der Grundlage wirtschaftlicher Erwägungen getroffen wird, sind die typischen Gründe in der pharmazeutischen Industrie, zumindest in der Arzneimittelforschung, in erster Linie wissenschaftlicher oder technologischer Natur. Außerdem machen es die langen Zeiträume von mehr als zehn Jahren von der ersten Idee bis zum vermarkteten Produkt den Arbeitgebern schwer, den Forschern in der Arzneimittelforschung Anreize und Motivation zu bieten, da die Forscher in der Regel andere Karrieremöglichkeiten innerhalb oder außerhalb ihrer Unternehmen wahrnehmen oder sogar in den Ruhestand gehen, bevor Patienten von ihrer Arbeit profitieren können.

Im Vergleich zu den langen Fristen in der Forschung und Entwicklung ist der effektive Patentschutz für ein vermarktetes Arzneimittel relativ kurz. Patentan-

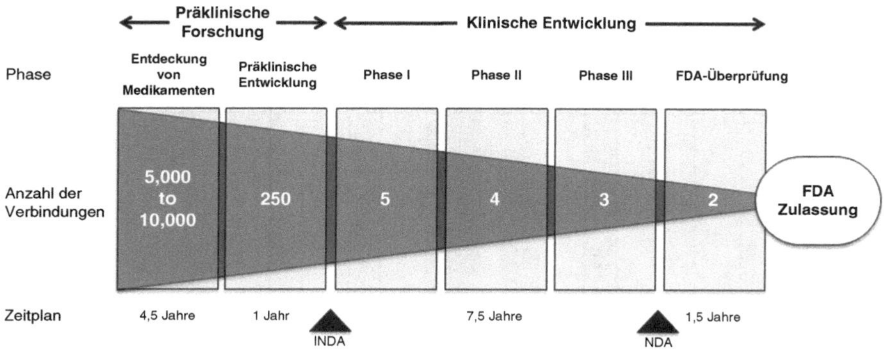

Abb. 4.3 Der pharmazeutische F&E-Prozess. *INDA* (investigational new drug application), *NDA* (new drug application), *FDA* (Food and Drug Administration)

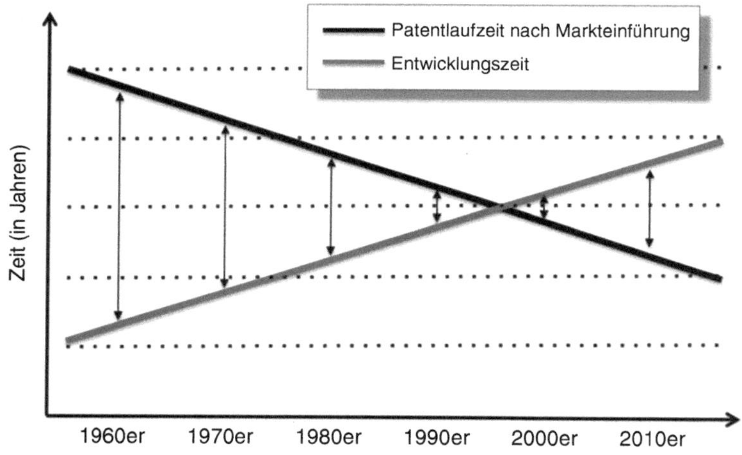

Abb. 4.4 Die „Innovationsschere" in der Pharmaindustrie

meldungen werden in der Regel in der Phase der Leitstrukturoptimierung eines künftigen potenziellen Arzneimittelkandidaten in der Arzneimittelforschung eingereicht. Wenn man bedenkt, dass die Forschung und Entwicklung bereits 12–14 Jahre dauert, beträgt die verbleibende Marktexklusivität etwa 8–10 Jahre – eine sehr kurze Zeitspanne, um eine Investitionsrendite (engl.: return on investment: ROI) zu erzielen. Die USA und einige Länder in Europa haben daher die Patentlaufzeit für pharmazeutische Produkte um bis zu 5 Jahre verlängert (Verlängerung der Patentlaufzeit oder ergänzendes Schutzzertifikat). Der Trend zu längeren Entwicklungszeiten bedeutet jedoch, dass die Zeitspanne, in der sich die Investitionen amortisieren, noch geringer ist: derzeit etwa 7–8 Jahre gegenüber mehr als 17 Jahren in den frühen 1960er-Jahren. Solange der Zeitraum der exklusiven Marktfähigkeit fest und konstant ist, der durch die Dauer des Patentschutzes gegeben ist, ist dieses Phänomen durch eine umgekehrte reziproke Beziehung gekennzeichnet, wie in Abb. 4.4

dargestellt. Wegen der typischen Zweiteilung dieses Verhältnisses wird es auch als „Innovationsschere“ bezeichnet.

Die durchschnittliche Entwicklungszeit für ein pharmazeutisches Produkt ist lang, vor allem weil Misserfolge erst in den Phasen II und III der klinischen Entwicklung sichtbar werden. Daher ist es das vorrangige Ziel des pharmazeutischen F&E-Prozesses, sicherzustellen, dass erfolglose Arzneimittelprojekte „früh und billig“ und nicht „spät und teuer“ scheitern. Dies erfordert ein gewissenhaftes Management des gesamten F&E-Projektportfolios.

4.2 Phasen und Kontrollpunkte im Pharma-F&E-Prozess

Die pharmazeutische Industrie wendet in der Forschung und Entwicklung sehr differenzierte Phasenkonzepte an. Die streng sequentielle Durchführung von Projektphasen wird manchmal als unpraktisch angesehen, ist aber in der medizinischen Innovation eine Selbstverständlichkeit. Die Projekte werden nach den bewährten Verfahren des Projektmanagements operativ verwaltet und in einem geregelten Prozess mit Meilensteinen und Überprüfungen durchgeführt, um die Qualität der Kandidaten, den richtigen Zeitplan und die Kosteneffizienz zu gewährleisten.

Auf der Ebene der Multiprojekte wird die gesamte Pipeline durch einen Portfoliomanagementprozess in Übereinstimmung mit der vorherrschenden F&E-Strategie strategisch organisiert. Dieses Schema scheint starr zu sein, und das ist es auch absichtlich; dennoch haben wir Anpassungen bei der Strukturierung der F&E-Prozesse festgestellt. In der Vergangenheit wurden die F&E-Aktivitäten in Vorprojekte, Projekte in der Entwicklungsphase und Arzneimittel in der Phase der Markteinführung unterteilt. Während die Verwaltung der beiden Letzteren gut kontrolliert werden konnte, waren die Vorprojekte durch einen Mangel an zweckgebundenem Budget, vage Ziele und einen weniger strukturierten Prozess gekennzeichnet.

Angesichts der hohen Abbruchquoten in der Phase II der klinischen Entwicklung differenzieren und organisieren Pharmaunternehmen ihre F&E-Aktivitäten heute nicht mehr in den Silos der Entdeckungsforschung, der präklinischen und der klinischen Entwicklung, sondern streben eine Integration der frühen F&E (von der Entdeckung bis zum klinischen Proof-of-Concept, PoC) und der späten F&E (Phase III oder vollständige Entwicklung) an.

Es ist daher angebracht, drei Hauptphasen/Herausforderungen im F&E-Prozess zu unterscheiden, die aufmerksam angegangen werden müssen:

- Konzeptphase: Wie erstellt man ein gutes Produktkonzept und wie bestätigt man die Idee in der menschlichen Situation?
- Entwicklungsphase: Wie lässt sich ein Projekt angesichts des PoC so verwalten, dass es den rechtlichen Anforderungen entspricht?
- Markteinführung: Wie lassen sich die F&E-Ergebnisse nach der Genehmigung effizient in den Betrieb und an den Kunden weitergeben?

Genauer gesagt beginnt der F&E-Prozess in der Regel mit der Idee eines biologischen Targets, das bei entsprechender Beeinflussung eine klinische Wirkung haben könnte. Es werden In-vitro- und In-vivo-Tests durchgeführt, um das Potenzial des Arzneimittel-Targets zu analysieren (Target-Identifizierung). Als Nächstes muss das Target verifiziert werden (Target-Validierung), was in der Regel durch die Erzeugung einer arzneimittelresistenten Mutante des Targets, durch Knockdown oder Überexpression des Targets oder durch die Beobachtung der bekannten Signalsysteme, die dem Target nachgeschaltet sind, erfolgt. Im folgenden Schritt wird eine Leitverbindung identifiziert, die das Potenzial hat, ein Arzneimittelkandidat zu werden (Leitstrukturfindung). In der Regel werden Leitstrukturen entweder aus natürlichen Quellen oder durch HTS oder Gentechnik identifiziert (siehe auch Kap. 3). In der Leistrukturoptimierungsphase wird die Leitstruktur so optimiert, dass sie in den gegebenen in-vitro- und in-vivo-Testsystemen effektiver wirkt. Parallel dazu werden frühe sicherheitspharmakologische und pharmakokinetische Analysen in in-vitro-Systemen und bei in vivo an Tieren durchgeführt, um die Sicherheit des Medikaments vor der Anwendung beim Menschen zu testen und erste Ergebnisse über die Aufnahme, Verteilung, den Stoffwechsel und die Ausscheidung (engl.: absorption, distribution, metabolism, and excretion: ADME) der Leitstruktur zu erhalten.

Der Entwicklungsprozess beginnt mit der Einreichung eines INDA-Antrags (investigational new drug application) bei der FDA. In der INDA werden die Ergebnisse der präklinischen Tests, die molekulare Struktur des Wirkstoffkandidaten, Details zur Wirkungsweise, mögliche Nebenwirkungen, Informationen zur Herstellung des Wirkstoffkandidaten und ein Plan für klinische Studien aufgeführt. In klinischen Prüfungen der Phase I wird das Arzneimittel erstmals an gesunden Freiwilligen getestet, um die Sicherheit und die Pharmakokinetik des Arzneimittelkandidaten zu beurteilen. Phase-II-Studien werden an 100–500 Patienten mit der zu untersuchenden Krankheit durchgeführt, um die optimale Dosierung und kurzfristige Nebenwirkungen zu ermitteln. In der klinischen Phase III werden Studien mit bis zu 10.000 Patienten durchgeführt, um statistisch relevantes Datenmaterial zu erhalten, das eine Bewertung des Wirksamkeits-/Unbedenklichkeitspotenzials des Arzneimittelkandidaten ermöglicht. Schließlich wird ein Antrag auf Zulassung eines neuen Arzneimittels (engl.: new drug application: NDA) oder eines biologischen Arzneimittels (engl.: biological license application: BLA) bei der FDA eingereicht, um das Medikament offiziell zuzulassen. Alle Ergebnisse und Daten aus dem gesamten Entwicklungsprogramm und der präklinischen Untersuchung werden ausgewertet, bevor eine Zulassung erteilt wird – vorausgesetzt, das Medikament besteht die Prüfung durch die FDA. Nach der Markteinführung wird die Sicherheit des Medikaments weiterhin überwacht und analysiert, um die Empfehlungen für die Medikation zu verfeinern und bei unerwarteten schwerwiegenden Zwischenfällen Untersuchungen durchzuführen. Darüber hinaus können klinische Studien der Phase IV durchgeführt werden, um spezifische Sicherheitsfragen oder zusätzliche Wirkungen bei Patientenuntergruppen zu untersuchen. Mit zunehmender Reife des Medikaments werden im Rahmen eines guten Produktlebenszyklusmanagements neue Indikationen, Kombinationen mit anderen Medikamenten oder neue Formulierungen geprüft und im Falle der Zulassung vermarktet.

Vorzeigebeispiel: Risikobewertung eines Medikamenten-Kandidaten: Pantoprazol[1]

Heute ist Pantoprazol ein vermarktetes Medikament zur Behandlung von Magengeschwüren und der gastroösophagealen Refluxkrankheit (engl.: gastroesophageal reflux disease: GERD), mit dem mehr als 1 Mrd. Patienten erfolgreich behandelt wurden. Pantoprazol hemmt irreversibel das Enzym H^+/K^+ -ATPase der Parietalzellen im Magen, wodurch die Magensäuresekretion reduziert wird, was zu einer wirksamen Schmerzlinderung und Heilung der geschwürigen Magenschleimhaut führt.

Alle zugelassenen Arzneimittel haben ein Nutzen-Risiko-Profil. Die Verabreichung eines neuen molekularen Wirkstoffs (engl.: new molecular entity: NME) an Patienten oder gesunde Probanden ist eine Entscheidung, die auf der Bewertung einer ungünstigen Toxizität oder von Nebenwirkungen im Vergleich zur potenziellen positiven therapeutischen Wirkung beruht. Die Analyse des präklinischen Sicherheitsprofils eines NME, insbesondere seines Karzinogenitätspotenzials, dient der Notwendigkeit, das Risiko eines Arzneimittelkandidaten vor der Zulassung zu bewerten.

Während der Entwicklung von Pantoprazol wurden Ratten und Mäuse in Karzinogenitätsversuchen eingesetzt und zwei Jahre lang mit dem 100-fachen der vorgesehenen Humandosis behandelt. Während einzelne Ratten in diesem Versuch gutartige und bösartige Tumore des Drüsenmagens entwickelten, zeigten Mäuse diese Tumore nicht, aber die Bildung einiger gutartiger hepatozellulärer Lebertumore bei Behandlung mit der höchsten Dosis. Die Mutagenitätsexperimente ergaben kein genotoxisches Potenzial des Wirkstoffkandidaten.

Zwei Fragen waren von zentraler Bedeutung, um eine angemessene Risikobewertung dieser Ergebnisse vorzunehmen:

- Wie hoch ist die Wahrscheinlichkeit, dass Menschen, die mit Pantoprazol behandelt werden, Tumore im Magen oder in der Leber entwickeln?
- Wie lassen sich diese Daten extrapolieren und ihre Relevanz für die beabsichtigte klinische Anwendung vorhersagen?

Für die Bewertung des Risikopotenzials von Pantoprazol waren die folgenden Überlegungen wichtig:

- Die 2-Jahres-Behandlung sowohl von Ratten als auch von Mäusen ahmt eine lebenslange Behandlung nach. Daher würde eine mögliche 8-wöchige Behandlung beim Menschen mit einem deutlich geringeren Risiko der Arzneimittelexposition einhergehen.
- Alte Ratten des Probestamms entwickelten eine chronische Nephropathie, die zu einer verminderten Ausscheidung von Pantoprazol über den Urin und zu einem Anstieg des Arzneimittels im Körper führte.
- Es wurde kein erstes genotoxisches Potenzial von Pantoprazol festgestellt.

[1] Dieses Beispiel wurde freundlicherweise von Dr. Paul Germann, Abteilungsleiter präklinische Sicherheit, AbbVie Deutschland, zur Verfügung gestellt.

- Während Leberzelladenome (gutartige Tumore) bei Mäusen häufig auftreten, wenn sie über einen längeren Zeitraum einem Medikament ausgesetzt sind, ist dieser Tumor beim Menschen sehr selten.
- Mehrere Studien an verschiedenen Tierarten wie Ratten, Mäusen, Hamstern, Affen, Hunden und Schweinen bestätigten, dass Ratten artspezifisch empfindlich sind.

Untersuchungen zum Mechanismus der Tumorbildung ergaben, dass, solange Pantoprazol die Säureproduktion im Rattenmagen blockiert, der erhöhte pH-Wert eine hohe Produktion und Sekretion des endokrinen Hormons Gastrin auslöst. Der erhöhte Gastrinspiegel führt zu einer Stimulierung der ECL-Zellproliferation und folglich zur Tumorbildung im Rattenmagen. Wichtig ist, dass die Proliferation von ECL-Zellen nur bei Ratten beobachtet wurde, die sehr hohe Dosen von Pantoprazol erhielten. Bei keiner der Nicht-Nagetierarten wurde dieser Hinweis gefunden. Darüber hinaus zeigten Magenbiopsien, die in klinischen Studien am Menschen und in Phase-IV-Überwachungsstudien nach der Markteinführung entnommen wurden, keine Proliferationszeichen für die ECL-Zellen beim Menschen.

Alle diese Faktoren wurden bei der Bewertung des Risikopotenzials von Pantoprazol für die Tumorbildung berücksichtigt. Aufgrund des breiten therapeutischen Fensters zwischen der vorgesehenen Behandlungsdauer und -dosis beim Menschen und den Dosen, die bei Ratten und Mäusen Tumore auslösten, wurde Pantoprazol in der vorgesehenen therapeutischen Indikation als für den Menschen unbedenklich eingestuft. Angesichts der nachgewiesenen artspezifischen Empfindlichkeit (Ratte, Magen) und der geringen Relevanz für den Menschen (Maus, Leber) wurde dieser Wirkstoff ohne Einschränkungen zugelassen und registriert.

Stage-Gate und Portfolio-Management

In der pharmazeutischen Industrie ist das Projektmanagement sehr anspruchsvoll geworden und seine professionelle Umsetzung ist ein wichtiges Unterscheidungsmerkmal im Projektportfolio. Weitere prozessbezogene Voraussetzungen sind

- Ein Stage-Gate-Verfahren mit vordefinierten Meilensteinen an jedem Gate,
- Ein Verfahren zur Portfolio-Analyse, und
- Ein Verfahren zur Überprüfung des Portfolios.

Alle forschenden pharmazeutischen Unternehmen führen Verfahren für das F&E-Portfoliomanagement ein, um:

- Alle ihre Innovationsprojekte und die damit verbundenen Investitionsentscheidungen systematisch zu steuern,
- Verwaltung der Investitionen in F&E und Gewährleistung einer maximalen Kapitalrendite,
- Verwaltung des Zeitplans und des Fortschritts von Arzneimittelprojekten,
- Verbesserung der Qualität der Innovation,
- Verringerung des mit F&E-Projekten verbundenen Gesamtrisikos und
- Kontrolle der Kosten für Forschung und Entwicklung.

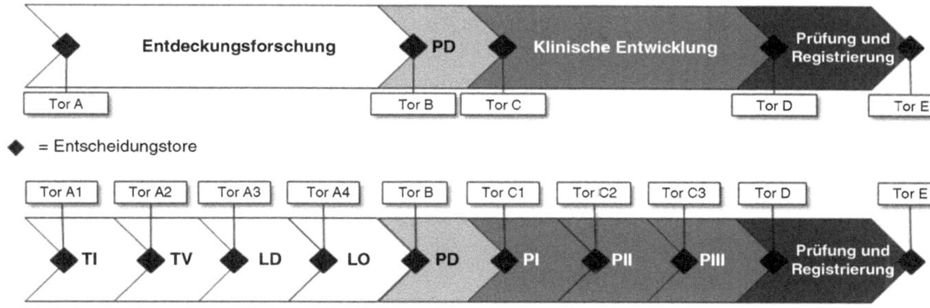

Abb. 4.5 Typisches Stage-Gate-Modell der pharmazeutischen F&E. *PD* Präklinische Entwicklung, *TI* Target-Identifizierung, *TV* Target-Validierung, *LD* Lead Discovery, *LO* Lead-Optimierung, *PI-III* Phasen I-III

Die Idee des Projektportfoliomanagements basiert auf einigen grundlegenden Überlegungen:

1. Jedes Arzneimittelprojekt kann als eine sequentielle Reihe von Phasen und Gate Reviews modelliert werden, bei denen Investitionsentscheidungen auf der Grundlage der Ergebnisse früherer Aktivitäten und im Hinblick auf die nächsten Schritte getroffen werden.
2. Ein solches Modell besteht aus der Entdeckungsforschung und der Arzneimittelentwicklung, den Phasen der (1) Target-Identifizierung (TI), (2) Target-Validierung (TV), (3) Lead Discovery (LD), (4) Lead-Optimierung (LO), (5) präklinischen Entwicklung (PD), (6) Phase I, (7) Phase II, (8) und Phase III der klinischen Entwicklung sowie den Phasen der (9) behördlichen Zulassung und (10) Marktzulassung (Abb. 4.5).
3. Ein Arzneimittelprojekt kann in jeder Phase und an jedem Entscheidungspunkt (engl. Gate) des Modells gestoppt werden (Stopp-Option), wenn das Ergebnis des Projekts die Anforderungen des Zielprofil (dem sog. TPP) nicht erfüllt oder das Projekt nicht das Potenzial hat, einen Wert zu schaffen, oder wenn sich die allgemeine F&E-Strategie ändert. Alternativ kann ein anderer Weg eingeschlagen werden (Wachstumsoption), wenn dieser neue Weg weniger Risiken birgt oder einen höheren Wert schafft.
4. Eine Kapitalrendite ist erst dann möglich, wenn das neue Medikament auf den Markt kommt.
5. Der PTRS wird für jede Phase des Projekts definiert: Wahrscheinlichkeiten sind aus historischen Daten, Benchmarks und Expertenbefragungen verfügbar.

4.3 Portfolio-Analyse

Die Entscheidung, ob ein Projekt eingestellt oder weiter investiert wird, wird nicht getroffen, ohne zuvor das gesamte Portfolio der F&E-Projekte zu analysieren. Die Portfolioanalyse beginnt mit der Zusammenstellung und Bewertung aller Ideen und F&E-Projekte für einen Gesamtportfolioüberblick, umfasst aber auch die Portfoliobewertung, die Definition eines Steady-State-Portfolios, die Simulation des aktuellen Portfolios im Steady-State-Modell, die Definition möglicher Portfolio- oder Pipeline-Lücken im Hinblick auf das gewünschte Projektportfolio, die Messung und das Benchmarking der Leistung und Produktivität (auf Projekt- und Portfolioebene) und schließlich die Bereitstellung von Leitlinien für die Linienfunktionen.

Traditionell beruhen Portfoliobewertungen auf qualitativen Analysen und semiquantitativen Metriken, wie der Bewertung der technischen Machbarkeit und des Marktpotenzials eines Arzneimittelkandidaten, die in einer zweidimensionalen Matrix dargestellt werden. Die Portfoliobewertung für präklinische Forschungsprojekte kann durch drei Methoden unterstützt werden (siehe z. B. Betz, 2011):

- Kriterienbasierte Bewertungsmethoden,
- Expertenbefragungen, oder
- Offene Umfragen.

Ein Beispiel für eine kriteriengestützte Bewertungsmethode ist die 3D-Analyse, bei der das Potenzial eines Arzneimittelkandidaten anhand vordefinierter Normen und Fragen bewertet wird. Die drei Dimensionen dieser Methode beziehen sich auf (1) die Bewertung der technischen Machbarkeit, (2) die Reife und (3) die Attraktivität des Arzneimittelprojekts. Die technische Machbarkeit ist ein Parameter, der beschreibt, wie schwierig es ist, einen Arzneimittelkandidaten im Hinblick auf seine chemische und biologische Machbarkeit, die Validierung des Wirkstofftargets und die Patentsituation/Freedom-to-Operate zu entwickeln. Der Parameter Reife beschreibt, wie nahe die beste der entdeckten Verbindungen daran ist, die Kriterien des Zielproduktprofils zu erfüllen. Sie bezieht sich auf die Fragen der Wirksamkeit, Sicherheit, Zweckmäßigkeit, Formulierung, Herstellung und Verfügbarkeit von Biomarkern. Die Attraktivität eines potenziellen Wirkstoffkandidaten wird anhand der riskanten Entwicklungskosten, der Wettbewerbssituation, der Marktgröße und des Portfolio-Fits gemessen.

Kriterienbasierte Scoring-Methoden werden eingesetzt, um Transparenz zu schaffen und faktenbasierte und rationale Projektentscheidungen zu ermöglichen. Diese Entscheidungen wirken sich letztlich auf die erwarteten finanziellen Auswirkungen von Arzneimittelprojekten, die finanziellen Folgen der Projektpriorisierung, die Möglichkeiten der Wertmaximierung und die Korrelation mit der Wertschöpfung für die Aktionäre aus. Daher werden im modernen Portfoliomanagement zunehmend quantitative Methoden eingesetzt, um die Auswirkungen von Projekt- und Portfolioentscheidungen auf die Wertschöpfung sowie auf die Risiko- und Kostenstruktur des Projektportfolios zu bewerten. Auf der Grundlage quantitativer Analysen werden Projekte und Projektportfolios ausgewählt, die mit den verfügbaren Ressourcen den höchstmöglichen Gesamtertrag bei geringstem Risiko liefern.

Der Nettogegenwartswert (engl.: net present value: NPV) ist ein zukunftsorientierter finanzieller Indikator für Investitionsentscheidungen (grundsätzlich gilt: „Ein Dollar heute ist mehr wert als ein Dollar morgen"). Künftige Zahlungsströme müssen auf die Gegenwart abgezinst werden. Je später ein Cashflow eintreten soll, desto größer ist sein Abzinsungsfaktor. Infolgedessen werden Projekte in verschiedenen Phasen und mit unterschiedlichen Zeitvorgaben entlang des Stage-Gate-Modells unterschiedlich bewertet.

Bei der NPV-Methode sind die wertbestimmenden Faktoren die erwarteten Mittelzuflüsse aus vermarkteten Vermögenswerten (z. B. Einnahmen aus Arzneimitteln und Lizenzgebühren), die mit F&E verbundenen Risiken, die Kosten für F&E und Marketing, der Zeitplan für F&E und Marketing (mindestens bis zum Ablauf des Patents) sowie die strategischen Optionen, die sich aus Technologien und Projekten ergeben. Zahlungsströme, die in der Vergangenheit entstanden sind, sind versunkene Kosten und daher von der Berechnung ausgeschlossen. Die Methode des risikoangepassten oder erwarteten Kapitalwerts (rNPV oder eNPV) nutzt diese Informationen in Kombination mit der Entscheidungsbaumanalyse. Der rNPV ist heute wahrscheinlich die am häufigsten verwendete Methode zur Bewertung von F&E-Projekten im Pharmasektor.

Die genaue Gleichung und Methode zur Berechnung des Kapitalwerts wird von Bode-Greuel und Greuel (2004) näher beschrieben. Zwei weitere Aspekte sind in diesem Zusammenhang wichtig: das Zielproduktprofil (engl.: target product profile: TPP) und der Entscheidungsbaum.

Das TPP fasst alle Informationen für ein potenzielles Arzneimittel zusammen, das sowohl zulassungsfähig als auch wettbewerbsfähig genug ist, um ausreichende Einnahmen zu erzielen: Es ist eine Blaupause für das zukünftige Produkt und enthält Informationen über den therapeutischen Bereich, die Patientenpopulation, Wirksamkeits- und Sicherheitsparameter, die Formulierung und die Art der Verabreichung (siehe Tab. 4.1).

Das akzeptable Mindest-TPP definiert die Kriterien, die ein Projekt mindestens erfüllen muss, da sie die regulatorischen und wettbewerbsbezogenen Standards festlegen. Das gewünschte TPP umreißt die bestmöglichen Entwicklungsziele eines Projekts. Das TPP ist die Grundlage für Produktentwicklungspläne und Umsatzprognosen, die wiederum für rNPV-Berechnungen erforderlich sind. Er unterstützt die Definition von Zielpatienten und bestimmt die Endpunkte klinischer Studien.

Tab. 4.1 Typische Vorlage für ein Zielproduktprofil (engl.: target product profile: TPP)

	Minimum akzeptabel	Gewünscht
Zielindikation	……..	……..
Zielgruppen	……..	……..
Primärer klinischer Endpunkt[a]	……..	……..
Sekundärer klinischer Endpunkt[a]	……..	……..
Verabreichungsweg	……..	……..
Häufigkeit der Dosierung	……..	……..
Dauer der Behandlung	……..	……..
Beginn der Wirkung	……..	……..
Gezielte Einführung	……..	……..

[a]Die Posten müssen klar beschrieben werden, z. B. durch Angabe von Parametern, Beträgen, Benchmarks, und sie sollten für den Markterfolg relevant sein.

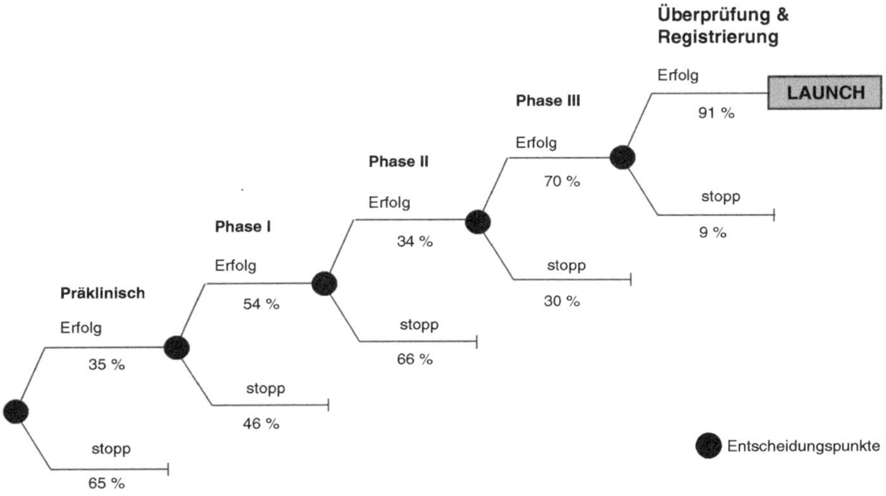

Abb. 4.6 Typischer Entscheidungsbaum eines pharmazeutischen F&E-Projekts mit branchenspezifischen Wahrscheinlichkeiten für Erfolg (Go) und Misserfolg (Stop)

Ein Entscheidungsbaum ist ein nützliches Instrument zur Veranschaulichung der technischen Risiken und Entscheidungsoptionen eines Projekts (siehe Abb. 4.6), einschließlich der zugehörigen Wahrscheinlichkeiten aller Optionen. Er basiert auf den Grundsätzen des Stage-Gate-Modells, seinen Phasen und Entscheidungsgates, und sollte sich auf die Aktivitäten konzentrieren, die für den Projekterfolg und die Verwirklichung der im TPP definierten Ziele entscheidend sind. Der Entscheidungsbaum enthält „Go"- und „No-Go"-Szenarien und ordnet jeder Option Wahrscheinlichkeiten zu, wodurch die Wahrscheinlichkeit alternativer Projektszenarien transparenter wird.

Da der Entscheidungsbaum ein Projekt in Phasen und Entscheidungspunkte schichtet, können Investitionsentscheidungen mit größerer Klarheit über potenzielle Risiken und Folgen getroffen werden. Risiken und Kosten werden pro Phase und Entscheidungspunkt analysiert, und nach Abschluss des Projekts kann der Gesamtwert berechnet werden.

Anwendung einer finanziellen Projektbewertung: Der Fall der Biotechnologie[2]

Die meisten innovativen Biotech-Unternehmen haben nicht die finanziellen Mittel, um ein neues molekulares oder biologisches Produkt von der Forschung bis zur Markteinführung zu bringen. Die Unternehmen sind auf Partner angewiesen, vor allem auf große Pharmaunternehmen, um Lizenzen für wichtige Produkte während der Entwicklung zu erhalten.

[2] Dieser Abschnitt wurde freundlicherweise von Dr. Joachim M. Greuel, CEO Bioscience Valuation BSV, zur Verfügung gestellt.

Sowohl das Biotech-Unternehmen (in der Regel der Lizenzgeber) als auch das große Pharmaunternehmen (in der Regel der Lizenznehmer) müssen sich in einem sog. Term Sheet auf Eckpunkte einigen. Meinungsverschiedenheiten über den Wert eines Produkts sind häufig und führen zu unterschiedlichen Vorstellungen über die finanziellen Bedingungen. Eine solide Vorbereitung ist für beide Parteien – das Biotech- oder das große Pharmaunternehmen – wichtig, um den potenziellen Partner mit faktenbasierten Argumenten und einer glaubwürdigen Finanzanalyse zu überzeugen, die durch gründliche Recherchen gestützt wird.

Es ist gängige Praxis, Term Sheets mit „Vergleichswerten" zu untermauern, d. h. mit Arzneimittelkandidaten, die in Bezug auf den Gesamtumfang des Geschäfts, die Vorabzahlung und die Lizenzgebühren ähnlich waren. Leider sind solche Vergleichswerte nur selten geeignet, da die gemeldeten Transaktionsgrößen für identische Zielmoleküle, vergleichbare Entwicklungsstadien und geografische Gebiete sehr unterschiedlich sind und daher nur eine begrenzte Orientierung bieten.

Im Allgemeinen ist es eine gute Idee, in eine rNPV- oder eNPV-Bewertung des Projekts zu investieren, für das eine Lizenz erteilt werden soll. Um den Wert eines Projekts zu bestimmen, muss man Informationen zusammenstellen über

- die medizinische Notwendigkeit für die vorgesehene Indikation,
- das Zielprofil des Produkts in Bezug auf die gewünschte Wirksamkeit, Sicherheit und den Preis,
- bereits vermarktete, konkurrierende Arzneimittel und ihre Marktpreise,
- in der Entwicklung befindliche Medikamente, die auf denselben Rezeptor abzielen,
- den Entwicklungsplan für das Produkt, einschließlich Zeitplan und Kosten,
- Abbruchraten in der klinischen Entwicklung,
- die Kapitalkosten eines Unternehmens.

Anhand der Daten wird der erwartete Wert des Produkts auf der Grundlage komplexer und noch zu definierender Annahmen berechnet. Die Aufteilung des Wertes zwischen dem Lizenzgeber und dem Lizenznehmer spielt in den anschließenden Diskussionen eine zentrale Rolle. In der Regel trägt der Lizenznehmer ein höheres finanzielles Risiko, da er für die späte klinische Entwicklung und die Vermarktung verantwortlich ist und daher einen höheren Anteil am erwarteten Produktwert ersehnt.

Die Verwendung des rNPV in diesem Zusammenhang ist in Frage gestellt worden, da manchmal angenommen wird, dass es den Inputzahlen an Strenge mangelt und sie willkürlich gewählt werden können (insbesondere, wenn sich ein Projekt noch in der Frühphase befindet). Unternehmen, die Erfahrung mit rNPV haben, wenden jedoch beträchtliche Ressourcen auf, um jede einzelne Annahme und Bewertung mit harten Daten und Referenzen abzusichern. So können z. B. die Abbruchraten bei der Entwicklung aus verschiedenen Quellen entnommen und an eine bestimmte Krankheit, den Innovationsgrad, die Wirkungsweise eines Medikaments und die chemische Klasse eines Moleküls angepasst werden. Ebenso können die Preisannahmen durch eine umfassende Analyse der Marktpreise für Standardbehandlungen abgeleitet und durch pharmakoökonomische Bewertungen auf hohem Niveau unterstützt werden. In einem zunehmend transparenten Markt ist es möglich, jede einzelne Annahme auf der Grundlage gründlicher Forschung zu verteidigen.

Das Management sollte ein hohes Maß an Professionalität an den Tag legen, indem es sich gut auf die Verhandlungen über die Vertragsbedingungen vorbereitet. Unternehmen, die ihre Überlegungen auf umfassende, evidenzbasierte rNPV-Bewertungen in Kombination mit Referenzbedingungen vergleichbarer Geschäfte stützen, sind in der Regel in einer besseren Position, um die endgültigen finanziellen Bedingungen festzulegen. Evidenzbasierte Bewertungen, die sich das gesamte verfügbare Wissen zunutze machen, nehmen das Rätselraten aus den Lizenzbedingungen heraus und sichern jedem Partner einen fairen Anteil am Wert.

4.4 Portfoliomanagement

Das Portfoliomanagement ist ein Prozess, der darauf abzielt, den Wert eines Portfolios von F&E-Projekten durch Priorisierung und anschließende Ressourcenzuweisung zu maximieren (Abb. 4.7). Es hat seinen Ursprung im Finanzsektor und hilft Pharmaunternehmen, die enormen Ressourcen, die für klinische Studien aufgewendet werden, effizient und auf die vielversprechendsten Arzneimittelprojekte zu verteilen. Ziel ist es, die Projekte zu identifizieren, die am besten in die F&E-

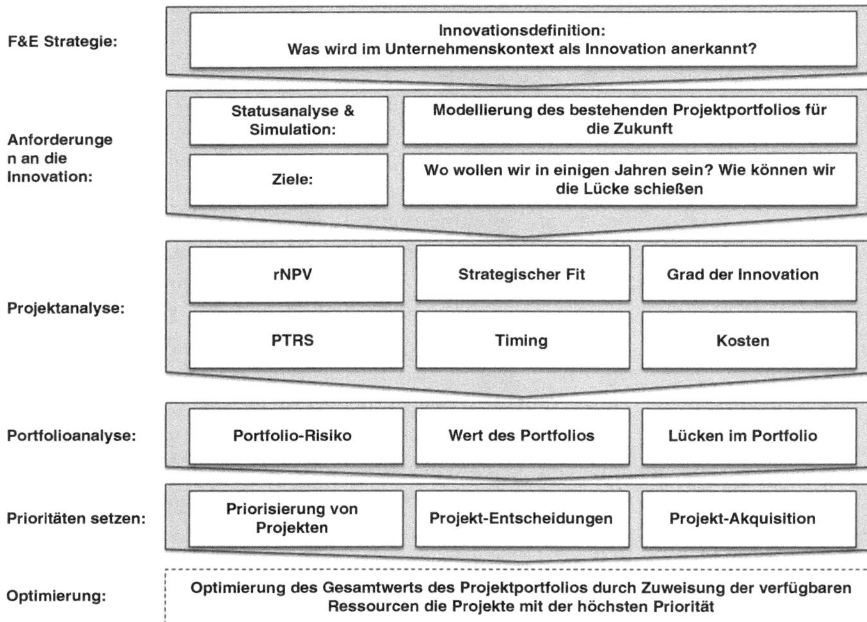

Abb. 4.7 Portfoliomanagementprozess. *rNPV* risikobereinigter Kapitalwert, *PTRS* Wahrscheinlichkeit des technischen und regulatorischen Erfolgs

Strategie passen und den größten Nutzen versprechen. Ein modernes Portfoliomanagement umfasst daher die folgenden Elemente:

- finanzielle Bewertung der Projekte,
- Analyse der mit den Projekten verbundenen Risiken,
- Prioritätensetzung bei Projekten,
- Maximierung des Portfoliowertes durch Zuweisung der verfügbaren Ressourcen an die Projekte entsprechend ihrer Prioritäten,
- die Untersuchung, wie sich Änderungen der Projektstrategie und der verfügbaren Ressourcen auf den Projektwert auswirken würden, und
- die Ermittlung der Kombination alternativer Projektstrategien, die den höchsten Wert schafft.

Portfoliolücken müssen identifiziert und die Wahrscheinlichkeiten zukünftiger Produktivitätslücken bestimmt werden. Lücken in der Pipeline können entweder durch neue interne Projekte oder durch die Lizenzierung oder den Erwerb von externen Arzneimittelprojekten geschlossen werden. Die Aufnahme neuer Projekte muss im Zusammenhang mit der gesamten Risiko-Ertrags-Struktur des Projektportfolios betrachtet werden; es handelt sich nicht um eine individuelle Investitionsentscheidung. Das Mantra für pharmazeutische Unternehmen ist es, einen stetigen Strom neuer Medikamente auf den Markt zu bringen, da Pipeline- und nachfolgende Produktflusslücken große Einkommensverluste verursachen und zu einem Rückgang des Unternehmenswertes führen, mit erheblichen Konsequenzen für das Unternehmen insgesamt, wie Kostensenkung, Umstrukturierung oder Veräußerung.

Projekt- und Portfoliobewertung, Priorisierung und anschließende Entscheidungen über die Ressourcenzuweisung sollten regelmäßig erfolgen. So z. B. im Rahmen jährlicher und halbjährlicher Portfoliobesprechungen, wenn ein Projekt einen wichtigen Entscheidungspunkt im Stage-Gate-Prozess passiert oder wenn der Portfoliostatus und das Potenzial aufgrund eines Veränderungsprozesses, z. B. der Fusion zweier F&E-Organisationen, überprüft wird.

Die Priorisierung der einzelnen Projekte basiert auf den Ergebnissen der Projekt- und Portfoliobewertungen und erfolgt in der Regel in Verbindung mit einer Rangfolge der Projekte, gefolgt von Entscheidungen über die Aufnahme oder den Ausschluss. Projekte mit einem positiven Kapitalwert werden in der Regel als hoch prioritär eingestuft, während Projekte mit einem negativen Kapitalwert „No-Go“-Projekte sind. Projekte, die in der Prioritätenliste den höchsten Rang einnehmen, stehen im Mittelpunkt des Interesses des Unternehmens. Sie haben das Potenzial, den höchsten Wert zu schaffen, sie passen am besten in die F&E-Strategie oder sie mindern das Gesamtrisiko des Portfolios am besten. Normalerweise werden für diese Projekte Ressourcen gemäß dem Projektbudgetplan bereitgestellt. Projekte, die am unteren Ende der Prioritätenliste stehen, haben kein ausreichendes Wertpotenzial, weisen zu viele Unwägbarkeiten auf, befinden sich zu spät im Entwicklungsstadium oder passen nicht mehr in die Unternehmensstrategie. Typischerweise werden Projekte mit niedriger Priorität eingestellt, auf Eis gelegt oder auslizenziert. Die Einstellung kostspieliger Projekte führt manchmal zu einer Wertsteigerung, und in einigen Fällen waren die Unternehmen besser dran, wenn sie Projekte mit geringer Priorität an die Konkurrenz verkauften. Einige Projekte, die im Hinblick auf das aktuelle TPP einen suboptimalen Wert haben, können von einem therapeutischen Bereich auf einen anderen mit höherem Marktpotenzial umgelenkt werden, was schließlich zu einer besseren Rendite führt.

Absolutes Ziel ist es, ein Portfolio von F&E-Projekten zu entwickeln, die sowohl kosteneffizient als auch risikoeffizient sind und die bei den verfügbaren Ressourcen das höchste Renditepotenzial bieten; ein solches Projektportfolio stellt die Risikobereitschaft der Investoren dar.

Portfolio-Entscheidungsfindung bei Merck Serono
Der Portfolioprozess bei **Merck Serono** erstreckt sich auf alle F&E-Projekte und besteht aus vier verschiedenen Schritten.

In Schritt 1 werden die Projektansprüche und -strategien definiert. Für Projekte in der Frühphase, insbesondere in der Entdeckungsforschung, der präklinischen Entwicklung und der Phase I der klinischen Entwicklung, werden die strategischen Ziele mit Hilfe eines Prozesses zur dynamischen Kartierung des Möglichkeitsraums definiert, der mehrere strategische Alternativen und die jeweiligen F&E-Anforderungen berücksichtigt und sich von einem typischen statischen TPP unterscheidet. Für Projekte in der Spätphase der Phasen II und III wird die Strategie anhand eines wettbewerbsfähigen Produktprofils (engl.: competitive product profile: CPP) definiert, das drei Szenarien mit entsprechenden Wahrscheinlichkeiten umfasst, nämlich das wahrscheinlichste Ergebnis (Basisprofil), die Abwärtsrisiken (Minimalprofil) und das Aufwärtspotenzial (Optimalprofil).

Schritt 2 ist die Bewertung der F&E-Risiken mit sechs definierten Risikoklassen: konzeptuelles Risiko, Infrastrukturrisiko, Verbundrisiko, klinisches Risiko, F&E-Lernkurvenrisiko und operatives regulatorisches Risiko. Das konzeptionelle Risiko umfasst alle Unsicherheiten in Bezug auf die Krankheitshypothese, das Wirkstoffziel und die Wirkungsweise. Das infrastrukturelle Risiko befasst sich mit den Fragen der Betriebsfreiheit und der technischen Infrastruktur. Das Wirkstoffrisiko bezieht sich auf die intrinsischen Eigenschaften des Wirkstoffs. Alle klinischen Unwägbarkeiten, die nicht direkt mit dem Wirkstoff zusammenhängen, werden unter dem Begriff klinisches Risiko zusammengefasst. F&E-Lernkurvenrisiken betreffen die Wissensbasis und das Know-how der Organisation. Mit der Bewertung des operativen regulatorischen Risikos zielt Merck Serono darauf ab, alle Unsicherheiten, die sich aus dem regulatorischen Umfeld ergeben, zu vermindern. Insgesamt werden mehr als 500 Kriterien verwendet, um die Wahrscheinlichkeiten und Zeitpläne für alle F&E-Phasen pro Projekt zu bewerten und um Input für die Entscheidungsbäume zu generieren.

In Schritt 3 werden die kommerziellen Potenziale für alle F&E-Projekte berechnet, entweder durch einen qualitativen Ansatz zur Bewertung des kommerziellen Potenzials (Projekte in der Frühphase) oder durch Marktprognosen und quantitative Analysen (Projekte in der Spätphase).

Schritt 4 des Prozesses umfasst eine Risiko-Ertrags-Analyse auf Projekt- und Portfolioebene, die Berechnung des Kapitalwerts des Portfolios unter Berücksichtigung verschiedener Szenarien und die Analyse der Risikodiversifizierung, um schließlich die Frage zu beantworten, welches das akzeptable Wert-Risiko-Verhältnis des Projektportfolios ist, das den strategischen Zielen des Unternehmens am besten entspricht.

4.5 Schlussfolgerungen

Die F&E Pipeline ist der Motor für das Wachstum der Pharmaindustrie. Die Marktbewertungen von Pharmaunternehmen basieren auf den zu erwartenden neuen Arzneimittelzulassungen und den erwarteten Einnahmen aus neuen Medikamenten. Die Grundlage für diese neuen Zulassungen ist ein gesunder und stetiger Strom neuer Arzneimittelkandidaten. Da die Forschung von Natur aus mit Unsicherheiten behaftet ist, führen die Pharmaunternehmen nicht nur neue Technologien ein, um die Aufnahme neuer Arzneimittelkandidaten zu erweitern (wie in Kap. 3 beschrieben), sondern auch neue Managementmethoden und -techniken, die die Arzneimittelentwicklung effizienter machen.

Im Mittelpunkt dieser Methoden stehen ein effizientes und effektives Portfoliomanagement und die Nutzung externer Ressourcen, auf die entweder über Outsourcing oder über Kooperationen zugegriffen werden kann. Typische Formen der Öffnung des Innovationsprozesses sind:

- Risikofinanzierung
- Ko-Entwicklung und Joint Ventures
- Strategische Allianzen
- Einlizenzierung
- Auslizenzierung

Wie Pharmaunternehmen die Herausforderungen von In- und Outsourcing sowie den neueren Trend zur offenen Innovation bewältigen, ist Thema der nächsten beiden Kapitel.

Literatur

Betz, U. (2011). Portfolio management in early stage drug discovery – A traveler's guide through uncharted territory. *Drug Discovery Today, 16*, 609–618.

Bode-Greuel, K., & Greuel, J. M. (2004). Determining the value of drug development candidates and technology platforms. *Journal of Commercial Biotechnology, 11*, 155–170.

Evaluate. (2015). *World preview 2015, outlook to 2020*. http://info.evaluategroup.com/rs/607-YGS-364/images/wp15.pdf. Zugegriffen am 15.02.2016.

Reuters. (2002). *Pharmaceutical innovation – An analysis of leading companies and strategies*. Reuters Business Insight, Healthcare.

Die Make-or-Buy-Herausforderung: Wie man In- und Outsourcing von Innovation managt

5

„The process of making a new medicine is a marathon that requires endurance and commitment. We cannot reach our goals without the help of partners from the inside and the outside the company." („Der Prozess der Entwicklung eines neuen Medikaments ist ein Marathon, der Ausdauer und Engagement erfordert. Wir können unsere Ziele nicht ohne die Hilfe von Partnern innerhalb und außerhalb des Unternehmens erreichen.")

Tadataka Yamada, ehemaliger Chief Medical & Scientific Officer, Takeda

5.1 Die Disaggregation der Pharma-Wertschöpfungskette

Viele Jahrzehnte lang war die pharmazeutische Forschung und Entwicklung ein vollständig integrierter Prozess, bei dem das Pharmaunternehmen fast jede einzelne Aufgabe in der Wertschöpfungskette innehatte und durchführte. Die Realisierung von Skaleneffekten begünstigte die vertikale Integration der Pharmaunternehmen und die relative Abschottung ihrer F&E-Prozesse gegenüber der Außenwelt.

Seit den 1990er-Jahren konzentrieren sich die Pharmaunternehmen jedoch zunehmend auf ihre Kernvorteile und versuchen, externe Innovatoren einzubeziehen, anstatt die besten Mitarbeiter einzustellen und alles intern zu machen. Sie folgten dem Trend, Projektpipelines aktiv zu managen, indem sie interne und externe Ressourcen nutzten, wie zum Beispiel durch:

- Auslagerung wichtiger, aber nicht kritischer F&E-Tätigkeiten, die von externen Dienstleistern schneller, kostengünstiger und manchmal auch in besserer Qualität durchgeführt werden können;

O. Gassmann et al., *Führung und Organisation pharmazeutischer Innovation*,
https://doi.org/10.1007/978-3-031-43818-9_5

- Joint Ventures im Bereich F&E, die sich in der Regel auf die gemeinsame Entwicklung oder Forschung für einen bestimmten Zweck oder Therapiebereich konzentrieren;
- Einlizenzierung von geistigem Eigentum (engl.: intellectual property: IP) in späteren F&E-Phasen, häufig von Biotechnologieunternehmen;
- Auslizenzierung von Forschung in den frühen F&E-Phasen; und
- Ausgliederungen und Veräußerungen von F&E-Aktivitäten, die entweder nicht vielversprechend genug sind oder nicht in die Geschäftsstrategie passen.

Insbesondere mit dem Aufkommen der offenen Innovation (Chesbrough, 2003) schien eine vollständige interne Abdeckung aller F&E-Aktivitäten nicht mehr wünschenswert oder erschwinglich. Hier konzentrieren wir uns auf die eher strategischen Aspekte des Pipelinemanagements, d. h. auf die Frage, wie externe Ressourcen absorbiert und interne Ressourcen genutzt werden können. Auf die offene Innovation gehen wir in Kap. 6 näher ein.

Die Pharmaunternehmen haben begonnen, sich auf ihre Kernkompetenzen zu konzentrieren und sich auf bestimmte Technologieplattformen und Therapiegebiete zu fokussieren, um die Effizienz ihrer F&E-Organisationen zu steigern. Sie sind dabei, ihre F&E-Aktivitäten zu straffen, indem sie für jede Aufgabe prüfen, ob sie innerhalb ihrer eigenen Grenzen verbleiben sollte, welche Aufgaben von externen Einheiten übernommen werden sollten und welche Aktivitäten besser durch die Abgabe an externe Partner vervielfacht werden könnten (Abb. 5.1). Die richtige Größe und Struktur der F&E-Organisation auszubalancieren, hat sich im letzten Jahrzehnt als eines der Hauptthemen im pharmazeutischen F&E-Management erwiesen. So hat **Pfizer** im Jahr 2012 ein Programm zur Konzentration seiner F&E-Aktivitäten auf fünf Therapiegebiete und zur Schließung von nicht zum Kerngeschäft gehörenden oder weniger produktiven F&E-Bereichen wie Allergien, Atemwegserkrankungen oder Gentherapie eingeleitet. Darüber hinaus verkaufte Pfizer seine Geschäftsbereiche Tiergesundheit und Säuglingsnahrung. Heute konzentriert sich die Forschung und Entwicklung von Pfizer auf die Bereiche Herz-Kreislauf-Erkrankungen, Onkologie, Neurowissenschaften, Impfstoffe, Entzündungen und

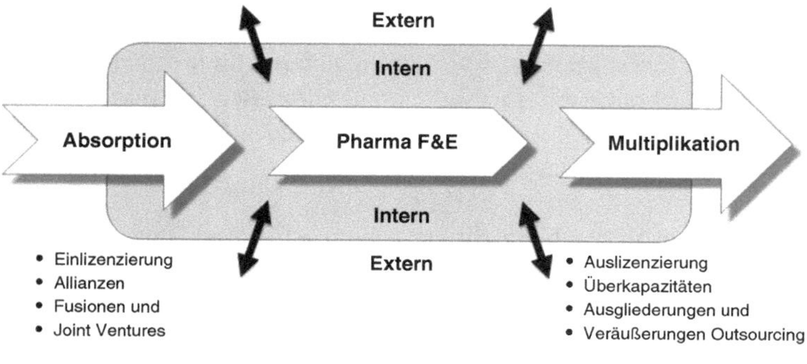

Abb. 5.1 Umstrukturierung der pharmazeutischen F&E-Abteilungen und daraus resultierende Interaktion mit externen Partnern

Immunologie. Alle diese therapeutischen Bereiche spiegeln die internen Stärken von Pfizer, das Verständnis für Markttrends und externe Geschäftsmöglichkeiten sowie das Ziel wider, für die Anleger einen Mehrwert zu schaffen.

In der modernen F&E werden alle Funktionen immer wieder auf ihren potenziellen Beitrag zur Wertschöpfung für die Aktionäre untersucht. Philosophisch gesehen wirft dies die Frage nach der Definition der Grenzen des Unternehmens auf. Aufgrund des zunehmenden Umfangs und der Reichweite der Interaktionen mit externen Innovationen ist die F&E-Abteilung eines jeden Pharmaunternehmens heute mehr und mehr auf externen Input von anderen Unternehmen oder Partnerorganisationen angewiesen.

Dieser Trend zur Externalisierung von F&E hat zur Gründung mehrerer F&E-Dienstleister geführt, die Pharmaunternehmen mit technischen und wissenschaftlichen Dienstleistungen wie F&E-Aufträgen, Labortests, Technologieberatung, Industriedesign oder sogar Engineering unterstützen. Unternehmen in hochtechnologischen, F&E-intensiven Sektoren, einschließlich der pharmazeutischen Industrie, haben eine hohe Neigung zur Zusammenarbeit bei Innovationsprojekten. Die Fülle an Wissen, die in den neuen Wissenschaften und durch neue Technologien generiert wird, ist für jedes Unternehmen zu komplex geworden, um sie allein zu bewältigen. Grundlegende Durchbrüche werden immer wahrscheinlicher nicht in der eigenen F&E-Abteilung eines Unternehmens erzielt, sondern irgendwo in den Forschungslabors einer externen Organisation, vielleicht im Rahmen von Kooperationsvereinbarungen.

Serendipität gilt vor allem in den frühen Entdeckungsphasen immer noch als entscheidender Erfolgsfaktor. Daher ist die Pflege eines Netzwerks von externen Innovatoren in der pharmazeutischen Forschung und Entwicklung sehr wichtig, da die Wahrscheinlichkeit, dass ein Unternehmen alle erforderlichen Arzneimittelkandidaten selbst entwickelt, relativ gering ist. Die Interaktion mit Partnern reduziert nicht nur die Risiken von Investitionen in die eigene Forschungsinfrastruktur, sondern auch die Risiken des fehlenden Zugangs zu gewünschten Wirkstoffkandidaten. Gerade bei Technologiebereichen, die von Pharmaunternehmen noch nicht gut abgedeckt sind, wird analysiert, wie sie außerhalb der eigenen Unternehmensgrenzen am besten erschlossen werden können.

Als Klassifizierungskriterium für die Interaktion der Partner mit dem Pharmaunternehmen dient die Nähe der Beziehung zwischen dem Pharmaunternehmen und dem externen Partner (Abb. 5.2). Die Art der Interaktion kann je nach Ressourceneinsatz unterschiedliche Eigenschaften, Merkmale und Formen umfassen. Beim Outsourcing führt das Partnerunternehmen in der Regel vordefinierte Aufgaben gegen eine Dienstleistungsgebühr aus. Bei einer Zusammenarbeit (Kollaboration) sind beide Unternehmen enger miteinander verbunden und arbeiten gemeinsam an einem Projekt, wobei häufig eine Risiko-, Umsatz- und Gewinnbeteiligung vereinbart wird. Bei einer Integration verschmelzen die Aktivitäten beider Unternehmen miteinander, und es gibt keine sichtbare Trennung mehr zwischen den beiden Einheiten.

Es gibt zahlreiche Gründe, warum Unternehmen solche Allianzen eingehen. Nach Greis et al. (1995) beruht die Entscheidung für eine Zusammenarbeit in der Regel auf

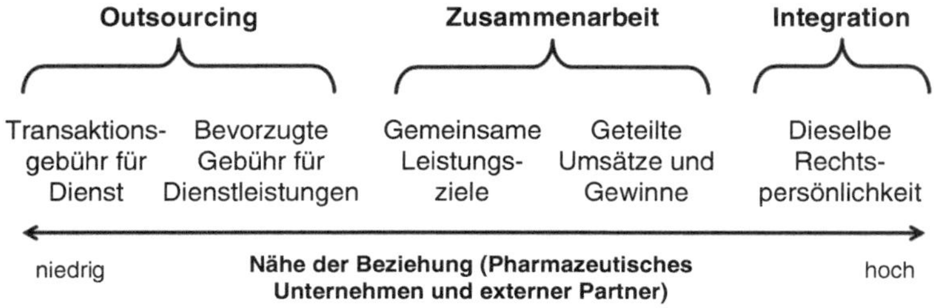

Abb. 5.2 Klassifizierung von Partnerschaften im Bereich der pharmazeutischen F&E-Aktivitäten

der Abwägung zwischen zwischenbetrieblicher Zusammenarbeit und vertikaler Integration. Diese Abwägung zeigt sich im Vergleich zwischen Transaktionskosten und Entwicklungskosten. Wenn die organisatorischen Effizienzgewinne (z. B. durch gemeinsam genutzte Anlagen) größer sind als die Verluste bei der Produktionseffizienz, wird sich ein Unternehmen für eine Zusammenarbeit entscheiden. Die universale Erklärung für das allgemeine Wachstumsmuster der neu gegründeten F&E-Partnerschaften hängt hauptsächlich mit den Motiven zusammen, die Unternehmen zur Zusammenarbeit im Bereich F&E „zwingen". Die zunehmende Komplexität der wissenschaftlichen und technologischen Entwicklung, die größere Unsicherheit im Zusammenhang mit F&E, die steigenden Kosten von F&E-Projekten und die verkürzten Innovationszyklen begünstigen die Zusammenarbeit.

Die traditionell integrierte Struktur der pharmazeutischen F&E-Abteilungen wird sich voraussichtlich weiter auflösen, und die Notwendigkeit, mit externen Partnern zu interagieren, nimmt drastisch zu. Während die Komplexität der internen pharmazeutischen F&E also reduziert werden kann, steigt die Komplexität der Beziehungen zu externen Partnern erheblich. Nur die Pharmaunternehmen, die in der Lage sind, ihre F&E-Partner optimal zu managen, werden in der Lage sein, von den vielen externen Entwicklungen und neuen Möglichkeiten in der Pharmaindustrie zu profitieren.

5.2 Outsourcing der pharmazeutischen F&E

Die zunehmende Abhängigkeit von externen Innovationen erfordert ein stärker prozessorientiertes Denken und Handeln des Pharmaunternehmens. Es wird erwartet, dass die Barrieren zwischen den Einheiten innerhalb des Unternehmens und mit externen Partnern abgebaut werden. Externe Experten könnten entweder für eine begrenzte Zeit in den Innovationsprozess integriert werden oder sie könnten dem Pharmaunternehmen lediglich einige notwendige Infrastrukturen und Basisdienstleistungen zur Verfügung stellen.

Der weltweite Markt für das Outsourcing der Arzneimittelforschung hatte 2014 ein Volumen von 15 Mrd. USD und wird bis 2018 voraussichtlich 25 Mrd. USD erreichen (Kermani, 2014). Die Auslagerung in der pharmazeutischen Industrie wird angetrieben durch:

- Abbau von Überkapazitäten (als Ergebnis von Fusionen und Übernahmen)
- Fragen der Kostensenkung oder Umstrukturierung
- Wachstumsbestrebungen (Fachwissen, Ressourcen)
- Verringerung des Risikos und/oder proaktives Risikomanagement
- Unternehmensführung und/oder strategische Make-or-by-Entscheidung

Die endgültige Entscheidung zur Auslagerung von F&E-Funktionen hängt in der Regel von mehreren Parametern ab (siehe auch Festel & Polastro, 2002):

- Technologische Anforderungen und Spezifikationen (Technologien und Syntheseverfahren, verfügbare Kapazitäten, Stand der Registrierung)
- Produktspezifische Überlegungen (Menge, Position im Lebenszyklus, Auswirkungen auf das gesamte Produktportfolio)
- Finanzielle Aspekte (Investitionen, wirtschaftliche Machbarkeit: eigene Produktion vs. ausgelagerte Produktion)
- Steuern (der Zugang zu medizinischen Substanzen wird häufig zur Optimierung der Steuerlast genutzt)
- Marktzugang (trotz neuer Trends sind viele Märkte durch lokale Regierungen geschützt)
- „Chemische" Tradition des Pharmaunternehmens (Philosophie, Engagement für chemische Prozesse)

Wenn ein Pharmaunternehmen beabsichtigt, einen Teil seiner F&E an einen externen Dienstleister auszulagern, sind drei Fragen von Bedeutung (siehe Arthur D. Little & Solvias, 2002):

1. Welche Art von Dienstleistungen könnte für die Auslagerung von Forschung und Entwicklung interessant sein?
2. Welches sind die effektivsten und effizientesten Schnittstellen zwischen dem Pharmaunternehmen und dem Dienstleistungsanbieter?
3. Welche Kooperationsmodelle sind die beste Grundlage für das Management der Outsourcing-Aktivitäten?

Die Antworten auf diese Fragen hängen in der Regel von den Merkmalen des Pharmaunternehmens, seinen strategischen Unternehmenszielen und seiner Kostenstruktur ab. Große Pharmaunternehmen, mittelgroße Pharmaunternehmen und Start-ups verfolgen oft unterschiedliche Outsourcing-Strategien.

Große Pharmaunternehmen sind in der Regel aus strategischen Gründen an Outsourcing-Aktivitäten beteiligt. In den frühen Phasen gehören dazu die Prozessentwicklung, das Scale-up und die Lieferung der ersten Losgrößen für klinische Versuche. Ziel ist es, Engpässe im eigenen Entwicklungsprozess zu umgehen und Ressourcenknappheitsspitzen zu bewältigen.

Mittelständische Pharmaunternehmen konzentrieren sich in der Regel auf ein oder zwei Produkte aus ihrer eigenen F&E-Pipeline. Während die Outsourcing-Strukturen mittelgroßer Pharmaunternehmen mit denen großer Pharmaunternehmen vergleichbar sind, besteht der Hauptunterschied in dem geringen Anteil an ausgelagerten Substanzen älterer Wirkstoffe. Daher liegt der Schwerpunkt der Auftragssynthese eher auf fortgeschrittenen Zwischenprodukten als auf Substanzen.

Start-ups, die dritte Art von Pharmaunternehmen, zeichnen sich in der Regel durch sehr begrenzte Kapazitäten in der Syntheseentwicklung und -produktion aus. Infolgedessen sind sie fast ausschließlich auf Insourcing angewiesen und stellen daher einen riesigen Markt für pharmazeutische Dienstleistungsunternehmen dar.

Outsourcing in der pharmazeutischen F&E ist äußerst komplex, und die Verwaltung des Outsourcing-Partners kann je nach Bereich der Zusammenarbeit sehr mühsam sein. Daher versuchen viele Unternehmen, die Komplexität der Zusammenarbeit zu begrenzen und nutzen Outsourcing nur zur Bewältigung von Ressourcenknappheitsspitzen, obwohl es zu einer allgemeinen Verbesserung der F&E-Leistung beitragen kann.

Outsourcing-Strategie: Captive Offshoring bei ALTANA Pharma[1]

1999 gründete **ALTANA Pharma** ein Produktions-Joint-Venture in Indien mit Zydus Cadila, einem indischen Partner, um über einen eigenen Standort, der sich auf die komplexen Syntheseschritte von Wirkstoffen konzentriert, Zugang zu kostengünstigen Produktionskapazitäten zu erhalten.

Aufgrund des Erfolgs des Joint Ventures und der Notwendigkeit, die klinischen Entwicklungsaktivitäten zu globalisieren, wurde eine kleine F&E-Einheit als Zusatz zum Joint Venture eingerichtet, die das klinische Datenmanagement (engl.: clinical data management: CDM) und den klinischen Betrieb zur Unterstützung der globalen Zentrale übernimmt. Dieses Team bestand zunächst nur aus einer Handvoll Mitarbeiter, die mit der Dateneingabe und der Erstellung von Abfragen betraut waren. Innerhalb von vier Jahren wurde das indische Team in die Datenverwaltungseinheit des Hauptsitzes integriert, zu der auch ein eigenes Datenzentrum in Kanada gehörte.

Im Jahr 2004 beschloss ALTANA Pharma, ein eigenes indisches F&E-Zentrum zu gründen, um das Dienstleistungsangebot in der klinischen Entwicklung zu erweitern, aber auch, um die Vorteile Indiens als aufstrebendem Markt mit seinem Reichtum an wissenschaftlichen Talenten zu nutzen, indem es Forschungsdienstleistungen mit Schwerpunkt auf der medizinischen Chemie einrichtet. Das F&E-Zentrum war somit der Beginn eines neuen indischen Teilunternehmens, das die Globalisierung von F&E auf dem indischen Markt anführt. Operativ war die Einheit dem CEO des Landes unterstellt, wobei das F&E-Zentrum formell Teil der globalen F&E-Organisation war.

In einem nächsten Schritt wurde die Datenabteilung aus dem Joint Venture ausgegliedert und in das F&E-Zentrum integriert. Im Laufe der nächsten zwei Jahre wurden dieser Einheit schrittweise mehr Aufgaben und Verantwortlichkeiten zugewiesen, gefolgt von der Installation eines neuen globalen klinischen Daten-

[1] Diese Fallstudie wurde freundlicherweise von Dr. Antal Hajos, CEO Linical Europe, zur Verfügung gestellt.

managementsystems in Indien, um die Kompatibilität mit globalen klinischen Forschungsorganisationen (engl.: contract research organization: CROs) zu ermöglichen. Diese organisatorischen und betrieblichen Veränderungen wurden durch eine kontinuierliche Schulung der Mitarbeiter und den Aufbau persönlicher Beziehungen innerhalb der globalen F&E-Organisation und insbesondere zum Management in der Zentrale unterstützt.

Im Jahr 2007 wurde ALTANA Pharma für 4,6 Mrd. € von dem wesentlich kleineren Unternehmen **Nycomed** übernommen. Während es im Bereich F&E zu erheblichen Einschnitten kam, blieb die indische Einheit mit inzwischen 130 Mitarbeitern aufgrund ihrer Kostenvorteile völlig unangetastet. In der Folge wurde die indische Einheit angesichts der Kürzungen im Bereich F&E in der deutschen Zentrale organisatorisch in die zentrale F&E-Abteilung integriert und übernahm die Verantwortung für das globale klinische Datenmanagement. Durch die Übernahme wurde Nycomed zu einem der 25 größten Pharmaunternehmen der Welt.

AJ Biologics: Erfolgreiche Kooperation eines Impfstoff-Start-ups[2]

Die Gründung eines Impfstoffunternehmens erfordert vielleicht mehr Zeit, Fachwissen und Ressourcen als die meisten anderen Unternehmen. Die naturgemäß langsame und kostspielige Entwicklung, Registrierung und Herstellung von biologischen Präventivprodukten sowie die relativ niedrigen Bruttomargen und die begrenzte Verfügbarkeit des erforderlichen Fachwissens führen zu einem stark konzentrierten Markt. Große multinationale Unternehmen des Gesundheitswesens beherrschen dieses Segment, aber einige Start-up-Unternehmen haben den Mut und die Ressourcen aufgebracht, in diesen Markt einzutreten. Sie werden angezogen von den bescheidenen Kommerzialisierungskosten, dem dauerhaften Wert der Produkt- und Produktionswerte (nicht nur im Zusammenhang mit Patenten, sondern vor allem mit Know-how) und einem globalen Impfstoffmarkt, der weitgehend nachfrageorientiert ist.

AJ Biologics musste die Robustheit seines Wertversprechens unter Beweis stellen, als es Partnerschaften mit externen Dienstleistern einging. Im Allgemeinen wird ein biologisches Start-up-Unternehmen zu einem wirklich attraktiven Partner, wenn es (1) die Fähigkeit nachweisen kann, Zugang zu bestimmten Marktsegmenten in ausgewählten Regionen zu erhalten und (2) ein erfahrenes Team von Impfstoffexperten zusammenzustellen.

Ohne eigene Forschung und Entwicklung und ohne Kontrolle über die Herstellung der eigenen Antigene musste sich AJ Biologics mit verschiedenen internen und externen Interessengruppen auseinandersetzen:

- Politiker und Gesundheitsbehörden legen Wert auf die Selbstversorgung mit Impfstoffen und den Beitrag einer Hightech-Industrie zum Image und zum Wirtschaftswachstum des Landes. Folglich ist der Aufbau einer Produktionskapazität

[2] Diese Fallstudie wurde freundlicherweise von Dr. Pierre A. Morgon, CEO von AJ Biologics, zur Verfügung gestellt.

für Impfstoffe ein grundlegendes Element des Wertversprechens, das sich positiv auf die Fähigkeit zur Partnerschaft auswirkt.

- Aufgrund des wissenschaftlichen Charakters des Impfstoffmarktes besteht die Grundvoraussetzung darin, das Start-up-Unternehmen mit Führungskräften zu besetzen, die nachweislich über technische Kompetenzen im Bereich der Impfstoffe verfügen. Von zentraler Bedeutung ist auch die Auswahl von Personal, das aufgeschlossen, selbständig, unternehmerisch und teamorientiert ist, da die meisten Tätigkeiten in Zusammenarbeit über Funktionsgrenzen hinweg durchgeführt werden.
- Eine erfolgreiche Partnerschaft erfordert eine Vision, die in eine greifbare und erreichbare Realität umgesetzt werden kann, um sicherzustellen, dass die Anteilseigner realistische Erwartungen haben und dass diese richtig gesteuert werden.

Daher benötigen neu gegründete Impfstoffunternehmen solide Geschäftsinformationen und Kooperationsfähigkeiten sowie eine Vision des Zielportfolios und eine solide Vorstellung davon, wie technisches Können aussieht, um die geeigneten Partner zu finden. Letztere bringen Technologie und einen Teil der für Forschung und Entwicklung sowie den Aufbau der Produktionskapazitäten erforderlichen Investitionen mit. Einige Partner bieten auch Zugang zu den öffentlichen Märkten in ihrem Herkunftsland. Aufgrund der langen Innovations- und Produktionszyklen, sowohl was die Einrichtung von Anlagen als auch was die Produktionsvorlaufzeiten betrifft, ist es ratsam – sofern erschwinglich – mehrere Partner für verschiedene Projekte zu haben, um das Risiko auszugleichen und die Bandbreite der zugänglichen Technologien und Märkte zu vergrößern.

Auftragsforschungsinstitute (CROs)

Ursprünglich konzentrierten sich Outsourcing-Dienstleister auf die klinische Entwicklung und waren ein Instrument für große Pharmaunternehmen, um auf spezielles Know-how in der präklinischen und klinischen Entwicklung zuzugreifen. Doch mit dem Wachstum des Outsourcing-Marktes kam es zu einem Wechsel des Outsourcing-Paradigmas: vom Outsourcing „auf Abruf" und der Erbringung von Dienstleistungen „auf Anfrage" hin zum strategischen Outsourcing und den bevorzugten Partnerschaftsmodellen von heute. Die neu entstehenden Auftragsforschungsinstitute (engl.: contract research organization: CROs) sind daher stärker diversifiziert und unterstützen F&E-Aktivitäten entlang der gesamten Wertschöpfungskette von der Forschung über die Entwicklung bis hin zu Marketing und Produktion. Es wird erwartet, dass allein der CRO-Markt bis 2020 auf 35,8 Mrd. USD anwachsen wird (PharmaSource, 2017).

Die wichtigsten Faktoren für diese Entwicklung sind:

- Die Notwendigkeit, die F&E-Organisationen schlank und flexibel zu halten und die Kosten in der Arzneimittelforschung zu senken;
- Die Nachfrage nach einer globalen Präsenz in wichtigen Ländern und Schwellenländern;

- Die Notwendigkeit, die Zeit bis zur Markteinführung zu verkürzen; und
- Die Erkenntnis, dass nur wenige Organisationen in der Lage sind, alle Technologien und Aufgaben der Arzneimittelforschung und -entwicklung selbst abzudecken.

Die Zusammenarbeit mit Dienstleistern ist in der pharmazeutischen Industrie alltäglich geworden. Nur die größten Pharmaunternehmen verfügen möglicherweise über die Ressourcen, um unabhängig eine globale Präsenz zu erreichen, während Biotechnologie- und Spezialpharmaunternehmen ihre geografische Reichweite mit Hilfe von Outsourcing-Partnern ausweiten müssen. Bereits 2009 stammten mehr als 60 % des Geschäfts der meisten CROs von kleinen und mittelgroßen Biotechnologieunternehmen (Chakma et al., 2009).

Große forschende Pharmaunternehmen haben in der Regel zahlreiche Arzneimittelprojekte in verschiedenen F&E-Phasen und müssen dieses inhärente Projektportfolio-Risiko verwalten. Sie nutzen Outsourcing als strategisches Instrument in allen F&E-Phasen – von der Arzneimittelentdeckung bis zur klinischen Entwicklung – und bevorzugen daher so genannte bevorzugte Dienstleister und Partner, die mit ihrer internen F&E zusammenarbeiten (Full-Service-Outsourcing).

Diese umfassende Form der Auslagerung ist nur dann sinnvoll, wenn sie die Geschwindigkeit erhöht und die Kosten senkt (insbesondere für CROs in Schwellenländern) und Kapazitäts- und Fähigkeitsmängel in der Arzneimittelforschung und -entwicklung behebt. Typische Probleme bei solchen Vereinbarungen sind Komplexität und Effizienz, geistiges Eigentum und Lizenzgebühren, Exklusivität und Kosten. Diese Erfolgsfaktoren müssen von beiden Partnern proaktiv angegangen werden und sollten die Definitionen von effizienten und hoch standardisierten Prozessen und Verträgen klären. In Kooperationsverträgen werden häufig Lizenzgebühren vorgeschrieben und das gesamte geistige Eigentum dem vertragsschließenden Pharmaunternehmen überlassen. Es müssen klare Geheimhaltungs- und Wettbewerbsverbotsvereinbarungen (z. B. in bestimmten Bereichen der Chemie) sowie eine umfassende Kostentransparenz geschaffen werden.

Unabhängig davon, welches Modell oder welcher Grad des Outsourcings zur Anwendung kommt, sollte der Dienstleister immer vollständig in die Prozesse und Strukturen des Pharmaunternehmens integriert sein. Die Standardisierung von Prozessen, Schnittstellen, Datenblättern, Anreizsystemen usw. erleichtert diese Einbindung und macht eine nahtlose Integration von externen Dienstleistern wahrscheinlicher und einfacher. Fehlen diese Standards und sind selbst routinemäßige Interaktionen mit dem Dienstleister kompliziert oder sind die Schnittstellen schwer zu definieren, sinkt die Bereitschaft zum Outsourcing. Die Einrichtung einer effektiven und effizienten Schnittstelle zwischen dem pharmazeutischen Unternehmen und dem Dienstleister ist daher eine entscheidende Voraussetzung für jede Outsourcing-Beziehung.

Es ist wichtig, zwischen Entwicklungs- und Produktionsdienstleistungen zu unterscheiden. Zu den primären Entwicklungsdienstleistungen gehören die Prozessforschung, die Prozessentwicklung und die Lieferung von präklinischen Versuchsmengen. Primäre Produktionsdienstleistungen befassen sich mit der Bereitstellung

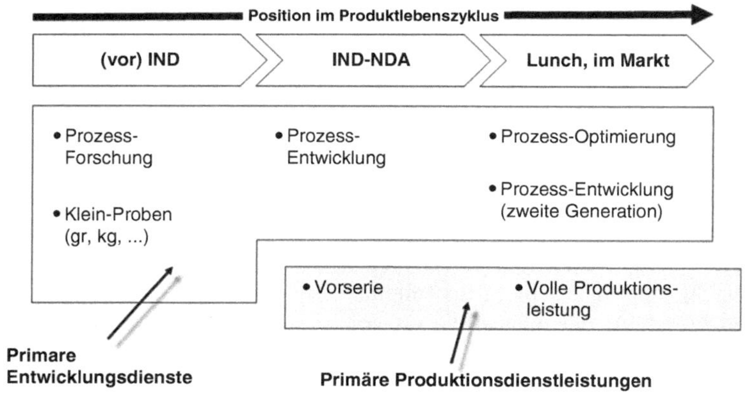

Abb. 5.3 Unterscheidung zwischen Entwicklungs- und Produktionsdienstleistungen

von Zwischenprodukten und pharmazeutischen Wirkstoffen (engl.: active pharmaceutical ingredient: APIs) in großem Maßstab während des gesamten Produktlebenszyklus (Abb. 5.3).

Es ist zu erwarten, dass in Zukunft externe Dienstleister zeitweise in interne F&E-Teams integriert werden und dann F&E-Projekte flexibler und zeitnaher unterstützen können. Das interne Projektmanagement, welches bereits heute als Kernkompetenz des Pharmaunternehmens gilt, trägt die Verantwortung für die effektive und effiziente Koordination aller internen und externen Ressourcen sowie den Know-how- und Kompetenztransfer.

Wenn dieser Paradigmenwechsel stattfindet, wird das Folgen haben. Die Schranken zwischen den einzelnen Organisationseinheiten und den verschiedenen Unternehmen werden verschwinden. Pharmazeutische und biotechnologische Unternehmen werden in der Lage sein, z. B. standardisierte etablierte externe Dienstleistungen oder neue und innovative Methoden rund um die chemische Synthese entlang der gesamten pharmazeutischen Wertschöpfungskette einzukaufen. Dadurch wird die pharmazeutische F&E schlanker und kann den Aufbau und die Unterhaltung einer kapitalintensiven Forschungsinfrastruktur vermeiden.

Strategische CRO-Partner von Pfizer

Pfizer unterzeichnete 2011 strategische Verträge mit Parexel (USA) und Icon (Irland) und fügte 2015 Pharmaceutical Product Development (PPD) als dritten bevorzugten strategischen Partner für die klinische Forschung hinzu. PPD mit Hauptsitz in den USA verfügte über mehr als 50 Standorte auf der ganzen Welt und unterstützte 47 der 50 weltweit führenden Pharmafirmen und mehr als 750 Biotechnologieunternehmen. Als eines der führenden CRO-Unternehmen bot PPD sowohl Full-Service-Leistungen als auch funktionale Dienstleistungen an, darunter klinische Überwachung, Datenmanagement, Biostatistik, statistische Programmierung, Pharmakovigilanz, medizinisches Schreiben, Zulassungsstrategie und Dokumentenerstellung.

Management von Outsourcing-Aktivitäten bei Solvias

Der Pharmadienstleister **Solvias** entstand, als Novartis im Oktober 1999 eines seiner wissenschaftlichen Kompetenzzentren ausgliederte. Im Jahr 2016 beschäftigte das Unternehmen über 400 hochqualifizierte Pharmaexperten.

Solvias bot seine Dienstleistungen hauptsächlich in den Bereichen F&E, Produktion und Qualitätskontrolle an und konzentrierte sich dabei auf eine Vielzahl chemischer, physikalischer und biologischer Dienstleistungen – von der Synthese bis zur Analytik. Die Kunden kamen aus der pharmazeutischen, landwirtschaftlichen, medizinisch-technischen, kosmetischen, agrochemischen und chemischen Industrie sowie aus Behörden und Forschungsinstituten.

Solvias unterscheidet zwischen drei Kooperationsmodellen zwischen dem Pharmaunternehmen und dem Pharmadienstleister. Diese variieren nach Umfang und Preis der erbrachten Leistungen (Abb. 5.4). Beim Modell der bevorzugten Partnerschaft schließt der Kunde (d. h. das Pharmaunternehmen) mit einer Handvoll ausgewählter, strategischer Lieferanten, die quasi als „Facility Manager" fungieren, Vorzugsvereinbarungen ab. Dieses Modell kann jedoch mit dem Wunsch des Kunden kollidieren, sich ein gewisses Maß an Freiheit zu bewahren und eine gesunde Verhandlungsmacht gegenüber den Anbietern zu behalten. Das zweite Modell, das „à-la-carte"-Modell, bei dem aus einer Liste vorselektierter Anbieter ausgewählt wird, kommt in der Regel dann zur Anwendung, wenn kein einzelner Anbieter die vom Kunden geforderte Bandbreite an Fähigkeiten bieten kann, um sein gesamtes Bedarfsspektrum abzudecken. Eine übermäßige Abhängigkeit von einem einzigen Anbieter sollte vermieden werden, um Risiken zu streuen und eine strategische Hebelwirkung zu erhalten. Der Kunde sollte für jeden Tätigkeitsbereich den besten Anbieter wählen. Das Modell des Antagonisten bietet dem Kunden den Vorteil, dass die Anbieter (Dienstleister) systematisch miteinander konkurrieren und somit der beste Preis für die angebotene Dienstleistung erzielt werden kann.

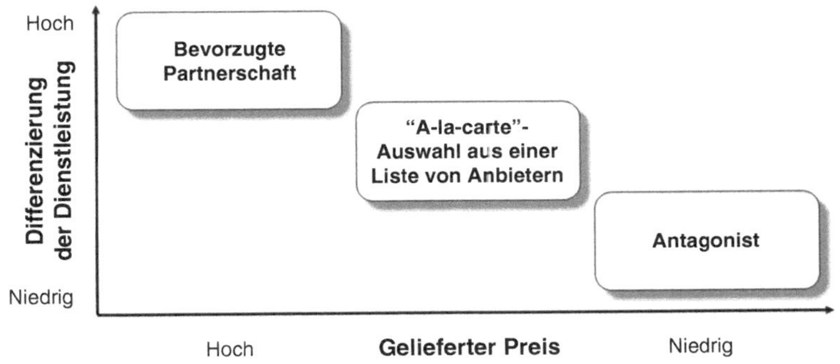

Abb. 5.4 Modelle der Kunden-Anbieter-Interaktion beim Outsourcing der pharmazeutischen F&E bei Solvias

5.3 Strategische Forschungspartnerschaften

Die pharmazeutische Industrie arbeitet seit langem mit Dritten zusammen, um Zugang zu speziellen Fähigkeiten, Technologien und Know-how zu erhalten, z. B. zur Identifizierung von Wirkstoffzielen, zum Know-how über Signaltransduktionswege, zu Tiermodellen, zu Fachwissen über Krankheiten, zur translationalen Medizin und zu Biomarkern. Kooperationen zwischen Pharma- und Biotechnologieunternehmen sowie akademischen Einrichtungen sind zur Norm geworden und stellen ein Standardverfahren dar, um die Wissensbasis der pharmazeutischen F&E in allen Technologie- und Therapiebereichen zu erweitern (siehe Tab. 5.1).

Ein Beispiel dafür ist die Forschungspartnerschaft zwischen **Bayer HealthCare**, dem Deutschen Krebsforschungszentrum (DKFZ) und dem Nationalen Centrum für Tumorerkrankungen (NCT). Die akademischen Einrichtungen brachten 2009 ihre Expertise in der Krebsforschung und Tumorbiologie ein, Bayer sein Know-how in der Arzneimittelforschung. Ziel dieser strategischen Partnerschaft war der Transfer von Forschungsergebnissen des DKFZ in das Wirkstoffforschungsverfahren und den Entwicklungsprozess von Bayer, d. h. die Verbesserung der Wissensbasis des Pharmakonzerns und die Füllung seiner Onkologie-Pipeline.

Tab. 5.1 Kooperationsvereinbarungen im Pharmasektor im Jahr 2015

Pharmaunternehmen	Forschungspartner	Monat	Umfang
Amgen	MD Anderson Zentrum	Januar	Entwicklung von BiTE® Therapien für das myelodysplastische Syndrom
Novartis	Karibu Biowissenschaften	Januar	Erforschung der CRISPR-Genom-Editierungstechnologie
AstraZeneca	Harvard-Stammzellen-Institut	März	Herstellung menschlicher Betazellen aus Stammzellen zur Verwendung in HTS-Screens für neue Diabetesbehandlungsmöglichkeiten
Takeda	CiRA	April	Langfristige Partnerschaft zur Forschung an induzierten pluripotenten Stammzellen
Eli Lilly	BioNTech	Mai	Entwicklung neuer Krebsimmuntherapien
Bayer	Johns Hopkins Univ.	Juni	Entwicklung neuer ophthalmologischer Therapien
J&J	Emulate	Juni	Einsatz von Organen auf Chips zur Verbesserung der Vorhersage menschlicher Reaktionen im Prozess der Arzneimittelentwicklung
GSK	Francis Crick Ins.	Juli	Angewandte Forschung zu verschiedenen Krankheiten
Merck & Co.	MD Anderson Krebszentrum	August	Forschungszusammenarbeit in der Immuno-Onkologie
Pfizer	Evotec	September	Forschungszusammenarbeit auf dem Gebiet der Gewebefibrose

Diese Art der Zusammenarbeit wird als Allianz zur Entdeckung von Arzneimitteln bezeichnet, d. h. eine langfristige (mehrere Jahre dauernde) Allianz eines forschenden Pharmaunternehmens mit einem Biotechnologieunternehmen oder einem Forschungsinstitut zur Unterstützung des Technologietransfers und gegebenenfalls der Lizenzierung von Arzneimittelkandidaten. Die Vorteile einer solchen Allianz sind (vom Standpunkt des Pharmapartners aus gesehen):

- Umgehung langwieriger, mühsamer Verhandlungen zwischen Lizenznehmer und Lizenzgeber bei der späteren Zulassung von Arzneimitteln;
- Zugang zu internen wissenschaftlichen Ressourcen im Rahmen der Vereinbarung, was angesichts der Risiken der pharmazeutischen Forschung und Entwicklung eine wichtige Flexibilität darstellt;
- die Durchführung von Forschung und Entwicklung, die für das pharmazeutische Unternehmen neu ist und die es ihm ermöglicht, sich mit einer neuen Technologie oder einer neuen therapeutischen Indikation vertraut zu machen, ohne dass es selbst erhebliche Investitionen tätigen muss; und
- Zugang zu einem potenziellen Arzneimittelkandidaten, vorausgesetzt, die Forschung ist wissenschaftlich erfolgreich.

Natürlich profitieren auch die akademischen und biotechnologischen Partner von solchen Kooperationen, vor allem durch den Zugang zu mehr technischem Know-how und Ressourcen, ohne dass sie einen strategischen Investor suchen müssen und ohne das Risiko, die Kontrolle über ihren eigenen Arzneimittelkandidaten zu verlieren.

Ein weiteres herausragendes Beispiel ist die Zusammenarbeit von **Takeda** mit dem Center for iPS Cell Research Application (CiRA) an der Universität Kyoto (TCiRA – das gemeinsame Programm von Takeda und CiRA für iPS-Zellanwendungen). iPSCs sind induzierte pluripotente Stammzellen und haben potenzielle klinische Anwendungen in einem breiten Spektrum von therapeutischen Bereichen wie Herz-Kreislauf-Erkrankungen, Stoffwechsel, Neurowissenschaften und Krebsimmuntherapie. Japan gilt derzeit als führendes geografisches und regulatorisches Umfeld für die Stammzellenforschung und die Überführung von Forschungsergebnissen in die Klinik.

Ziel dieser 2015 gestarteten Zusammenarbeit ist die Erforschung von Zelltherapien mit iPSCs. Der Direktor des CiRA ist Shinya Yamanaka, der 2012 den Nobelpreis für seine Arbeit an iPS-Zellen erhielt, und das CiRA ist ein weltweit führendes Kompetenzzentrum in diesem Forschungsbereich. Takeda stellt eine zehnjährige Finanzierung (20 Mrd. Yen, etwa 177 Mio. US-Dollar), Fachwissen im Forschungsmanagement, 100 Takeda-Forscher, Zugang zu seiner Wirkstoffbibliothek und zu den Forschungseinrichtungen seines Shonan-Forschungszentrums in Japan zur Verfügung. T-CiRA verfügt über einen großen Handlungsspielraum. So gibt es beispielsweise keinen Lenkungsausschuss des Takeda-Managements, der die Aktivitäten von T-CiRAS steuert.

T-CiRA ist nur eine der wichtigen Partnerschaften von Takeda mit akademischen Einrichtungen. So hat Takeda vor kurzem auch eine Zusammenarbeit mit dem sog.

TDI (Therapeutic Discovery Institute) in New York aufgenommen, einem Konsortium aus drei Institutionen (Cornell University, Rockefeller University und Memorial Sloan Kettering Cancer Center) zur Unterstützung der Target-Forschung. Takeda arbeitet auch mit Johnson & Johnson zusammen, indem es gemeinsam in den israelischen Biotech-Beschleuniger FutuRx investiert, um bahnbrechende medizinische Innovationen zu finanzieren, die in Form neuer, unabhängiger Unternehmen ausgegliedert werden können.

Die Partnerschaft von Takeda mit CiRA und die Zusammenarbeit von Bayer mit dem DKFZ zeigen, wie es möglich ist, durch eine langfristige Partnerschaft mit akademischen Einrichtungen Zugang zu Wissenschaft von Weltrang zu erhalten. Umgekehrt erhalten akademische Einrichtungen Zugang zu den Fachkenntnissen in der Arzneimittelforschung, dem Entwicklungs-Know-how und der Marketingkraft von Pharmaunternehmen. Akademische Einrichtungen wie die University of California in San Francisco (UCSF), die Harvard University oder die University of Pennsylvania haben das Potenzial langfristiger Forschungsallianzen erkannt und sind allesamt Partnerschaften mit großen forschenden Pharmaunternehmen wie Bayer, Sanofi, Boehringer Ingelheim oder Novartis eingegangen. Ein Sonderfall akademischer Partnerschaften sind jene mit universitären Technologietransfergruppen, z. B. Medical Research Council Technology, Cancer Research Technology, IP Group und Imperial Innovations.

Wichtig ist, dass jede Art von Zusammenarbeit, Allianz oder Partnerschaft eine Reihe von spezifischen Vorteilen und Herausforderungen mit sich bringt. Zu den letzteren gehören die erhöhte Komplexität der Verwaltung, die Koordinierungskosten und das Risiko des Scheiterns von geistigem Eigentum. Normalerweise befindet sich die akademische Forschung – selbst die angewandte Forschung – im Hinblick auf die Kommerzialisierung in einem so frühen Stadium, dass erhebliche zusätzliche Arbeit und finanzielle Investitionen erforderlich sind, bevor eine Kapitalrendite erwartet werden kann. Eine ständige Herausforderung ist die frühzeitige Veröffentlichung von Ergebnissen, da die Wissenschaft erwartet, dass die Ergebnisse publiziert werden und in den öffentlichen Bereich gelangen, während die Unternehmen durch den Schutz des geistigen Eigentums Marktzutrittsschranken aufbauen müssen. Diese Konflikte sind nie einfach zu lösen und erfordern taktvolles Manövrieren und gegenseitiges Verständnis.

5.4 Einlizenzierung : Verbesserung der Innovationspipeline

Bei der Einlizenzierung erwirbt ein pharmazeutisches Unternehmen (der Lizenznehmer) geistiges Eigentum von einem anderen Unternehmen (dem Lizenzgeber), in erster Linie einem Biotech-Unternehmen, um eine Lücke in seiner eigenen Entwicklungspipeline zu schließen. Solche Lizenzen können exklusiv oder nichtexklusiv sein. Die Vorteile für den Lizenzgeber liegen auf der Hand: Der Verkäufer erhält Geld für das gehandelte geistige Eigentum, das in der Regel zur Finanzierung weiterer Forschung verwendet wird. Für große Pharmaunternehmen ist die Lizenzvergabe neben der eigenen Forschung und Entwicklung, Forschungsallianzen und

Fusionen und Übernahmen ein weiterer wichtiger Weg, um an neue Arzneimittelkandidaten heranzukommen. Bis zu 80 % der F&E-Projekte in der Pipeline großer Pharmaunternehmen stammen aus externen Quellen – viele davon durch Einlizenzierung.

Beispiele für handelbare Rechte des geistigen Eigentums sind spezifische biotechnologische Verfahren (wie Plattformtechnologien) oder Verbindungen. Typische Anwendungen von IP sind Datenbanken oder Software, bei denen der Lizenzgeber wichtiges Know-how bereitstellt. Auf diese Weise können unverwechselbare „Wissensdienstleistungspakete" geschaffen und aktiv vermarktet werden. Tatsächlich werden Patente auf neuartige biotechnologische Errungenschaften in der Regel nicht zur Sicherung von Wissen, sondern zum gezielten Verkauf von Wissen eingesetzt. Auch Forschungsergebnisse, die nicht in direktem Zusammenhang mit einer bestimmten F&E-Tätigkeit stehen, haben einen gewissen Wert und können vermarktet werden. In einigen Fällen werden komplexe Co-Marketing-Vereinbarungen zusammen mit dem Einlizenzierungsgeschäft unterzeichnet.

Die Lizenzierung von Arzneimittelkandidaten bietet dem Lizenzgeber wichtige Vorteile, wie z. B. die strategische Auffüllung der Pipeline, eine schnellere Markteinführung, eine höhere Wahrscheinlichkeit, dass lizenzierte Projekte in der Spätphase auf den Markt kommen, und eine höhere Investitionsrendite. Weitere wünschenswerte Vorteile sind:

- Schnelle Erweiterung des Portfolios potenzieller Arzneimittelkandidaten ohne die mit einem umfangreichen Forschungs- und Entwicklungsprogramm verbundenen Risiken und Kosten;
- Bessere und flexiblere Nutzung der Entwicklungskapazitäten, wodurch das finanzielle Risiko kalkulierbarer wird.
- Starke Komplementarität der einlizenzierten Technologien mit den intern entwickelten Technologien (z. B. könnte ein Unternehmen mit einem vielversprechenden Krebsmedikament eine Lizenz für die Verabreichungstechnologie eines Dritten erwerben, um sein eigenes Produkt zu verbessern);
- Zugang zu geistigen Eigentumsrechten an Plattformtechnologien und Softwareprodukten, um die Arzneimittelforschung und -entwicklung zu ermöglichen. Pharmazeutische Unternehmen ziehen es oft vor, ihre Ressourcen auf die späteren Phasen der Entwicklung und Vermarktung zu konzentrieren, wenn das Potenzial eines Produkts oder einer Technologie erkannt wurde und die finanziellen Vorteile deutlicher sind;
- Vermeidung von Verletzungsklagen durch Dritte. Da es nicht immer möglich ist, ein Patent zu umgehen, ist die Aushandlung einer Lizenz und die Einlizenzierung manchmal der bevorzugte Weg, um teure und potenziell katastrophale Verletzungsklagen zu vermeiden.

Die Einlizenzierung von Arzneimitteln hat ein enormes Wachstum erfahren, da die Unternehmen aggressiv um vielversprechende Konzepte konkurrieren. Die Gesamtanstrengungen bei der Lizenzierung von Arzneimitteln haben zugenommen, die Preise für die Lizenzierung von Medikamenten sind gestiegen, und die Erfolgschancen für den Abschluss von Verträgen sind gesunken. Infolgedessen begannen die Unternehmen, nach Medikamentenkandidaten zu suchen, die sich in einem früheren Stadium befinden, nach kommerziell weniger attraktiven Lizenzoptionen in einem späten Entwicklungszustand und nach Nischenprodukten, die mehr technische, marktbezogene und kommerzielle Risiken bergen. Mehr als 50 % der Lizenzverträge werden für präklinische Arzneimittelkandidaten abgeschlossen, und die frühe Einlizenzierung steht im strategischen Fokus der Pharmaunternehmen. Die Zahlungen für Einlizenzierungen haben sich für Produkte in frühen und späten Entwicklungsstadien vervierfacht (siehe Tab. 5.2). Auch die durchschnittlichen Zahlungen sind gestiegen, wobei der größte Anstieg bei Arzneimitteln zu verzeichnen ist, die sich in der mittleren Phase der Entwicklung befinden.

Das wohl bekannteste Beispiel für ein zugelassenes Medikament ist Lipitor. **Pfizer** vermarktete Lipitor (zunächst im Namen von Warner-Lambert, bevor das Unternehmen von Pfizer übernommen wurde), um mit Medikamenten wie Zocor (Merck), Pravachol (Bristol-Myers Squibb) und Lipobay (Bayer) um den lukrativen Markt für Cholesterinsenker zu konkurrieren. Lipitor wurde ursprünglich von Yamanouchi einlizensiert. Pfizer nutzte dann seine mächtige Marketing- und Vertriebsorganisation, um dieses extern bezogene „Me-too"-Präparat zu einem der erfolgreichsten Blockbuster aller Zeiten zu machen, mit einem Gesamtumsatz von 141 Mrd. US-Dollar. Im Jahr 2003 war Lipitor das erste pharmazeutische Produkt, das einen Jahresumsatz von über 10 Mrd. US-Dollar erzielte. Im Jahr 2009, kurz vor dem Ende der Patentlaufzeit, erreichte Lipitor einen Jahresumsatz von rund 13 Mrd. US-Dollar.

Tab. 5.2 Die größten Lizenzvereinbarungen im Pharmasektor im Jahr 2015 (Gesamtwert in Millionen US-Dollar)

Lizenznehmer	Lizenzgeber	Krankheitsgebiet	Medikamenten-Kandidat	Phase	Pot. Wert
Sanofi	Regeneron	Onkologie	Immuno-/Onkologie-Antikörper	Phase I	2200
BMS	Five Prime Therap.	Onkologie	CSFR1-Antikörperprogramm	Phase I	1700
Sanofi	Lexikon	Endokrin	Sotagliflozin	Phase III	1700
Novartis	Aduro Biotech	Onkologie	STING-Plattform	Präklinisch	750
BMS	uniQure	Kardiovaskulär	Gentherapie-Plattform	Präklinisch	2200
BMS	Bayerisch Nordisch	Onkologie	Prostvac	Phase III	975
Amgen	Xencor	Onkologie	Bispezifische Moleküle	Präklinisch	1700
Pfizer	Heptares Pharma.	Verschiedene	GPCR-Targets	Präklinisch	1890
Pfizer	BioAtla	Onkologie	Kond. aktive biologische Antikörper	Präklinisch	1000
Biogen	AGTC	Ophthalmologie	Genbasierte Therapie	Phase I	1000

Quelle: Flanagan (2015)

Die Zunahme der Einlizenzierung hat zu noch komplexeren vertraglichen Vereinbarungen geführt. Unidirektionale Einmalzahlungen wurden durch ausgeklügelte und zeitlich begrenzte Vereinbarungen ersetzt, die in der Regel verschiedene geografische Märkte abdecken. Erfolgsprämien, Meilensteinzahlungen und Tantiemenvereinbarungen erhöhen die vertragliche Komplexität. Das Ausmaß der leistungsorientierten vertraglichen Vereinbarung hängt in der Regel vom Risiko-Nutzen-Profil der Zusammenarbeit ab. Je früher die Zusammenarbeit eingegangen wird, desto schwieriger ist es, die voraussichtlichen Ertragsströme zu kalkulieren. Viele Lizenzgeber behalten sich daher das Recht vor, das in der Entwicklung befindliche Medikament in bestimmten strategisch wichtigen Märkten selbst zu vermarkten.

Zusammenfassend lässt sich sagen, dass die Einlizenzierung von Leitsubstanzen, die nicht intern entdeckt wurden, den Pharmaunternehmen die Möglichkeit bietet, vielversprechende Arzneimittelkandidaten zu Blockbustern zu entwickeln, während das Risiko der ursprünglichen Entdeckung einem externen Partner überlassen wird. Daher hilft diese Art der F&E-Zusammenarbeit dem Pharmaunternehmen nicht nur, die Risiken zu verringern, die mit den Investitionen in die eigene Forschungs- und Entdeckungsinfrastruktur verbunden sind, sondern auch die Risiken, keinen bevorzugten Zugang zu gewünschten Substanzen zu haben, um die eigene Entwicklungspipeline zu füllen. Die Einlizenzierung beinhaltet immer auch die Übertragung von Rechten an geistigem Eigentum und verknüpft somit den Erfolg der Partner mit dem Erfolg der gemeinsamen Anstrengungen.

5.5 Ko-Entwicklung: Von gemeinsamen Ressourcen profitieren

Ko-Entwicklungsvereinbarungen beziehen sich auf die gemeinsame Entwicklung eines Arzneimittels. Dabei handelt es sich um eine Art von pharmazeutische-pharmazeutische oder pharmazeutische-biotechnologische Partnerschaft, die dazu dient, die Entwicklungs- und Vermarktungskapazitäten der Partner zu ergänzen und Risiken und Kosten zu teilen. Pharmazeutische-pharmazeutische Partnerschaften sind in der Branche ebenfalls weit verbreitet und werden häufig für die gemeinsame Entwicklung von Arzneimittelkandidaten eingesetzt, um Kosten und Risiken zu teilen (siehe Tab. 5.3 für einen Überblick über neuere pharmazeutische-pharmazeutische Partnerschaften). So schließt sich beispielsweise ein Biotechnologieunternehmen, das bereits über einen Wirkstoff in der klinischen Entwicklung verfügt, aber keinen eigenen Vertrieb in einem wichtigen Markt hat, mit einem größeren Unternehmen zusammen, um die letzten Phasen des Medikaments gemeinsam zu entwickeln und es nach der Zulassung gemeinsam zu verkaufen. Die Entwicklung wird in der Regel von gemeinsamen Teams durchgeführt.

Betrachten wir den Fall von **Morphosys** und **Novartis**. Im Jahr 2004 begannen diese beiden Unternehmen eine strategische Zusammenarbeit zur Entdeckung und Entwicklung von antikörperbasierten Biopharmazeutika als therapeutische Wirkstoffe, um den ungedeckten medizinischen Bedarf bei einer Vielzahl von Krankheiten zu decken. Im Jahr 2007 verlängerten die Unternehmen die Vereinbarung auf 10

Tab. 5.3 Pharmazeutische-pharmazeutische Partnerschaften im Jahr 2015

Partnerunternehmen	Datum des Beginns	Besonderheiten der Partnerschaft
Novartis + Amgen	September	Novartis und Amgen planen die gemeinsame Entwicklung und Vermarktung eines BACE-Inhibitors zur Behandlung der Alzheimer-Krankheit (engl.: Alzheimer's Disease: AD).
Eli Lilly + Merck & Co.	Januar	Merck & Co. und Eli Lilly arbeiten in klinischen Onkologie-Studien zusammen, um die Sicherheit, Verträglichkeit und Wirksamkeit von KEYTRUDA® (Pembrolizumab), der Anti-PD-1-Therapie von Merck, in Kombination mit Lilly-Wirkstoffen in mehreren klinischen Studien zu untersuchen.
GSK + Merck & Co.	November	GSK und Merck gaben den Beginn einer klinischen Studie der Phase I bekannt, in der die Immuntherapie GSK3174998 von GSK als Monotherapie und in Kombination mit der Anti-PD1-Therapie Keytruda (Pembrolizumab) von Merck bei Patienten mit lokal fortgeschrittenen, rezidivierenden oder metastasierenden soliden Tumoren untersucht werden soll, die nach einer Standardbehandlung fortgeschritten sind.
AstraZeneca + Valeant	September	AstraZeneca schloss eine Kooperationsvereinbarung mit Valeant Pharmaceuticals ab, in deren Rahmen Valeant eine exklusive Lizenz zur Entwicklung und Vermarktung von Brodalumab erhält, einem monoklonalen IL17-Rezeptor-Antikörper, der für Patienten mit mittelschwerer bis schwerer Plaque-Psoriasis und Psoriasis-Arthritis entwickelt wird.
Eli Lilly + AstraZeneca	Oktober	Eli Lilly und AstraZeneca kündigten eine Erweiterung ihrer bestehenden Immun-Onkologie-Kooperation zur Erforschung neuartiger Kombinationstherapien für die Behandlung von Patienten mit soliden Tumoren an. Lilly und AstraZeneca werden die Sicherheit und Wirksamkeit einer Reihe von Kombinationen aus den sich ergänzenden Portfolios der beiden Unternehmen untersuchen.
Pfizer + Eli Lilly	März	Pfizer und Eli Lilly bereiten sich auf die Wiederaufnahme des klinischen Phase-III-Programms für Tanezumab zur Behandlung chronischer Schmerzen vor.

Jahre, wobei Morphosys der wichtigste Technologiepartner von Novartis in diesem Bereich wurde. Die im Jahr 2007 vereinbarten finanziellen Bedingungen umfassten zugesagte Zahlungen in Höhe von 600 Mio. US-Dollar mit der Option auf eine zusätzliche Zahlung von 400 Mio. US-Dollar an Morphosys bei Erreichen bestimmter zusätzlicher Meilensteine in der Allianz. Der Kurs der Morphosys-Aktie stieg nach Bekanntgabe der aktualisierten Kooperationsvereinbarung um 32 %. Sieben Jahre später ist der Orphan-Drug-Kandidat Bimagrumab als greifbares Ergebnis dieser Allianz in die späten Phasen der klinischen Entwicklung eingetreten. Der muskelaufbauenden Behandlung wird ein jährliches Marktpotenzial von 4 Mrd. USD vorausgesagt, mit weiterem Potenzial für die Behandlung von COPD, Krebskachexie und Sarkopenie.

Für viele Unternehmen sind Entwicklungskooperationen in der Regel durch einen bestimmten Projektbedarf oder durch spezifische Marktbedingungen bedingt. Sie fallen in den günstigen Kontext einer insgesamt zunehmenden Desintegration des F&E-Prozesses und der Notwendigkeit, innovative Arzneimittel über verschiedene Plattformen und Therapiebereiche hinweg zu entwickeln. Einige Unternehmen gehen jedoch über diesen Punkt hinaus, indem sie die gemeinsame Entwicklung zu einem integralen Bestandteil ihres Geschäftsmodells machen und die Effektivität und Effizienz von F&E erheblich steigern.

So haben **Pfizer** und die deutsche **Merck KGaA** im Jahr 2014 eine strategische Allianz im Bereich Onkologie/Immunologie initiiert, mit dem Plan, MSB0010718C, einen Anti-PD-L1-Antikörper aus der Medikamentenpipeline von Merck, für die Behandlung verschiedener Krebsarten gemeinsam zu entwickeln und zu vermarkten. Gemäß der Vereinbarung soll der Antikörper sowohl als Einzelwirkstoff als auch in verschiedenen Kombinationen mit anderen Arzneimittelkandidaten von Pfizer und Merck sowie zugelassenen Krebsmedikamenten entwickelt werden. Auf der Grundlage eines laufenden Phase-I-Programms haben beide Unternehmen beschlossen, bei bis zu 20 klinischen Entwicklungsprojekten im Bereich Immunologie/Onkologie zusammenzuarbeiten, darunter sechs klinische Studien der Phasen II und III.

Die Integration der betrieblichen Abläufe – welche Arbeiten durchgeführt und wie Entscheidungen getroffen werden – sind entscheidende Erfolgsfaktoren für das Funktionieren der gemeinsamen Entwicklung. Die monetären Anreize für die Partner, sich an der kollaborativen Erarbeitung zu beteiligen, sind in der Regel Vorab- und Meilensteinzahlungen sowie Lizenzgebühren, sobald das Medikament erfolgreich auf den Markt gebracht wurde. Die Aufteilung der Einnahmen ist ein wichtiger Aspekt von Co-Development-Vereinbarungen. In den meisten Fällen wird die gemeinsame Entwicklung durchgeführt, um die Entwicklungszeiten zu verkürzen. Es wird erwartet, dass das neue Medikament früher auf den Markt kommt als im Falle einer eigenständigen Entwicklung, und eine frühere Markteinführung führt zu höheren Einnahmen, auch nachdem das Partnerunternehmen den vereinbarten Anteil an den erzielten Einnahmen erhalten hat.

Co-Development-Vereinbarungen können viele verschiedene Bereiche abdecken. Eine kürzlich geschlossene Vereinbarung zwischen **AstraZeneca** und **Innate Pharma** über den Innate-Antikörper IPH2201 umfasst klinische Phase-II-Kombinationsstudien mit einem AstraZeneca-Wirkstoff MEDI4736 bei soliden Tumoren. Darüber hinaus sind mehrere Phase-II-Studien geplant, um IPH2201 sowohl als Monotherapie als auch in Kombination mit bereits zugelassenen Krebsmedikamenten zu untersuchen. Die Entwicklung entsprechender Biomarker ist ebenfalls vorgesehen. AstraZeneca hat sich bereit erklärt, vor Beginn der Phase-III-Entwicklung 100 Mio. US-Dollar zu zahlen und weitere Zahlungen bei Erreichen von regulatorischen und umsatzbezogenen Meilensteinen zu leisten. Im Rahmen dieser gemeinsamen Entwicklungspartnerschaft darf AstraZeneca alle Umsätze verbuchen. Innate erhält Lizenzgebühren im zweistelligen Bereich auf den Nettoumsatz, einschließlich des Rechts, das Medikament in Europa mit einer Gewinnbeteiligung von 50 % zu vermarkten.

Im Allgemeinen sind die Erfolgsfaktoren für die gemeinsame Entwicklung folgende:

- Erarbeitung einer geschäftsbasierten Strategie für die gemeinsame Entwicklung auf der Grundlage der Stärken der einzelnen Partner;
- Ermittlung der Qualifikationsdefizite im Verhältnis zu den für die Entwicklungszusammenarbeit erforderlichen Ressourcen;
- Zuweisung eines aktiven Sponsors für jede Co-Entwicklungsbeziehung;
- Festlegung eines Verfahrens und einer Reihe von Kriterien für die Bewertung und Auswahl von Entwicklungspartnern;
- Angleichung der Erwartungen der Partner und Klärung, wie die Beziehung in einer gemeinsamen Entwicklungsvereinbarung funktionieren soll;
- Festlegung, dass jedes Ergebnis der gemeinsamen Entwicklung eine klare, gemeinsame Definition für alle Organisationen hat;
- Schaffung expliziter, direkter Kommunikationsverbindungen zwischen Entwicklungsteams innerhalb und zwischen verschiedenen Organisationen;
- Zugang zu Informationstools für die Entwicklungsteams, um einen sicheren Informationsfluss in Echtzeit zwischen den Unternehmen zu ermöglichen, einschließlich der Einrichtung von Prozessen und organisatorischen Elementen, die die Nutzung dieser Tools erleichtern;
- Einführung regelmäßiger Intervalle zur Messung und Bewertung des Fortschritts jeder Entwicklungspartnerschaft.

Zusammenfassend lässt sich sagen, dass Pharmaunternehmen Co-Development-Vereinbarungen bevorzugen, um die Entwicklungs- und Vermarktungskapazitäten eines anderen Unternehmens zu nutzen. Da Biotechnologieunternehmen zunehmend Wirkstoffe im Spätstadium zu ihren Kooperationen mit etablierten Pharmaunternehmen beisteuern, sind sie aufgrund ihrer größeren Verhandlungsmacht in der Lage, auch Co-Development-Vereinbarungen abzuschließen. Das große Pharmaunternehmen kann so die Entwicklungsrisiken mit den Partnerunternehmen teilen, die bereits Entwicklungsbeiträge zu dem gemeinsamen Projekt geleistet haben oder noch leisten werden. Beide Firmen teilen sich die Vorteile eines erfolgreichen Markteintritts über Lizenzeinnahmen oder Gewinnbeteiligungsvereinbarungen.

5.6 Auslizenzierung: Kommerzialisierung interner Forschungsergebnisse

Während Forschungsallianzen, Einlizenzierung und gemeinsame Entwicklung für die meisten forschenden Pharmaunternehmen gängige Formen der Zusammenarbeit sind, galt die Auslizenzierung lange Zeit als eine schwierige Aufgabe, die von den Pharmaunternehmen nicht genutzt wurde. Für die einen ist der mühsame Verkauf von Forschungszwischenergebnissen den Aufwand nicht wert, und für die anderen ist es unklug, potenziell nützliches geistiges Eigentum an Wettbewerber weiterzugeben. Die Auslizenzierung gewinnt jedoch an Zugkraft, wie jüngste Beispiele zei-

Tab. 5.4 Jüngste Auslizenzierungsvereinbarungen im Pharmasektor (im Jahre 2015)

Lizenzgeber	Lizenznehmer	Medikamenten-Kandidat	Einzelheiten zu den Auslizenzierungsvereinbarungen
Pfizer	Sequella	Sutezolid	Pfizer lizenzierte den Arzneimittelkandidaten Sutezolid nach einer strategischen Änderung aus, um sich auf Impfstoffe zu konzentrieren.
Astra Zeneca	Tillotts Pharma	Entocort	Tillotts erwarb von AstraZeneca Entocort, ein vermarktetes, lokal wirkendes Glukokortikosteroid, das für die Behandlung von entzündlichen Darmerkrankungen indiziert ist.
Astra Zeneca	Valeant Pharm.	Brodalumab	AstraZeneca lizenzierte den Schuppenflechte-Kandidaten Brodalumab an Valeant aus, nachdem in Phase-III-Studien Nebenwirkungen festgestellt worden waren.
Hamni Pharm.	Johnson & Johnson	HM12525A	Hamni Pharm. lizenzierte ein Programm neuartiger Medikamente gegen Diabetes und Fettleibigkeit an J&J aus.
Novo Nordisk	Bristol-Myers Squibb	Forschungsprogramm für Autoimmunerkrankungen	BMS erwarb eine weltweite Exklusivlizenz für das Biologika-Forschungsprogramm von Novo Nordisk, das sich auf die Modulation des angeborenen Immunsystems konzentriert.

gen (siehe Tab. 5.4). Auch wenn es vielen Pharmaunternehmen noch an einer konsequenten Auslizenzierungsstrategie mangelt, so wird doch deutlich, dass manchmal eine andere Pharmafirma ein Medikament besser verwerten kann als das Unternehmen, das es ursprünglich erfunden hat. Wie Billy Tauzin, ehemaliger Präsident und CEO von PhRMA, sagte: „Ein Medikament, das im Regal liegt, hilft niemandem."

Auslizenzierung: Der verborgene Erfolgsfaktor

Einer der am häufigsten genannten Gründe, warum Pharmaunternehmen so viele Jahre lang gezögert haben, Auslizenzierungen vorzunehmen, wurde von Windhover (2003) zusammengefasst als dass niemand in einem großen Pharmaunternehmen einen Preis für ein erfolgreiches Auslizenzierungsgeschäft gewinnen wird, das einige Vorabzahlungen und bescheidene Erwartungen für Lizenzgebühren in der fernen Zukunft mit sich bringt. Ein noch größeres Hindernis für die Auslizenzierung durch pharmazeutische Unternehmen ist die Erkenntnis, dass der Verkauf der geistigen Eigentumsrechte eines versteckten Blockbusters an einen Konkurrenten für den Geschäftsführer, der diesen Verkauf genehmigt, das Ende seiner Karriere bedeuten könnte. Laut Windhover (2000) ist es den meisten großen Pharmaunternehmen unangenehm, die Kontrolle über ihre Arzneimittel zu verlieren, da sie mögliche Einnahmeausfälle befürchten. Auch die Leiter von Forschung und Entwicklung sind besorgt über den Verkauf ihrer Arzneimittelprojekte an einen Konkurrenten.

Ein weiterer Grund hängt mit dem Informationsvorsprung des Verkäufers und dem entsprechenden Informationsnachteil der potenziellen Käufer zusammen. Warum sollte ein Pharmaunternehmen – das über die notwendige Infrastruktur verfügt, um einen Wirkstoff selbst zu entwickeln und zu vermarkten – beschließen, das F&E-Projekt abzubrechen, wenn es den Wirkstoff für kommerziell interessant hält? Untersuchungen von Kollmer und Dowling (2004) stützen diese Sichtweise: Voll integrierte Pharmaunternehmen lizenzieren in ihrer Studie nur nicht zum Kerngeschäft gehörende Vermögenswerte aus, d. h. ein Missverhältnis zwischen den Marktaussichten des Wirkstoffs und der gesamten F&E-Strategie. Viele potenzielle Käufer verkennen, dass einige F&E-Projekte aus Gründen abgebrochen werden, die nicht mit dem Wirkstoff selbst zusammenhängen. Anstatt die Tatsache anzuerkennen, dass ein abgebrochener Wirkstoffkandidat noch einen gewissen medizinischen und finanziellen Wert hat, ignorieren viele Unternehmen das Restpotenzial abgebrochener Wirkstoffprojekte. Die Studie von Kollmer und Dowling (2004) widerspricht dieser Annahme und zeigt sogar das Potenzial der Auslizenzierung bei großen Pharmaunternehmen auf. Die Ergebnisse ihrer Untersuchung zeigen, dass die Auslizenzierungsaktivitäten voll integrierter Unternehmen eine vergleichbare Vergütung bringen wie die von nicht voll integrierten Unternehmen, auch wenn erstere hauptsächlich Produkte auslizenzieren, die nicht zum Kerngeschäft gehören. In beiden Fällen scheint die Lizenzvergabe ein profitables Geschäft zu sein. Dennoch gibt es viele Unsicherheiten zu überwinden. Eine Untersuchung von Recombinant Capital (2005) über 2623 Allianzen ergab, dass nur eine von acht Allianzen ein Auslizenzierungsgeschäft eines Pharmaunternehmens war (Abb. 5.5).

Das Potenzial von Auslizenzierung

Da die Auslizenzierung externe Ressourcen für die Weiterentwicklung intern entwickelter Substanzen nutzt, fördert die Auslizenzierung stets die Verbreitung von Technologien und Produkten, indem das geistige Eigentum eines Unternehmens mit komplementären Vermögenswerten kombiniert wird. Daher ist die Auslizenzierung für Unternehmen einfacher, die eine starke Position in einem bestimmten Technologiebereich haben, aber nicht über die ergänzenden Vermögenswerte verfügen, die zur Nutzung der Technologie erforderlich sind (Abb. 5.6). Erfolgreich durchgeführte Auslizenzierungsprogramme bieten dem pharmazeutischen Unternehmen mehrere Vorteile, wie z. B. die Erzielung zusätzlicher Einnahmen, Kosten- und Ressourceneffizienz oder die Minderung von F&E-bezogenen Risiken. Megantz (2002) stellt fest, dass die Auslizenzierung die Risiken senkt, weil weniger Investitionen und weniger Ressourcen erforderlich sind; ein Großteil des Risikos wird auf das Partnerunternehmen verlagert, das nun für die weitere Entwicklung des lizenzierten Produkts verantwortlich ist. Wenn ein Produkt scheitert oder sich die

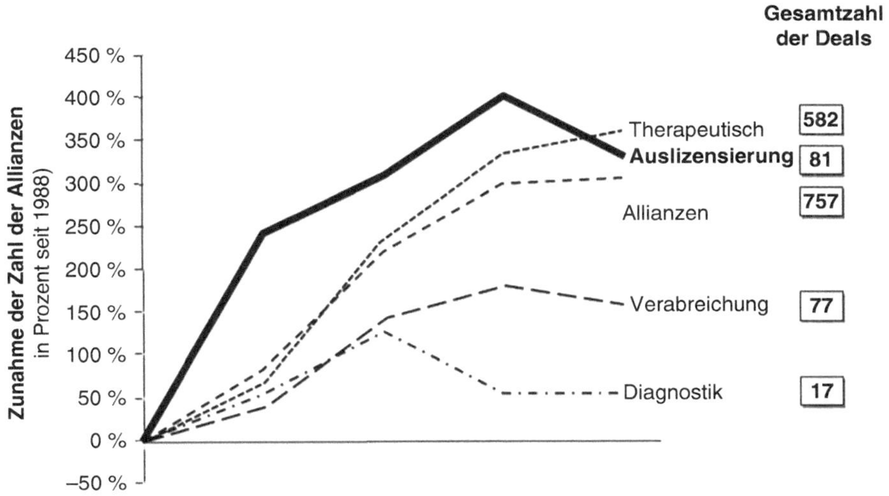

Abb. 5.5 Anstieg der Auslizenzierung in den Allianzen der 20 größten Pharmaunternehmen

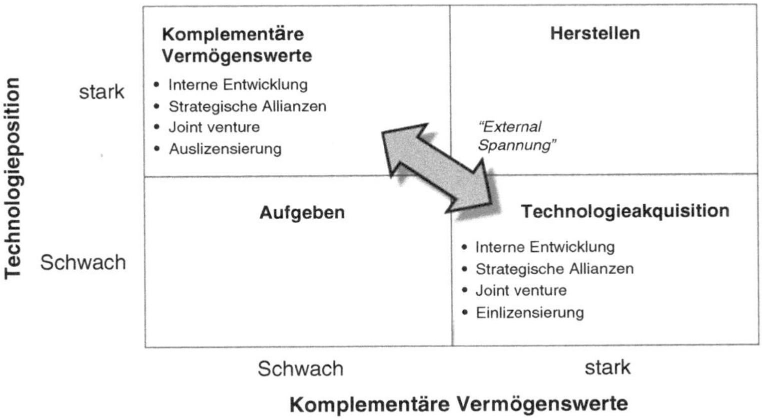

Abb. 5.6 Auslizenzierung: Die vernachlässigte Strategie zur Gewinnung komplementärer Vermögenswerte für die Nutzung der eigenen Technolcgie eines Unternehmens. (Quelle: Megantz (2002))

Strategie ändert, kann das Pharmaunternehmen oft ohne unerwünschte Folgeverpflichtungen aussteigen. Die Kündigungsgebühren sind in der Regel vernachlässigbar.

Zu den wichtigsten Gründen für ein pharmazeutisches Unternehmen, geistiges Eigentum an Dritte auszulizenzieren, gehören:

- Die Absichten/Gründe für die interne Nutzung der Technologie, der Verbindung oder des geistigen Eigentums sind nicht mehr vorhanden;

- Mangel an Ressourcen und/oder internem Fachwissen für die weitere Nutzung;
- Das Risikoprofil des Stoffes und/oder der Verbindung entspricht nicht mehr den internen Anforderungen;
- Mangelndes Vermarktungspotenzial (z. B. wird der für das Unternehmen zugängliche Zielmarkt des Arzneimittels als zu klein angesehen, um weitere F&E-Investitionen zu rechtfertigen);
- Spezialisierung auf verschiedene Produktbereiche oder Technologien, wie z. B. eine Umstrukturierung des Portfolios;
- Nutzung anderer als der ursprünglich vorgesehenen Therapiebereiche (z. B. plant ein Pharmaunternehmen nur die Entwicklung eines Produkts oder einer Technologie in einem Therapiebereich, aber dieses Produkt kann auch in anderen Bereichen Anwendung finden; dies könnte sogar Bereiche umfassen, die über Arzneimittel hinausgehen, wie Kosmetika oder Pflanzenzucht);
- Eine risikoarme Möglichkeit, in neue, ergänzende oder unbekannte Märkte vorzudringen;
- Verbesserung des Einkommensstroms und/oder der Marktdurchdringung des Unternehmens durch Konzentration auf kurzfristige Einnahmen;
- Ausweitung der geografischen Reichweite;
- Nebeneffekte, wie z. B. ein erhöhter Bekanntheitsgrad der Marke aufgrund von Werbung des Lizenznehmers oder die Nutzung von Verbesserungen, die der Lizenznehmer entwickelt hat;
- Maximierung der Auslastung des Unternehmens und des Wertes des Arzneimittelportfolios durch Nutzung der internen F&E-Kapazitäten;
- Gewinnung von Vorteilen auf Märkten, die nicht zum Kerngeschäft gehören, durch den Verkauf von Technologien, die nicht Teil des Kerngeschäfts sind;
- Erprobung eines Marktes, der später durch Direktinvestitionen erschlossen werden kann.

Der wohl wichtigste Vorteil der Auslizenzierung besteht darin, dass das Unternehmen die Verwertungsquote seiner internen Forschungsergebnisse erhöhen kann, ohne erhebliche zusätzliche Ressourcen einzusetzen. Sobald das Unternehmen die Entscheidung getroffen hat, die interne Entwicklung eines Wirkstoffs einzustellen, sollte es in den jeweiligen Phasen des F&E-Prozesses neue Wege für die Vermarktung seiner geistigen Vermögenswerte finden. Dies erfordert das Verlassen des traditionellen Vermarktungsweges und die Schaffung eines neuen Marktes für den Wirkstoff (Abb. 5.7). Die F&E-Ressourcen eines externen Partners könnten genutzt werden, um den Wirkstoff auf den Markt zu bringen, anstatt ihn in einer geschützten Datenbank verrotten zu lassen.

Der Verkauf der Rechte für die weitere Entwicklung eines Wirkstoffs an einen externen Partner trägt nicht nur zur Übertragung von F&E-Risiken bei, sondern ermöglicht auch die Erzielung von Lizenzeinnahmen für den Fall, dass der lizenzierte Wirkstoff tatsächlich als Produkt auf den Markt kommt. Nach Angaben von KPMG liegt die durchschnittliche Lizenzgebühr bei Lizenzvereinbarungen im Pharmasektor zwischen 4 % und 5 % (Courtois et al., 2012).

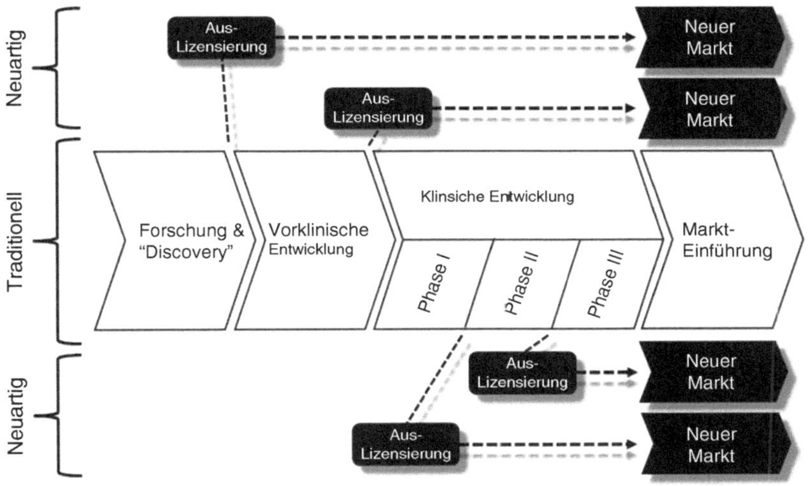

Abb. 5.7 Auslizenzierung ergänzt den traditionellen Innovationsprozess um neue Vermarktungsmöglichkeiten

Ein entscheidender Aspekt jeder Auslizenzierungsvereinbarung ist die Fähigkeit des Lizenzgebers, ein Interesse an der künftigen Leistung des lizenzierten Wirkstoffs zu behalten. Da die Schätzung des kommerziellen und technischen Potenzials eines Medikaments sehr komplex und mit großer Unsicherheit behaftet ist, können selbst kleine Fehler bei der Bewertung dieses Potenzials große Auswirkungen auf entgangene Einnahmen haben. Da die meisten Pharmaunternehmen befürchten, sich die Chance entgehen zu lassen, am Potenzial eines Medikaments zu partizipieren, bevorzugen sie Auslizenzierungsvereinbarungen, bei denen sie bestimmte Rechte wie die Rücklizenz behalten (am häufigsten genutzt ist die „call-back" Option).

Die meisten Pharmaunternehmen nutzen die Auslizenzierung auch heute noch nur als taktisches Mittel. Sie lizenzieren nur Wirkstoffe aus, die es nicht auf die oberste Prioritätenliste des Unternehmens geschafft haben. Es sollten jedoch nicht nur abgeschlossene Wirkstoffe, sondern potenziell alle Wirkstoffe, die von einem externen Partner effizienter entwickelt werden können, für eine mögliche Auslizenzierung in Betracht gezogen werden. Ein strategischeres Vorgehen bei der Auslizenzierung könnte nicht nur das Image der betreffenden Wirkstoffe verbessern, sondern auch die Effizienz der internen Forschung und Entwicklung.

Ein fortschrittlicheres Konzept für die Vermarktung von Forschungsergebnissen könnte umgesetzt werden, wenn die jeweilige Auslizenzierungsstelle klare Gewinn- und Verlustverantwortung erhält. Die Auslizenzierung könnte als Profit-Center mit einem klaren Auftrag organisiert werden: Die Verwertung der Unternehmensforschung zu steigern.

Management der Auslizenzierung bei Novartis
Bei **Novartis** ist die Auslizenzierung organisatorisch in die Abteilung Business Development & Licensing (BD&L) eingebettet. In dieser Abteilung sind 80 Mitarbeiter beschäftigt, von denen drei für die Auslizenzierung von Substanzen zuständig sind, die als „ungenutzt“ gelten. Novartis entscheidet in der Regel anhand der folgenden Kriterien über die Auslizenzierung einer Substanz:

- Der Stoff ist strategisch nicht mehr relevant;
- Die Substanz erfüllt nicht das erforderliche Leistungspotenzial;
- Es entstehen neue Substanzen, die im Rahmen von Novartis nicht weiterverfolgt werden können, ohne dass erhebliche Vorabinvestitionen in Infrastruktur und Know-how getätigt werden.

Vorrangiges Ziel der Auslizenzierung ist es, zumindest die bisher angefallenen Kosten für die Entwicklung der jeweiligen Substanz wieder hereinzuholen. Darüber hinaus erwartet Novartis zusätzliche Vorteile und Lizenzeinnahmen für den Fall, dass der Kooperationspartner die neue Substanz erfolgreich einführt. Aus diesem Grund sieht Novartis in ihren Auslizenzierungsverträgen stets Umsatzbeteiligungsklauseln oder Rücklizenzierungsoptionen vor. Um zu entscheiden, welche Substanzen auslizenziert werden sollen, analysiert Novartis die relevante Marktdynamik und beobachtet auch die Aktivitäten der Wettbewerber in diesem Bereich genau. Substanzen, die bereits beträchtliche Ressourcen verschlungen haben, sind von besonderem Interesse für die Auslizenzierung, da dies die letzte Möglichkeit sein könnte, zumindest eine Art von Amortisation zu erzielen. Daher ist es bei Novartis nicht unüblich, dass Projektteams selbst die Auslizenzierung einer auslaufenden Substanz vorschlagen, um zumindest ein zufriedenstellendes Ergebnis für die enorme Arbeit zu erhalten, die sie in die Forschung und Entwicklung der Substanz investiert haben.

Novartis sieht besonders große Vorteile in der Lizenzvergabe an kleine Unternehmen. Kleine Unternehmen sind in der Regel sehr an den Substanzen von Novartis interessiert, da ihr Ansehen erheblich steigt, wenn sie einen Lizenzvertrag mit Novartis bekannt geben. Dies wiederum erleichtert es ihnen, Finanzmittel von anderen Investoren zu erhalten.

Auslizenzierung in zehn Schritten
Novartis verwendet einen standardisierten Auslizenzierungsprozess (siehe Abb. 5.8), der zehn Schritte umfasst. Zunächst erstellt ein funktionsübergreifend besetztes Komitee eine Vorauswahl von Substanzen mit Auslizenzierungspotenzial, wobei alle weltweit aktiven Entwicklungskandidaten berücksichtigt werden. Der Leiter der Abteilung Business Development & Licensing entscheidet sich für den Spitzenkandidaten. Lokale Teams in den verschiedenen F&E-Einheiten weltweit beteiligen sich an der Bewertung möglicher Auslizenzierungen von Substanzen, die auf ihre lokalen Märkte abzielen. Kommt das Entscheidungsgremium zu dem Schluss, dass eine Substanz bei einer Auslizenzierung einen hohen Nutzen bieten könnte, erstellt das Team um den Leiter der Abteilung Drug Delivery Licensing & Out-licensing ein

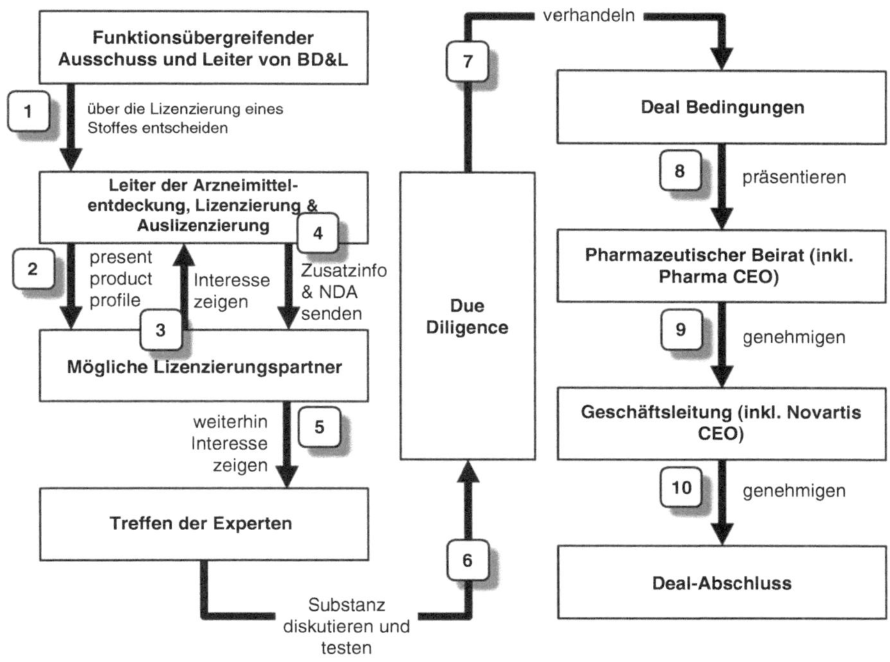

Abb. 5.8 Auslizenzierungsprozess bei Novartis

kurzes Produktprofil der Kandidatensubstanz (nur etwa 2–3 Seiten), in dem die wichtigsten nicht vertraulichen Produktinformationen, vor allem über abgeschlossene Entwicklungsaktivitäten und verfügbare Daten zum prognostizierten Potenzial, zusammengefasst sind.

Anschließend werden mögliche Lizenzpartner durch ein Screening einer Vielzahl von (öffentlich und intern verfügbaren) Informationen über andere biopharmazeutische Unternehmen und deren jeweilige F&E-Aktivitäten ermittelt. Diese möglichen Lizenzpartner werden ebenfalls in die engere Wahl gezogen und nach ihren Kompetenzen und Fähigkeiten zur weiteren Entwicklung des Arzneimittelkandidaten bewertet und beurteilt. Bei dieser Evaluierung und Bewertung spielen bereits – aber nicht nur – finanzielle Aspekte eine große Rolle.

Sobald diese möglichen Lizenzpartner geprüft und für ausreichend fähig befunden wurden, wird ihnen das zuvor erstellte Produktprofil mit einer unverbindlichen Anfrage über die Auslizenzierungsmöglichkeit zugesandt. Während einige Wirkstoffkandidaten schnell Interesse bekunden, können andere Wirkstoffe mehrere Jahre lang für eine Auslizenzierung zur Verfügung stehen. Bei fehlendem Lizenzierungsinteresse werden diese unattraktiven Substanzen schließlich zurückgezogen und ihre Projekte eingestellt. Zeigt jedoch ein möglicher Lizenzpartner Interesse an einer vorgeschlagenen Substanz, die auslizenziert werden soll, müssen vor dem weiteren Vorgehen Geheimhaltungsvereinbarungen (engl.: non-disclosure agreements: NDAs) unterzeichnet werden. Diese NDAs sind spezifisch für die in Frage kommende Substanz und die in Frage kommenden Lizenznehmer. Erst wenn diese Vereinbarungen unterzeichnet sind, sendet Novartis vertrauliche und detaillierte Unterlagen über die Substanz. Ist der anvisierte Partner nach Prüfung dieser Informationen immer noch interessiert, trifft sich das Auslizenzierungsteam von Novartis persönlich mit dem potenziellen Partner. Experten beider Unternehmen treffen sich und besprechen die Substanz einschließlich der Chancen und Risiken, die mit der Entwicklung des Medikaments verbunden sind. In manchen Fällen schickt Novartis auch kleine Proben der Substanz (einige Milligramm oder Gramm) an den Zielpartner. Dies ermöglicht es dem Partner, die Substanz in In-vitro- (d. h. im Reagenzglas) oder In-vivo-Versuchen (d. h. in lebenden Organismen) empirisch zu testen.

Diejenigen Partner, die weiterhin an einer möglichen Lizenzierung des Wirkstoffs interessiert sind, werden einer detaillierteren Due-Diligence-Prüfung vor Ort unterzogen und dann, falls sie erfolgreich sind, zu weiteren Verhandlungen eingeladen. Die typische Due-Diligence-Prüfung findet bei Novartis statt und dauert etwa ein bis zwei Tage. Es gibt keine Exklusivitätsgarantie, und Novartis kann auch in diesem Stadium noch mit zwei oder mehr potenziellen Partnern gleichzeitig verhandeln. Wenn sich Novartis und der potenzielle Partner über die wichtigsten Bedingungen der Lizenzvereinbarung einig sind, legt der Leiter der Drug Delivery Licensing & Out-licensing Abteilung den Fall dem Pharma-Vorstand vor, dem auch der CEO der Pharma-Division angehört. Stimmt der Pharma-Vorstand dem Geschäft zu, legt der Pharma-CEO es dem Novartis Exekutivkomitee unter der Aufsicht des globalen Novartis-CEO vor. Nur dieses Gremium kann das Geschäft letztendlich genehmigen. Die Geschäftsleitung behält sich jedoch das Recht vor, Auslizenzierungsprojekte im Nachhinein zu stoppen oder zu beenden.

Merkmale eines Auslizenzierungsvertrags

Der eigentliche Auslizenzierungsvertrag wird vom Leiter der Abteilung Drug Delivery Licensing & Out-licensing, einem Unternehmensjuristen, einem Experten aus der Patentabteilung und einem leitenden Wissenschaftler ausgearbeitet. Ein Vertrag umfasst in der Regel 50–60 Seiten. Novartis unterscheidet generell zwischen zwei Arten von Verträgen: dem Optionslizenzvertrag und dem regulären Lizenzvertrag. Bei der Optionslizenzvereinbarung erhält ein Partner die Option auf eine Produktlizenz. In diesem Szenario kann der Partner zunächst testen, ob er die Weiterentwicklung des Wirkstoffkandidaten erfolgreich vorantreiben kann und erst zu einem späteren Zeitpunkt über den definitiven Erwerb der Lizenz entscheiden. Die reguläre Lizenzvereinbarung beinhaltet von Anfang an einen konventionellen Lizenzvertrag. Der Vertrag umfasst in der Regel Vorabzahlungen, Meilensteinzahlungen und Lizenzgebühren. Die höchsten Meilensteinzahlungen fallen an, wenn die Substanz schließlich den Markt erreicht.

Die Interaktion zwischen Novartis und dem Lizenzpartner wird während der gesamten Zusammenarbeit von einem so genannten „Hauptansprechpartner" gesteuert und gepflegt. Bei einigen größeren Geschäften setzt Novartis einen Lenkungsausschuss ein, der sich aus Mitarbeitern der Geschäftsentwicklung und Lizenzierung zusammensetzt und nicht aus einem einzelnen Hauptansprechpartner, der jedoch im Wesentlichen die gleichen Managementaufgaben hat. Der Hauptansprechpartner (oder der Lenkungsausschuss) überprüft halbjährlich oder jährlich, ob die vertraglichen Vereinbarungen noch eingehalten werden. In der Regel hat Novartis das vertragliche Recht, von einem Lizenzvertrag zurückzutreten, wenn bestimmte Ziele und Meilensteine nicht erreicht werden.

Risikoüberlegungen spielen bei Novartis eine entscheidende Rolle bei der Auslizenzierung. Während die Auslizenzierung das Risiko birgt, dass ein zunächst intern entwickelter Wirkstoff zu einem bestimmten Zeitpunkt signifikante Einnahmen für einen externen Partner generieren könnte, ist Novartis auch dem Risiko ausgesetzt, nicht an einem etwaigen Aufwärtspotenzial für diesen Medikamentenkandidaten partizipieren zu können. Um diesem Risiko einer möglicherweise falschen Einschätzung des Potenzials des Medikaments zu begegnen, behält sich Novartis in ihren Auslizenzierungsverträgen in der Regel eine Rückholoption vor. Diese Rückrufoption kann nur zu einem bestimmten, im Vertrag festgelegten Zeitpunkt ausgeübt werden. Je nach produktspezifischen Entwicklungsrisiken, dem Marktpotenzial der Substanz und dem Leistungspotenzial des Lizenznehmers bestehen für verschiedene auslizenzierte Substanzen unterschiedliche Rückrufoptionen. Der Rückruf erfolgt in der Regel dann, wenn die Risiken für die weitere Entwicklung der Substanz so gering sind, dass die Kosten für den Rückruf und die erneute interne Entwicklung gerechtfertigt sind. Dieser Zeitpunkt liegt in der Regel zwischen Phase II und dem Ende des Entwicklungsprozesses. Sollte der Zeitpunkt des Rückrufs nicht Teil des Vertrags sein, behält sich Novartis das Recht vor, je nach der individuellen Entwicklungssituation der Substanz Verhandlungen über eine Neulizenzierung aufzunehmen.

Der gesamte Prozess der Auslizenzierung – von den ersten Verhandlungen über die wichtigsten Bedingungen bis zum Abschluss des Geschäfts – dauert in der Regel zwischen 6 und 9 Monaten. Die Suche nach und das Screening von potenziellen Partnern ist in diesem Zeitraum nicht enthalten. Ausgewählte Interessengruppen von Novartis werden ebenfalls während des gesamten Auslizenzierungsprozesses einbezogen, und interne Einheiten (insbesondere diejenigen, die von dem Auslizenzierungsgeschäft betroffen sind) sind jederzeit eingeladen, Kommentare und Kritik vorzubringen.

Struktur einer Auslizenzierungskooperation: Der Fall Speedel

Der Fall Speedel veranschaulicht sehr schön, wie die Auslizenzierung in der Praxis abläuft.

Im Jahr 1998 entwickelten Forscher bei **Novartis** Aliskiren, eine neue Substanz, die in die Entwicklungsphase gehen sollte. Die Forschungs- und Entwicklungsleitung von Novartis schätzte das Potenzial jedoch als nicht attraktiv genug ein und stellte das Projekt daher ein. Ein Team von Novartis-Mitarbeitern um Dr. Alice Huxley – damals Global Project Manager bei Novartis – glaubte jedoch fest an die Substanz und war daran interessiert, diese Möglichkeit weiter zu verfolgen. Huxley und ihre

Mitstreiter verließen Novartis und gründeten ihr eigenes Unternehmen namens **Speedel**. Sie lizenzierten die Substanz von Novartis schließlich ein.

Aliskiren (SPP100) ist ein oraler Reninhemmer, der ein vielversprechendes Potenzial für die Behandlung von Bluthochdruck gezeigt hat. Anfang der 2000er-Jahre belief sich der Markt für Bluthochdruckmittel auf etwa 40 Mrd. US-Dollar, was etwa 40 % des gesamten kardiovaskulären Marktes entspricht. In den Industrieländern sind mehr als 135 Mio. Menschen von Bluthochdruck betroffen. Er war (und ist) eine der Hauptursachen für Schlaganfälle, chronische Nierenerkrankungen, kongestives Herzversagen und Herzinfarkte. Reninhemmer wie Aliskiren wirken, indem sie die Produktion von Renin in der Niere regulieren. Renin, ein Enzym, ist an der Freisetzung einer zweiten Substanz beteiligt, die die Blutgefäße verengt, so dass das Blut schwerer durch die Arterien fließen kann und der Blutdruck steigt. Aliskiren unterdrückt die Freisetzung von Renin und hält so den Blutdruck in einem normalen Bereich.

Obwohl Novartis die Entwicklung von Aliskiren eingestellt hatte, war das Unternehmen an einer Auslizenzierung des Wirkstoffs interessiert, um die Entwicklung mit einem geringen direkten Risiko für Novartis fortzusetzen, da durch die Lizenzvereinbarung die Entwicklungsrisiken auf den Lizenzgeber übertragen würden. Im Jahr 1999 lizenzierte Novartis die Substanz an Speedel aus. Speedel war ein neu gegründetes Unternehmen, das noch keine Erfahrung mit der erfolgreichen Durchführung von Arzneimittelentwicklungsprojekten hatte. Daher konnte Novartis nicht sicher sein, ob Speedel in der Lage sein würde, die Entwicklung des Wirkstoffs erfolgreich fortzuführen. Da das Management und das wissenschaftliche Kernteam von Speedel jedoch bereits zuvor bei Novartis tätig gewesen waren, bestand großes Vertrauen in das Versprechen von Speedel, den Wirkstoff zum Erfolg führen zu können.

Nach Abschluss der Vereinbarung begann Speedel mit den klinischen Phasen I und II für Aliskiren. Insgesamt führte Speedel 18 klinische Studien mit etwa 500 Patienten und gesunden Freiwilligen durch. Zusätzlich zu den Pilotstudien bei chronischer Niereninsuffizienz und Herzinsuffizienz führte Speedel eine 4-wöchige Phase-II-Studie mit 220 Patienten durch, in der die Leistung des Wirkstoffs mit Losartan (Cozaar) von Merck verglichen wurde. Beide Substanzen zeigten ähnliche blutdrucksenkende Wirkungen. Speedel war auch das erste Unternehmen, das den klinischen Konzeptnachweis in Phase II erbrachte und ein kommerziell nutzbares Herstellungsverfahren für einen Reninhemmer entwickelt und patentiert hatte; dies war seit über 20 Jahren ein Forschungsschwerpunkt in der Branche gewesen.

Während der gesamten Dauer der Zusammenarbeit behielt Novartis eine Rückholoption, um die Substanz in jedem Stadium der Entwicklung zurückzulizenzieren. Da Novartis von den Entwicklungsergebnissen zunehmend beeindruckt war, übte das Unternehmen diese Rücklizenzoption im September 2002 aus (siehe Abb. 5.9). Im November 2003 gab Novartis bekannt, dass Aliskiren in die klinische Phase III übergeht, die im März 2004 eingeleitet wurde. Dadurch erhielt Speedel aufgrund der erfolgreichen Entwicklung in Phase I und II erhebliche Meilensteinzahlungen. (Die Höhe der Meilensteinzahlungen, die Speedel im Juli 2004 von Novartis erhielt, wurde nicht bekannt gegeben, sie enthielten jedoch ein Barelement und eine Kapitalbeteiligung). Im Januar 2005 gab Novartis positive Daten aus der Phase-III-Stu-

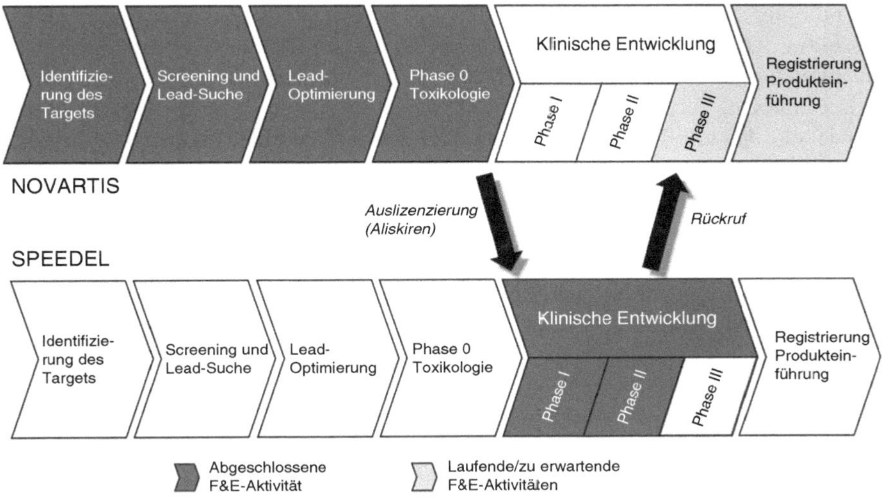

Abb. 5.9 Auslizenzierungskooperation zwischen Novartis und Speedel

die mit Aliskiren als Monotherapie zur Behandlung von Bluthochdruck sowie positive Phase-II-Daten aus einer Kombinationsstudie von Aliskiren mit Diovan, einem weiteren blutdrucksenkenden Wirkstoff und einem führenden Medikament im Portfolio von Novartis, bekannt. Novartis stellte 2006 einen Zulassungsantrag und erhielt 2007 die Marktzulassung für Aliskiren in den USA.

Speedel profitierte von diesem Erfolg und wurde 2005 ein börsennotiertes Unternehmen an der Schweizer Börse, das rund 75 Wissenschaftler und Hilfskräfte beschäftigt. Im Jahr 2008 bot Novartis, das bereits 9,7 % der Speedel-Aktien besaß, den fünf größten privaten Aktionären, darunter Dr. Huxley, dem Gründer von Speedel, an, sie für fast 900 Mio. US-Dollar zu übernehmen. Seit September 2008 hält Novartis 99,8 % der Speedel-Aktien, und Speedel ist nun eine Tochtergesellschaft von Novartis.

Zusammenfassend lässt sich sagen, dass Novartis durch die Auslizenzierung ihre „Trefferquote" erhöhen konnte, ohne einfach ihr bereits beträchtliches internes F&E-Budget aufzustocken. Der Erfolg der Zusammenarbeit mit Speedel zeigt, wie die fortschreitende Desintegration der pharmazeutischen Wertschöpfungskette neue Partnerschaftsmodelle hervorbringt, die es Pharmaunternehmen ermöglichen, nicht nur ihre eigenen internen Kernkompetenzen, sondern auch die Stärken ihrer Partner zu nutzen.

5.7 Wie man einen technologischen Durchbruch kommerzialisiert

Zur Veranschaulichung einer Partnerschaft zwischen zwei Unternehmen zur Ausschöpfung des vollen Potenzials einer neuen Technologie beschreibt der folgende Fall die Kommerzialisierung von InnoGel, einer bahnbrechenden Weichkapseltechnologie, und erläutert im Detail die Struktur des Kommerzialisierungsprozesses.[3] Die Vermarktung von InnoGel erfolgte im Rahmen einer gemeinsamen Zusammenarbeit zwischen **NovoGEL** und **InterPharmaLink**.

Die InnoGel-Technologie wurde von NovoGEL, einem Spin-off-Unternehmen, entwickelt, das alle Rechte an der InnoGel-Technologie hält und als Lizenzgeber gegenüber interessierten Parteien auftritt. InterPharmaLink ist eine spezialisierte Unternehmensberatung für das Gesundheitswesen, die das exklusive und weltweite Mandat für die Vermarktung der InnoGel-Technologie hat. InterPharmaLink unterstützt Kunden bei der Optimierung von Schlüsselressourcen entlang der Wertschöpfungskette und schafft Mehrwert durch die Verbesserung des Produktportfolios, der Lieferkette und der Geschäftsentwicklung.

Der Markt für Weichkapseln

InnoGel wurde Mitte der 2000er-Jahre entwickelt und vermarktet. Zu dieser Zeit wurden weltweit etwa 100 Mrd. Weichkapseln pro Jahr produziert. Nahezu alle Weichkapseln wurden von Auftragsherstellern fabriziert und machten ein Marktvolumen von etwa 1,5 Mrd. US-Dollar aus. Die Produkte wurden hauptsächlich in den Bereichen Pharmazeutik, Gesundheit und Ernährung sowie Kosmetik eingesetzt. Der Weichkapselmarkt wurde von zwei Auftragsherstellern dominiert: R.P. Scherer, der Erfinder des Rotationsverfahrens zur Herstellung von Weichkapseln, und Banner Pharmacaps.

Weichkapseln waren eine Verpackungsart, bei der der Kapselinhalt von einer Hülle umschlossen war. Der Stand der Technik für die Weichkapselhülle war Gelatine. Die Entwicklung einer nicht tierischen Alternative zu Gelatine hatte in der Weichkapselindustrie seit vielen Jahren höchste Priorität. Es wurden bereits mehrere Versuche unternommen, Gelatine durch ein nicht tierisches Material zu ersetzen, aber keiner von ihnen war übermäßig erfolgreich. Die InnoGel-Technologie war eine auf Stärke basierende Gelatineersatztechnologie, die das Potenzial hatte, den Weichkapselmarkt zu revolutionieren, da sie neue einzigartige Materialeigenschaften und erhebliche Kostenvorteile gegenüber Gelatine bot.

Die InnoGel-Technologie

Die InnoGel-Technologie basierte auf Stärkegel, einem geordneten Material mit einer teilkristallinen Netzwerkstruktur. Die Netzwerkdichte war durch Variation der Zusammensetzung und der physikalischen Behandlung des Stärkegels einstellbar. Es ist diese einzigartige Eigenschaft der Netzwerkstruktur, die Experten zu der Überzeugung brachte, dass die InnoGel-Technologie in der Lage sein würde, überlegene Weichkapseln für Gesundheits- und Nahrungsergänzungsmittel sowie für pharmazeutische Produkte herzustellen. Diese Verbesserungen manifestierten sich in verschiedenen strategischen und finanziellen Vorteilen:

[3] Diese Fallstudie wurde freundlicherweise von Dr. Marc Müller, InterPharmaLink, zur Verfügung gestellt.

- Zusätzliches Marktpotenzial durch die Eignung für Vegetarier und Kulturen, die tierischen Quellen (Rind oder Schwein) ablehnend gegenüberstehen;
- Erhöhter Wertbeitrag gegenüber Kunden aufgrund überlegener Kapsel-Eigenschaften und Eignung als Lebenszyklus-Management-Tool für pharmazeutische Produkte;
- Verbesserte Sicherheit für die Endverbraucher und geringeres Risikoprofil für die Kunden aufgrund der Beseitigung von BSE-Risiken;
- Deutlich niedrigere Rohstoffkosten aufgrund des geringeren Preises von Stärke gegenüber Gelatine;
- Erheblich niedrigere Prozesskosten durch höhere Ausbeute, weniger Ausschuss, kürzere Prozesszeit, geringeren Energieverbrauch und einfachere Handhabung;
- Signifikant geringere Verpackungs- und Logistikkosten aufgrund der hervorragenden Kapsel-Eigenschaften.

Der Kommerzialisierungsprozess

Das Ziel der Vermarktung war es, einen maximalen Anteil des Wertschöpfungspotenzials der InnoGel-Technologie zu erreichen. Die Kommerzialisierung der InnoGel-Technologie sollte entlang eines klar definierten Prozesses mit drei wesentlichen Prozessschritten erfolgen:

Schritt 1: Definiere die grundlegenden Rahmenbedingungen für die Vermarktung;
Schritt 2: Entwickle eine Strategie für die Kommerzialisierung;
Schritt 3: Verwalte das Auslizenzierungsverfahren.

Schritt 1: Definiere die grundlegenden Rahmenbedingungen für die Vermarktung

Zu Beginn der Zusammenarbeit einigten sich NovoGEL und InterPharmaLink auf die wichtigen Bedingungen der Kommerzialisierung der InnoGel-Technologie in Bezug auf Vertraulichkeit, Zeitplan und finanzielle Aspekte:

- Da die Patentanmeldung erst 4 Monate nach Projektbeginn veröffentlicht wurde, durften nur nicht vertrauliche Informationen an interessierte Kreise weitergegeben werden.
- Für die Kommerzialisierung von InnoGel sollten nur sehr begrenzte finanzielle und personelle Ressourcen eingesetzt werden, da NovoGEL ein Start-up-Unternehmen mit beschränkten finanziellen Möglichkeiten war.
- Die erste Lizenz sollte innerhalb von 12 Monaten nach Projektbeginn erteilt werden, um die finanzielle Stabilität und zukünftige Projekte von NovoGEL zu gewährleisten.

Darüber hinaus einigten sich beide Seiten auf eine Kooperationsvereinbarung mit klaren Anreizen für beide Parteien, das Wertschöpfungspotenzial der InnoGel-Technologie voll auszuschöpfen und den Kommerzialisierungsprozess in kürzester Zeit und zu geringsten Kosten durchzuführen.

Schritt 2: Entwickle eine Strategie für die Kommerzialisierung
Ziel der strategischen Planung der Kommerzialisierung war es, das Wertschöpfungspotenzial der InnoGel-Technologie unter Berücksichtigung der gegebenen Rahmenbedingungen (d. h. enger Zeitplan für die Kommerzialisierung und begrenzte Ressourcen) voll auszuschöpfen. Eine erfolgreiche Kommerzialisierungsstrategie basiert in der Regel auf einer gründlichen Analyse der strategischen Landschaft und befasst sich mit den strategischen Fragen, wo, wie und wann man sich dem Wettbewerb stellt.

Die wichtigsten Hersteller von Weichkapseln wurden als Hauptzielgruppe für die Kommerzialisierung identifiziert. Diese Auftragshersteller verfügten über ein umfangreiches Know-how und langjährige Erfahrung in der Weichkapselherstellung und hatten praktisch alle notwendigen Anlagen zur Verfügung, um die technische Bewertung sowie die anschließende Anwendungsentwicklung in kürzester Zeit durchzuführen. Die wichtigsten Verkaufsargumente für die Lohnhersteller waren Kosteneinsparungspotenziale bei den Rohstoffen sowie strategische Aspekte im Hinblick auf BSE-Risiken und -Probleme. Der Herstellungsprozess von Weichkapseln wurde hauptsächlich von Auftragsherstellern betrieben, die Unternehmen aus der Pharma-, Gesundheits- und Ernährungsindustrie oder der Kosmetikindustrie beliefern.

Eine zweite Zielgruppe waren Unternehmen mit beträchtlichen Kapselvolumina, die ihre Abhängigkeit von Lohnherstellern verringern oder beseitigen wollten, indem sie die Weichkapselherstellung wieder in ihre eigenen Produktionsanlagen integrierten.

Die Auslizenzierung der InnoGel-Technologie wurde als der vielversprechendste Ansatz für die Kommerzialisierung identifiziert. Da sich die InnoGel-Technologie noch im Entwicklungsstadium befand und der künftige Lizenznehmer in die laufende Entwicklung investieren müsste, wurde eine kombinierte technische Bewertung und Option für eine Lizenzvereinbarung als die geeignetste Alternative angesehen. Um einen maximalen Know-how-Schutz für Lizenznehmer und Lizenzgeber zu gewährleisten und die Exklusivität des Know-hows zu wahren, wurde die Auslizenzierung in Form eines strukturierten Bieterverfahrens unter den Interessenten durchgeführt.

Der Zeitplan für die Vermarktung wurde zu Beginn des Projekts festgelegt, d. h. die erste Lizenz sollte innerhalb von 12 Monaten nach Projektbeginn erteilt werden. Diese frühe Entscheidung wurde vor allem durch die Ziele des Geschäftsplans von NovoGEL bestimmt.

Ohne diese gegebenen Einschränkungen wäre eine detaillierte Bewertung der Auswirkungen des Zeitplans auf die Ausnutzung des Wertschöpfungspotenzials die angemessene Vorgehensweise gewesen. Bei einer sofortigen Kommerzialisierung war das Wertschöpfungspotenzial für NovoGEL eindeutig begrenzt, da es sich bei der InnoGel-Technologie um ein Projekt in einem frühen Entwicklungsstadium mit unbewiesener Realisierungsgarantie handelte. Andererseits waren auch die Risiken für NovoGEL klar limitiert, da die komplette Anwendungsentwicklung vom zukünftigen Lizenznehmer durchgeführt werden müsste.

Schritt 3: Verwalte das Auslizenzierungsverfahren

Um die InnoGel-Technologie in einer Weise weiterzuentwickeln und zu vermarkten, die dem Lizenznehmer und dem Lizenzgeber ein Höchstmaß an Know-how-Schutz bietet, wurde die Auslizenzierung von InnoGel in einem strukturierten Bieterverfahren unter den weltweit führenden Weichkapselherstellern durchgeführt. Die gewährten Exklusivrechte bestanden aus dem Recht, eine exklusive technische Bewertung vorzunehmen, verbunden mit einer Option auf eine anschließende Lizenzvergabe. Um die Exklusivität des Know-hows zu wahren, wurden bei der Kommerzialisierung die folgenden Grundsätze beachtet:

- Die ausschließliche technische Bewertung sollte mit der Option auf Lizenzvergabe verknüpft werden. Daher müsste der künftige Lizenznehmer vor Beginn der Phase der exklusiven technischen Bewertung eine kombinierte Vereinbarung über die maschinelle Beurteilung und die Option auf eine Lizenzierung unterzeichnen.
- Das detaillierte Know-how für die exklusive technische Bewertung (z. B. die Rezeptur des Stärkegels) sowie die Verfahrensparameter würden nur der Partei zur Verfügung gestellt, die die kombinierte Vereinbarung über die maschinelle Beurteilung und die Option auf eine Lizenzierung unterzeichnet.

Die Vereinbarung über die technische Bewertung und die Option auf eine Lizenzierung umfasste sowohl die Bedingungen der exklusiven technischen Bewertungsphase als auch die Bedingungen für eine anschließende Lizenzierung. Den Interessenten wurden die folgenden Bedingungen für eine exklusive technische Evaluierungsphase und eine anschließende Lizenzvergabe angeboten:

- Die Phase der ausschließlichen technischen Bewertung ist auf einen Zeitraum von drei Monaten begrenzt und basiert auf einem detaillierten Arbeitsplan, in dem die geplanten Versuche sowie die für die Ergebnisse einzuhaltenden Fristen beschrieben werden. Beide Parteien einigen sich auf „Zielergebnisse“.
- Die technische Bewertung wird von einem unabhängigen Ausschuss auf der Grundlage dieser vorgegebenen „Zielergebnisse“ durchgeführt. Anschließend soll die bewertende Partei entscheiden, ob sie ihre Option für eine Lizenzvergabe ausüben will.
- Alle geistigen Eigentumsrechte und Patente sowie die Ergebnisse der Aktivitäten während der technischen Evaluierungsphase sollen NovoGEL gehören. Wenn die Lizenzierungsoption ausgeübt wird, wären die Rechte und Ergebnisse Teil einer späteren Lizenz.

Die Entscheidung, mit wem konkrete Verhandlungen zur Unterzeichnung der kombinierten Vereinbarung über die technische Bewertung und die Option zur Lizenzvergabe aufgenommen werden sollten, basierte auf einer Reihe von qualitativen und quantitativen Aspekten, insbesondere auf den folgenden:

- Welcher Zeitplan wurde vereinbart, und welche Versuche wurden während des Zeitraums der technischen Bewertung durchgeführt?
- Welche Gebühr für die technische Bewertung wurde bei der Unterzeichnung der kombinierten Vereinbarung über die technische Bewertung und die Option zur Lizenzvergabe angeboten?
- Welche Anzahlung und/oder Ausstiegsgebühr wurde angeboten? Eine Anzahlung war zu leisten, wenn die technische Bewertung erfolgreich war und die bewertende Partei die Option für eine Lizenzierung ausüben wollte. Eine Ausstiegsgebühr war zu zahlen, wenn die technische Bewertung erfolgreich war und die bewertende Partei die Option für eine Lizenzierung nicht ausüben wollte.
- Welche ersten und zweiten Meilensteinzahlungen wurden angeboten? Eine erste Meilensteinzahlung wurde fällig, wenn das erste Gesundheits- und Ernährungsprodukt auf dem Markt war. Eine zweite Meilensteinzahlung wurde fällig, wenn das erste pharmazeutische Produkt die Zulassung erhält.
- Welche Lizenzgebühren wurden angeboten? Die Lizenzgebühren wurden auf der Grundlage der Anzahl der verkauften InnoGel-Kapseln gezahlt.

Die Entscheidung, mit wem die Verhandlungen zur Unterzeichnung der kombinierten technischen Bewertung und der Option für die Lizenzvereinbarung aufgenommen werden sollten, beruhte auf der Attraktivität der von den Interessenten vorgelegten Angebote.

Einsichten und Lehren

Die Lehren aus der erfolgreichen Kommerzialisierung von InnoGel lassen sich in den folgenden drei Empfehlungen zusammenfassen:

- Definiere die grundlegenden Bedingungen und Anforderungen der Kommerzialisierung im Hinblick auf den Zeitplan und die Finanzen und erstelle einen detaillierten Arbeitsplan;
- Analysiere den Markt und entwickele eine Vermarktungsstrategie, die klare Antworten auf die Fragen gibt, wo, wie und wann man konkurrieren und die eigenen Ressourcen respektieren sollte;
- Errichte ein gut strukturiertes Auslizenzierungsverfahren, das dem Lizenzgeber einen maximalen Anteil am Wert der Technologie sichert und gleichzeitig die Exklusivität des Know-hows für den Lizenznehmer bewahrt. Führe offene und faire Verhandlungen.

5.8 Schlussfolgerungen

Die Auflösung der pharmazeutischen Wertschöpfungskette geht weiter und hat buchstäblich neue Branchen mit anderen Dienstleistern und neuen Vorteilen für alle beteiligten Pharmaunternehmen geschaffen. Selbst im relativ konventionellen Bereich der Kooperationen und Partnerschaften erfordern Out- und In-Sourcing sowie Out- und In-Licensing eine gut durchdachte Strategie und sollten nicht länger dem

Zufall überlassen werden. Nur Unternehmen, die das „Brot und Butter“ des komplexen, vielschichtigen pharmazeutischen Innovationsprozesses beherrschen, werden in der Lage sein, im noch anspruchsvolleren Kontext der offenen Innovation und der virtuellen Partnerschaften erfolgreich zu sein. Mit anderen Worten: Eine reine Shopping-Mentalität schöpft das Potenzial der offenen Innovation nicht voll aus. Um Wissen von außen aufzunehmen, zu verarbeiten und zu vermarkten, sind starke interne Fähigkeiten in Forschung und Entwicklung sowie Fachwissen im Bereich des Allianzmanagements erforderlich.

Literatur

Chakma, J., Calcagno, J. L., Behbahani, A., & Mojtahedian, S. (2009). Is it virtuous to be virtual? The VC viewpoint. *Nature Biotechnology, 27*(10), 886–888.

Chesbrough, H. (2003). *Open innovation: The new imperative for creating and profiting from technology*. Harvard Business School Press.

Courtois, Y., McPhee, D., & Rerolle J. F. (2012). *Profitability and royalty rates across industries: Some preliminary evidence*. KPMG International. https://www.kpmg.com/Global/en/IssuesAndInsights/ArticlesPublications/Documents/gvi-profitability-v6.pdf. Zugegriffen am 27.04.2016.

Festel, G., & Polastro, E. (2002). Dritte arbeiten häufig kostengünstiger. *Chemische Rundschau, 55*(13), 7.

Flanagan, M. (2015). *2015 In review: Pharma's largest in-licensing deals – Cancer continues to carry the day*. FirstWord Pharma. http://www.firstwordpharma.com/node/1339317?tsid=33#axzz40sjGtMpV. Zugegriffen am 27.04.2016.

Greis, N. P., Dibner, M. D., & Bean, A. S. (1995). External partnering as a response to innovation barriers and global competition in biotechnology. *Research Policy, 24*, 609–630.

Kermani, F. Z. (2014). Drug discovery partnerships between UK CROs and the Swiss pharma sector. *Pharmaceutical Technology Europe, 26*, 8–11.

Kollmer, H., & Dowling, M. (2004). Licensing as a commercialisation strategy for new technology-based firms. *Research Policy, 33*, 1141–1151.

Little, A. D., & Solvias. (2002, June). External synthesis services for research and development in the pharmaceutical industry. *Market Study*.

Megantz, R. C. (2002). *Technology management – Developing and implementing effective licensing programs*. Wiley.

PharmaSource. (2017). http://www.pharmsource.com/market/how-big-is-the-market-for/. Zugegriffen am 11.06.2017.

Recombinant Capital. (2005). Analyst's notebook. Trends. http://www.recap.com/consulting.nsf/ANB_tab_trends?openform. Zugegriffen am 11.02.2005.

Windhover. (2000). Opportunism Knocks. *Windhover's review of emerging medical ventures, 5*(4), 32. http://www.windhover.com/contents/monthly/exex/e_2000900064.htm. Zugegriffen am 19.12.2004.

Windhover. (2003). In-licensing: Still a difficult model. *Windhover's review of emerging medical ventures, 8*(10). http://www.windhover.com/contents/monthly/exex/e_2003900172.htm. Zugegriffen am 19.12.2004.

6 Die Open-Innovation-Herausforderung: Wie man Partnerschaften für Innovationen eingeht

„We are passionate about working openly with the best scientists around the world to understand key pathways and mechanisms that can help transform great science into great medicines." („Wir arbeiten mit Leidenschaft und Offenheit mit den besten Wissenschaftlern der Welt zusammen, um die Schlüsselwege und -mechanismen zu verstehen, die dazu beitragen können, großartige Wissenschaft in großartige Medikamente zu verwandeln.")

Mene Pangalos, EVP, IMED Biotech-Einheit, AstraZeneca

6.1 Vom geschlossenen zum offenen Pharmabereich

Traditionell stützte sich die Forschung und Entwicklung in der pharmazeutischen Industrie auf unternehmenseigene Wissenschaftler, proprietäre Technologien und internes Know-how. Die Identifizierung von Zielmolekülen und die Ausgangspunkte für neue Arzneimittelprojekte stammten von firmeninternen Experten oder wurden durch Patentüberwachung und Beobachtung von Wettbewerbern verinnerlicht. Target-Validierung, Hit-Findung, Lead Discovery, Lead-Optimierung und präklinische Entwicklung erfolgten allesamt innerhalb des Unternehmens. Angesichts des strengen regulatorischen Umfelds, der hohen technischen Risiken und der enormen Kosten, die mit der Arzneimittelforschung und -entwicklung verbunden sind, verwendeten die Pharmaunternehmen in der Regel Stage-Gate-Modelle, um die vielversprechendsten Arzneimittelkandidaten auszuwählen. Die Ressourcen wurden den Projekten mit der höchsten Erfolgswahrscheinlichkeit zugewiesen, während Projekte mit niedriger Priorität eingestellt wurden. Infolgedessen nahm die Zahl der Arzneimittelprojekte entlang des F&E-Trichters von der Arzneimittelentdeckung bis zur Entwicklung ab. Die klinische Entwicklung wurde von internen Mitarbeitern geleitet und mit Unterstützung von klinischen Forschungs-

O. Gassmann et al., *Führung und Organisation pharmazeutischer Innovation*,
https://doi.org/10.1007/978-3-031-43818-9_6

organisationen durchgeführt. Lücken in der Pipeline wurden durch die Einlizenzierung von Arzneimittelkandidaten geschlossen. Risiken und Kosten, die mit Arzneimittelprojekten verbunden sind, wurden mit Co-Entwicklungspartnern geteilt.

Wir haben bereits über die zahlreichen Herausforderungen gesprochen, mit denen Pharmaunternehmen bei der Entdeckung und Entwicklung neuer Medikamente konfrontiert sind: leere Entwicklungspipelines, sinkende F&E-Effizienz, zunehmender Druck seitens der Kostenträger, die Kosten für Medikamente zu senken, und zunehmende Komplexität von F&E. Diese Herausforderungen sind nicht nur in der Pharmaindustrie anzutreffen, aber angesichts der ungewöhnlich langen Vorlaufzeiten für Innovationen in der Pharmabranche stellen sie ein besonders großes Risiko für die finanziellen, strategischen und technologischen Grundlagen der Pharmaunternehmen dar. Das Aufkommen der „offenen Innovation" (Chesbrough, 2003) in den frühen 2000er-Jahren – basierend auf der Idee, dass es bei der Innovation eher darum geht, ein Netzwerk von Innovationsakteuren zu nutzen, als jede einzelne Innovationsaufgabe intern zu besitzen und zu kontrollieren – löste daher viel Aufregung und Optimismus aus, dass dieser neue Managementansatz dazu beitragen würde, die Innovation auch in der Pharmaindustrie wiederzubeleben.

Diese Erwartungen haben sich größtenteils erfüllt. Einerseits ist das Konzept der offenen Innovation flexibel genug, um sowohl inkrementelle als auch radikal neue Ansätze für kollaborative F&E und Innovation zu umfassen, was es den Pharmamanagern leicht macht, mit neuen Organisationsformen zu experimentieren. Der Trend zur offenen Innovation wurde auch durch das zunehmende IT-Wissen von Forschern, Patienten und Pharmapartnern begünstigt. Andererseits rüttelt die offene Innovation auch an einigen der am stärksten vertretenen Wertesysteme innerhalb der Pharmaindustrie, wie z. B. dem Eigentum und dem Schutz des geistigen Eigentums (engl.: intellectual property: IP) oder dem Management von Arzneimittelunsicherheit, Risiko und Sicherheit. Dennoch experimentieren Pharmaunternehmen heute mit verschiedenen Initiativen und Instrumenten, die auf offener Innovation beruhen oder von ihr inspiriert sind:

- Risikofinanzierung für frühe Forschung und potenziell bahnbrechende Innovationen;
- Schaffung von Wachstumsoptionen durch Zugang zu externen Arzneimittelprojekten durch Lizenzierung oder M&As;
- Partnerschaften mit akademischen Einrichtungen von Weltrang, um Zugang zu speziellem Know-how zu erhalten;
- Einrichtung von Innovationszentren und Innovationscamps zur Förderung der Kreativität;
- Virtualisierung von F&E und Auslagerung von F&E-Aktivitäten an bevorzugte Anbieter zur Steigerung der F&E-Effizienz;
- Probleme offenlegen, Wissen weitergeben und geistiges Eigentum mit Partnern und der Crowd teilen, um die Zeit bis zur Markteinführung zu verkürzen; und
- Strategisches Management der F&E-Pipeline, um das Verhältnis zwischen Output und Input der F&E-Investitionen zu optimieren.

Die Geschäftsmodelle großer Pharmaunternehmen beinhalten zunehmend externe F&E-Elemente, die von der Übernahme von Arzneimittelprojekten über die traditionelle Zusammenarbeit mit akademischen Einrichtungen, mehrjährige Forschungspartnerschaften, Crowdsourcing, Zentren für F&E-Exzellenz, Open-Source-Innovation, virtuelle F&E und öffentlich-private Partnerschaften (engl.: private public partnership: PPP) reichen.

6.2 Umgang mit Ungewissheit in virtuellen Organisationen

Der Mensch im Mittelpunkt des Umgangs mit neuen Formen der Innovation
Die Wissenschaft befasst sich – etwas entgegen der öffentlichen Meinung – mehr mit dem *Mangel* an Wissen als mit dem Wissen selbst. Dies ist besonders wichtig in wissenschaftlich orientierten Branchen wie dem Pharmasektor. In Kap. 3 wurden verschiedene neue Techniken und Technologien vorgestellt, die entwickelt wurden, um Wissenslücken zu schließen und Daten schnell zu erfassen und zu verarbeiten. Trotz der beeindruckenden Fortschritte bei den neuen Technologien sind es die Fähigkeiten, das Know-how und die Erfahrung der Wissenschaftler und Forschungsmanager, die den Unterschied ausmachen.

Daher hat das Pharmamanagement schon immer einen strategischen Ansatz für das Management von Forschern und F&E-Leitern verfolgt. Das Management der Humanressourcen (HR) in der Pharmaindustrie konzentrierte sich traditionell auf die Entwicklung von Fachkräften und die Verringerung des (unerwünschten) Informationsflusses über festgelegte Grenzen hinaus. In jüngerer Zeit hat das Personalmanagement begonnen, u. a. die Personalbeurteilung und -ausbildung, das Wissensmanagement und die strategische Führungsentwicklung einzubeziehen. Diese Ziele erfordern einen offeneren Ansatz für das Personalmanagement.

Ein erfolgreiches Personalmanagement schafft ein Umfeld, in dem sich jeder Mitarbeiter im Bereich F&E fragt, welchen Beitrag er auf allen Ebenen des F&E-Prozesses leisten kann. Dieser Ansatz kann es erforderlich machen, den strukturierten linearen Prozess aufzugeben und zu einer stärker gruppen- und teamorientierten F&E-Arbeit überzugehen. Feedback-Schleifen (d. h. von den klinischen Studien zurück zur Grundlagenforschung und zu den Screeningphasen) müssen eingerichtet werden. Durch Überprüfungen nach Projekten werden nicht nur technische, sondern auch verwaltungstechnische Verbesserungsmöglichkeiten ermittelt. Das übergeordnete Ziel von F&E sollte nicht darin bestehen, innovativ zu sein, sondern Produkte zu entwickeln, die auf dem Markt erfolgreich sind.

Die Personalabteilung hat die Pflicht, künftige Projektmanager und Führungskräfte zu entwickeln. Die Personalabteilung sollte Abteilungsleitern und Gruppenleitern beratend zur Seite stehen, wenn es darum geht, talentierte Mitarbeiter zu entwickeln und zu fördern. Entlassungsgespräche konzentrieren sich immer noch zu sehr auf die Vergangenheit und zu wenig auf Verbesserungen für künftige Positionen und künftige Nachfolger. Wo die Personalabteilung auf den Widerstand konservativer Funktionsmanager stößt, sollte sie auf dem größeren Bild der Entwicklung motivierter und gebildeter Individuen bestehen, anstatt auf stagnierenden technischen Funktionären. Strategisches Personalmanagement in der Pharmazie befasst sich im Vorfeld mit diesen Fragen und entwickelt einen Karrierefahrplan für talentierte Mitarbeiter, die sich durch F&E-Projekte, Geschäftsentwicklung sowie Marketing- und Vertriebserfahrung weiterentwickeln können, um die zukünftigen F&E-Führungskräfte zu werden, die Pharmaunternehmen 10–15 Jahre später brauchen werden.

Das Ende des Kalten Krieges hat einen Paradigmenwechsel in der Wissenschaft eingeläutet. Die Mittel für die industrielle Grundlagenforschung versiegten, und die Unternehmen mussten neue Quellen finden, um teure F&E-Programme zu unterstützen. Gleichzeitig eröffneten sich neue unternehmerische Möglichkeiten, die es jungen Forschern erlaubten, ihre Technologien selbst zu vermarkten. Die Wissenschaft wurde offener, zum Teil aus Notwendigkeit (Forschungslabors suchten nach Kooperationspartnern, um ihre Innovationstrichter aufrechtzuerhalten), zum Teil aus Opportunität (Studenten mit Hochschulabschluss wurden zu Unternehmern und suchten nach ergänzenden Technologien, um neue Unternehmen zu gründen). Während die Pharmaindustrie diesem Trend gefolgt ist oder ihn sogar weiterentwickelt hat, indem sie einen Teil ihrer Grundlagenforschung an Biotechnologieunternehmen ausgelagert hat, haben sie es oft versäumt, ihre internen F&E-Organisationen zu überdenken, um den neuen Bedingungen Rechnung zu tragen.

Kleine, multidisziplinäre Teams sind das Herzstück des Erfolgs von Biotechnologie-Start-ups oder der Einführung neuer Technologien. Große Forschungs- und Entwicklungsabteilungen sind oft gut in der Verwaltung langfristiger Forschungsanstrengungen, aber nicht in der Lage, flexible Entscheidungen zu treffen und innovative Ideen aufzunehmen und zu verbreiten. Job-Rotation und Trainingsprogramme machen den einzelnen Forscher mit anderen Aktivitäten im Unternehmen vertraut und ermöglichen es ihm, bessere und schnellere Entscheidungen zu treffen, d. h. Entscheidungen dort zu treffen, wo das Geschehen ist. Zum Beispiel ist Bayer für seine Praxis der Job-Rotation bekannt, bei der jeder Forscher nur maximal 5 Jahre in derselben Position bleiben darf. Auch japanische Pharmaunternehmen wenden ausgefeilte Job-Rotation-Programme an. In vielen Pharmaunternehmen haben die meisten Forscher jedoch nur einmal Kontakt mit der Personalabteilung: bei ihrer Einstellung.

Die Förderung der Kreativität ist ein weiterer wichtiger Aspekt bei der Verwaltung der Humanressourcen. Wissenschaftler verbringen schätzungsweise nur 11 % ihrer Zeit mit Forschung, und nur 2 % mit neuer Forschung. Es ist seit langem bekannt, dass interdisziplinäre Teams besser für Innovationen sind: Chemiker, Mikrobiologen, Mediziner und Marketingexperten sollten bei neuen Projekten zusammenarbeiten, um von einander über die Art ihrer Tätigkeit zu lernen. Außerdem ist die Kreativität in kleineren Forschungsteams im Allgemeinen größer. Dies sollte angesichts von Megafusionen und dem Aufbau immer größerer Unternehmen bedacht werden.

„Virtuelle" F&E als Form des flexiblen Engagements

Im Zusammenhang mit der Organisationsstruktur und der Zusammenarbeit wird der Begriff „virtuell" mit den folgenden, eng miteinander verknüpften Begriffen assoziiert: sich verändernde und transparente Organisationsgrenzen, unterstützt durch Informations- und Kommunikationstechnologien (IKT), räumlich verstreut, mit wechselnder Intensität der Zusammenarbeit (Maznevski & Chudoba, 2000). Virtuelle F&E wird durch gemeinsame IKT-Netze (zur Beschleunigung des Informations- und Datenaustauschs), die Standardisierung von Schnittstellen und die hohe Qualität der von den verschiedenen Mitgliedern des Netzes geleisteten Arbeit erleichtert (Gassmann & von Zedtwitz, 2003).

Informationen in Form von Wissen über Technologien und Produkte, Kundenfeedback, Produkttests, Forschungsergebnisse und Märkte müssen gesammelt, analysiert und übertragen werden. Diese Informationen müssen in kodifizierter, quantifizierter oder expliziter Form verfügbar sein (Nonaka & Takeuchi, 1995). Implizites oder stillschweigendes Wissen, das aufgrund seiner Mehrdeutigkeit und Kontextbezogenheit schwer zu artikulieren ist, ist viel schwieriger zu übertragen. Systemische Innovation mit ihren späten „Einfrierpunkten" erfordert die Interaktion und Integration verschiedener Wissensquellen und stellt eine große Herausforderung für standortübergreifende F&E dar.

Daher kann F&E nur dann „virtualisiert" werden, wenn die Innovation autonom ist, wenn es nur wenige Abhängigkeiten zwischen parallelen Arbeitsaufgaben gibt. Systemische Innovationen (d. h. F&E, die die Realisierung und Anpassung von sich ergänzenden Technologien mit komplexen Schnittstellen beinhaltet) sind in großen Unternehmen mit zentraler F&E effektiver durchzuführen. Wenn eine autonome Innovation von einer zentralen Organisation durchgeführt wird, wird das Unternehmen in der Regel von kleinen Firmen oder großen dezentralen Unternehmen überholt.

Die virtuelle F&E hat daher an Bedeutung gewonnen, insbesondere in Branchen, die sich durch schnell fortschreitende Technologien, relative Knappheit an technischen Talenten und das Vorhandensein von mehr und mehr kodifizierten Informationen im Innovationsprozess auszeichnen: vor allem in der Elektronik-, Informationstechnologie-, Software-, Pharma- und Chemieindustrie. Neues Fachwissen und Grundlagenforschung werden durch Kooperationen und Interaktionen mit Universitäten und kleinen Biotechnologieunternehmen in die Forschungsorganisationen eingebracht. Darüber hinaus wird mehr Gewicht auf die Bereitstellung neuer Forschungsinstrumente wie Hochdurchsatz-Screening (HTS), Genomik und kombinatorische Chemie gelegt.

Die Ziele virtueller F&E-Partnerschaften sind eine höhere Flexibilität bei der Auswahl der besten F&E-Dienstleister, die Streuung von Risiken und Kosten sowie Größen- und Verbundvorteile. Die Unternehmen versuchen, ihre Fixkosten zu senken, indem sie weniger intensiv genutzte Dienstleistungen auf lernende Partnerunternehmen übertragen. Dies hat zwei wesentliche Vorteile, nämlich

1. eine Verringerung der internen Komplexität durch Konzentration, und
2. Eine Reduzierung der externen Schnittstellen, da die Aufgabe nun mit den Partnerunternehmen geteilt wird.

In den folgenden Beispielen beschreiben wir, wie Pharmaunternehmen virtuelle Organisationen nutzen, um einige der Herausforderungen zu bewältigen, die sich aus der zunehmenden operativen und strategischen Unsicherheit und der Notwendigkeit ergeben, die systemische Komplexität in der Zusammenarbeit mehrerer Partner zu bewältigen. Diese Lösungen können sowohl intra- als auch interorganisatorisch sein; wir beginnen mit dem Fall des internen virtuellen F&E-Projektmanagement-Pools bei Roche.

Verwaltung virtueller Projektmanagement-Pools bei Roche
Die systematische Förderung von Personalentwicklungsstrategien kann durch eine spezialisierte Projektmanagementabteilung unterstützt werden, wie sie von Roche eingesetzt wird (Abb. 6.1). Die Pharma-Division von Roche hat eine Abteilung mit der Bezeichnung International Project Management eingerichtet, deren Aufgabe es ist, einen Ressourcenpool von etwa 50 Projektmanagern für F&E-Projekte weltweit zu koordinieren. Diese Abteilung verschlingt etwa 30 % der pharmazeutischen F&E-Ausgaben und hat eine hohe strategische Bedeutung für das Innovationspotenzial dieses Geschäftsbereichs.

Jeder Projektmanager gehört zu dieser geografisch dezentralisierten Abteilung und erhält eine spezielle Ausbildung für die Leitung globaler Projekte. Der Leiter dieses virtuellen Ressourcenpools weist den Managern im Rahmen eines globalen

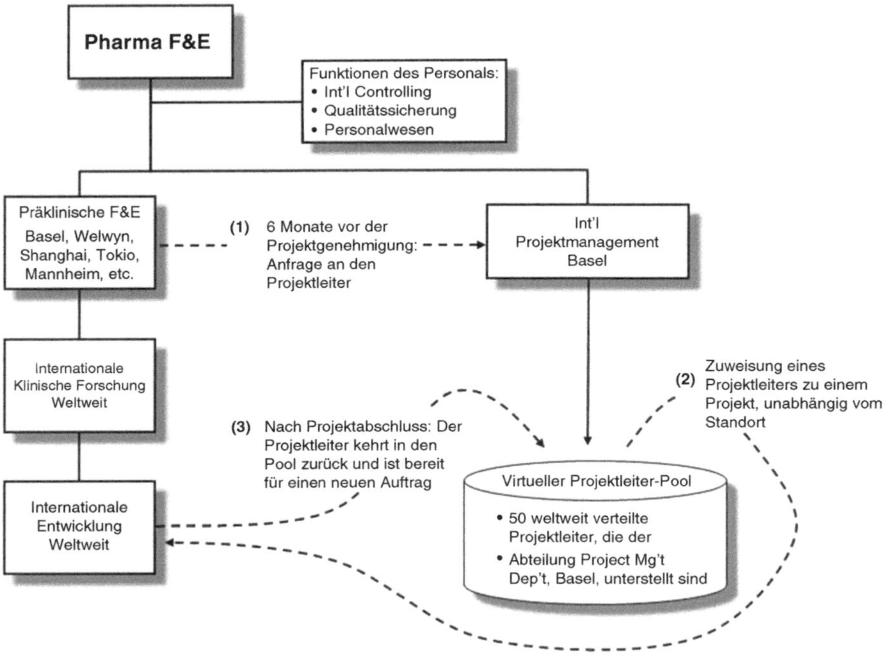

Abb. 6.1 Projektmanagement-Abteilung als virtueller Projektmanagement-Pool

Programms Projekte zu, um Standards in Bezug auf Qualität und Projektverfahren zu gewährleisten. Nach Abschluss des Projekts kehrt der Projektleiter in den Ressourcenpool zurück. Da es mehr Projekte in der Pipeline gibt als Manager zur Verfügung stehen, werden sie sofort einem neuen Projekt zugewiesen.

Da diese neue Abteilung direkt dem Vorstand unterstellt ist, wird die interne Stellung der F&E-Projektleiter verbessert. Die Einrichtung eines Projektleiterpools ist ein klares Signal für die Stärkung einer der knappsten Wettbewerbsressourcen. Roche behält damit einen großen Teil des wertvollen Prozess-Know-hows in der Durchführung und Leitung internationaler Projekte. Dies geschieht nicht nur auf Projektebene, sondern wird auch in eine Position gebracht, in der es bei Bedarf wieder eingesetzt werden kann. Projektbüros sind besonders wertvoll, wenn Projekte sehr lang sind – in der Pharmaindustrie manchmal bis zu 15 Jahre. Kein Einzelner kann mehr als 2 oder 3 Projekte durchführen. In einem Projektbüro kann man aus Dutzenden von früheren und laufenden Projekten lernen.

Der Leiter der Abteilung Internationales Projektmanagement ist auch Mitglied des Internationalen Projektkomitees, das über mehr als 60 globale F&E-Projekte bei Roche Pharma entscheidet. Der Direktor übernimmt eine Dolmetscher- oder Verbindungsfunktion zwischen den Projektmanagern und dem Topmanagement und vertritt so die Interessen des internationalen Projektmanagements bei Roche. Dieser virtuelle Pool fördert den Projektmanagement-Gedanken: Erfahrene Projektmanager sind über die ganze Welt verstreut und wechseln von Projekt zu Projekt, egal wo das nächste Projekt durchgeführt wird.

Virtuelle pharmazeutische F&E-Organisationen

Eine virtuelle pharmazeutische F&E-Organisation ist ein Unternehmen mit nur wenigen internen Mitarbeitern, das für die Durchführung seiner F&E-Projekte externe Ressourcen einsetzt. Es bezieht Ideen und Arzneimittelkonzepte sowohl aus internen als auch aus externen Quellen, führt seine F&E-Projekte jedoch hauptsächlich mit externen Ressourcen durch, die weltweit und auf Abruf beschafft werden, um Kosten zu sparen, den besten Nutzen aus dem Projekt zu ziehen und die Projekte schneller voranzubringen. Kooperationspartner helfen bei der Kommerzialisierung von Medikamenten. Solche virtuellen Unternehmen werden auch als Allianznetzwerke oder als Unternehmen, die alles auslagern, bezeichnet.

Im Kern besteht das Betriebsmodell einer virtuellen Organisation darin, externe Dienstleister zu bündeln, um Arzneimittelprojekte entlang der Wertschöpfungskette voranzutreiben. Die Vorteile von virtuellen Pharmaunternehmen sind:

- sofortiger Zugang zu neuen Technologien,
- geringerer Kapitalbedarf,
- abgemilderte finanzielle Risiken,
- geringere Gemeinkosten,
- begrenzte Infrastrukturkosten,
- Flexibilität bei der Auswahl der am besten geeigneten Auftragnehmer und Experten,

- einfache Governance-Struktur,
- Mangel an Bürokratie,
- schnelle Entscheidungsfindung, und
- verkürzte Markteinführungszeit.

Unternehmen, die das virtuelle F&E-Modell nutzen, müssen keine ständige F&E-Organisation (Personal und Infrastruktur) aufbauen und können flexibel auf externe Ressourcen zugreifen, die sich eng am Bedarf der Pipeline orientieren. Jeder auf dem Weltmarkt verfügbare Dienstleister ist ein potenzieller Kooperationspartner in der Arzneimittelforschung. Das virtuelle Unternehmen ist somit eine projektorientierte Organisation, die es jedem Projektteam ermöglicht, unabhängiger, flexibler und schneller in der Entscheidungsfindung zu handeln. Den Kern einer virtuellen F&E-Organisation bildet ein hochflexibles Expertenteam aus leitenden Wissenschaftlern und Industrieexperten.

Um eine virtuelle F&E-Organisation erfolgreich zu betreiben, sollte man über folgende Voraussetzungen verfügen:

- starke industrielle und akademische Netzwerke,
- professionelle Fähigkeiten im Projektmanagement,
- überdurchschnittliche Fähigkeiten bei der Lizenzvergabe,
- höchste Kompetenz im IP-Management und
- fachliche Kompetenz bei der finanziellen Bewertung von Arzneimittelprojekten.

Beispiele für externe virtuelle F&E-Organisationen
Im Jahr 1996 gründete Roche das in London ansässige Unternehmen **Protodigm** eines der ersten „virtuellen Arzneimittelentwicklungsunternehmen“ in der pharmazeutischen Industrie (Hofmann, 1997), mit dem Ziel, die Kapitaleffizienz und Kosteneffizienz zu erhöhen und die Zeit bis zur Markteinführung von Arzneimitteln zu verkürzen. Dies war Teil von Roches Neugestaltung des F&E-Prozesses mit dem Ziel, mehr spezialisierte Partner und Lieferanten einzubeziehen oder selbst fokussierte F&E-Dienstleister zu gründen. Beispiele für Ausgründungen der unternehmenseigenen F&E bei Roche sind Actelion und BioXell. Protodigm wurde 2001 in **Fulcrum** umbenannt und eröffnete Niederlassungen in Japan und den USA.

Zehn Protodigm-Mitarbeiter betreuen gleichzeitig bis zu drei künftige Arzneimittel in verschiedenen Stadien der pharmazeutischen Entwicklung. Wurde beispielsweise ein bestimmtes Molekül (ein potenzieller neuer medizinischer Wirkstoff) in einem Universitätslabor entdeckt, erwarb Fulcrum nicht den Wirkstoff und das zugehörige Team, sondern erleichterte die weitere Forschung, indem es den F&E-Prozess leitete, spezialisierte Unternehmen kontaktierte, um den Wirkstoff zu testen, die ersten klinischen Versuche koordinierte und die Produktion, die zweite Phase der klinischen Entwicklung, die Herstellbarkeitstests, die Arzneimittelzulassung und sogar den Verkauf in Auftrag geben. Bis zu 15 spezialisierte Dienstleister werden z. B. für die Zulassung, Qualitätssicherung, Marktforschung und das Marketing hinzugezogen. Im Wesentlichen verwaltet Fulcrum ein Team von externen Auftragsforschungsinstituten (engl.: contract research organization: CROs) und Auftragsherstellern (engl.: contract manufacturing organizations: CMOs). All diese verschiedenen Unterauftragnehmer wurden dann zu einem virtuellen, grenzüberschreitenden Innovationsteam zusammengeschweißt. Da Fulcrum für jede F&E-Phase den qualifiziertesten Unterauftragnehmer auswählte, erwartete Roche eine Senkung der F&E-Kosten um bis zu 40 %, ohne den ohnehin schon engen Entwicklungszeitplan zu gefährden.

Roche war nicht das einzige Pharmaunternehmen, das mit virtueller F&E experimentierte: Merck soll allein 1996 mit dieser Art von Outsourcing 170 Mio. US-Dollar eingespart haben. **Eli Lilly** war ebenfalls sehr aktiv beim Aufbau eines neuen F&E-Modells, um die Effizienzherausforderung forschender Pharmaunternehmen zu bewältigen. Ergänzend zu seinen Crowdsourcing-Initiativen Innocentive und YourEncore startete Eli Lilly im Jahr 2002 ein Experiment, das die Stärken eines Biotechnologie-Start-up-Unternehmens bei der flexiblen Verwaltung von F&E-Projekten in Verbindung mit dem eigenen Fachwissen und der eigenen Kraft für die weltweite Entwicklung neuer Medikamente nutzt.

Als Ergänzung zu seiner internen F&E-Organisation gründete Eli Lilly **Chorus**, ein kleines, unabhängiges Unternehmen, das sich darauf konzentriert, Arzneimittelkandidaten von der Kandidatenauswahl bis zum Proof-of-Concept (PoC) zu geringen Kosten zu managen und die Kandidaten für Eli Lillys Phase-III-Pipeline bereitzustellen. Chorus fungierte als alternativer Weg für die Arzneimittelforschung und -entwicklung, um präklinische Arzneimittelkandidaten mit früherer Entscheidung in einem „Lean-to-PoC"-Modell (L2PoC) in kürzerer Zeit und zu geringeren Kosten als die ursprüngliche Arzneimittelentwicklungseinheit von Eli Lilly zum klinischen PoC zu bringen. L2PoC bezieht sich auf das Ziel, klinische Studien mit begrenztem Aufwand durchzuführen und sich darauf zu konzentrieren, das minimal erforderliche Datenpaket zu liefern. Dieser Grundsatz, „nur das wirklich Notwendige zu tun", steht im Gegensatz zu dem normalerweise bestehenden (traditionellen) Ziel, Daten zu liefern, die wissenschaftlich interessant sind. Chorus definierte dies als das „quick-win, fast-fail"-Modell der Arzneimittelforschung und -entwicklung.

Die wichtigsten Funktionsprinzipien von Chorus sind:

- Durchführung von gezielten Phase-I- und PoC-Studien,
- Outsourcing der Arzneimittelentwicklung in einem flexiblen und globalen Modell,
- Durchführen von klinischen Versuchen und funktionellen Abläufen wie in ein Biotechnologieunternehmen,
- Verwaltung interner Vorgänge und Projekte mit nur einer kleinen internen Gruppe,
- das Unternehmen in Projekte mit entsprechenden Projektbudgets einteilen und
- schlanke Hierarchien und kurze Entscheidungswege.

In der Erkenntnis, dass die niedrigen Erfolgsraten in Phase II der klinischen Entwicklung das größte Potenzial zur Steigerung der F&E-Effizienz haben, war das L2PoC-Modell besser für Arzneimittelkandidaten geeignet, die auf Targets mit geringerer Target-Validierung und höheren technischen Risiken beruhen. Darüber hinaus ist es von Vorteil, wenn klinische Endpunkte oder Biomarker bereits etabliert waren und das Target mit einer bestimmten therapeutischen Indikation in Verbindung stand. Dementsprechend nutzte Eli Lilly den traditionellen Weg der Arzneimittelentwicklung für validierte Targets in Krankheitsbereichen, die große und lange klinische Studien zum Nachweis des PoC erfordern, wie z. B. die Alzheimer-Krankheit, und in denen tiefgreifendes Fachwissen in den Bereichen Entwicklung, Regulierung und Kommerzialisierung unerlässlich war.

Im Jahr 2016 verwaltete Chorus ein Portfolio von rund 15 Arzneimittelprojekten und führte klinische Studien in 19 Ländern durch, und das alles mit einem begrenzten Personalbestand von 40 Vollzeitmitarbeitern. Um den Unternehmergeist zu bewahren und Gemeinkosten zu vermeiden, wurde Chorus nach einem flachen Hierarchiemodell aufgebaut, bei dem alle wissenschaftlichen Experten im Chorus-Team einem Geschäftsführer unterstellt sind. Infolgedessen war Chorus in der Lage, seinen Betrieb mit 25 % seines Budgets als fixe Gemeinkosten zu führen und 75 % der finanziellen Mittel für die externen Kosten der Arzneimittelprojekte aufzuwenden.

Insgesamt erwies sich diese Virtualisierung von F&E für Eli Lilly als sehr erfolgreich, da die verbesserte Erfolgsrate in Phase II (54 % Chorus vs. 29 % traditionell) eine Produktivitätssteigerung mit dem Chorus-Modell um den Faktor 3–10 im Vergleich zum traditionellen klinischen Entwicklungsmodell von Eli Lilly ermöglichte.

Im Mittelpunkt der virtuellen F&E steht die Fähigkeit, „Wissen zu nutzen". Pharmazeutische Unternehmen, die diese Strategie erfolgreich umsetzen, verfügen über eine schlanke und extrovertierte F&E-Organisation mit niedrigen Gemeinkosten. Unternehmen wie Chorus, Shire, Protodigm/Fulcrum, Debiopharm, Cita Neuropharmaceuticals und Endo Pharmaceuticals waren alle in der Lage, extern generierte Innovationen (in einigen Fällen wurden sogar ihre F&E-Assets von externen Quellen erworben) in Kombination mit einer überwiegend extrovertierten Art des Innovationsmanagements zu nutzen. So gelang es Cita Neuropharmaceuticals beispielsweise, einen Arzneimittelkandidaten zu entdecken und bis zur Phase II zu entwickeln, ohne mehr als zehn Vollzeitkräfte einzustellen.

Eine weitere interessante Erfolgsgeschichte ist **Debiopharm International**, ein 1979 in der Schweiz gegründetes Familienunternehmen.[1] Seit fast 40 Jahren betreibt es ein einzigartiges Geschäftsmodell, das inzwischen auch von vielen großen Pharmafirmen übernommen wird. Der Erfolg der beiden Hauptprodukte von Debiopharm, Oxalitplatin zur Behandlung von metastasierendem Darm-, Bauchspeicheldrüsen- und Magenkrebs und Triptorelin, hat dem Unternehmen die finanzielle Unabhängigkeit verschafft, sein einzigartiges F&E-Modell umzusetzen.

Die Debiopharm-Gruppe besteht aus vier Abteilungen:

- Debiopharm International: Entwicklung und Finanzierung innovativer Arzneimittel;

[1] Diese Fallstudie wurde freundlicherweise von Dr. Nigel McCracken, Vizepräsident Translational Medicine, Debiopharm Int'l, zur Verfügung gestellt.

- Debiopharm Research & Manufacturing: Modellierung, Formulierung und Herstellung von Arzneimitteln;
- Debiopharm Diagnostics: Unterstützung innovativer Diagnostikunternehmen,
- Debiopharm Investment: Verwaltung der Vermögenswerte der Gruppe.

Die daraus resultierende Flexibilität ermöglicht es Debiopharm, in vielversprechende externe Möglichkeiten (Wirkstoffe und Technologien) in und um die Gesundheitsbranche zu investieren, wobei der Nutzen für die Patienten im Vordergrund steht. Das Unternehmen beschäftigt rund 350 Mitarbeiter, die sich auf zwei Hauptstandorte in Martigny und Lausanne (Schweiz) verteilen. Innovation (70 % der Mitarbeiter sind Wissenschaftler) und Life-Cycle-Management stehen im Mittelpunkt des Unternehmens. Das Geschäftsmodell von Debiopharm nutzt sein internes Know-how in der Arzneimittelentwicklung, um vielversprechende zielgerichtete Therapien in den Bereichen Onkologie und Antiinfektiva (zwischen den Phasen der Lead-Optimierung und der Phase III) zu identifizieren und einzulizenzieren, und entwickelt diese Vermögenswerte dann mit dem Ziel, die Ergebnisse an einen Partner mit Vertriebs- und Marketingexpertise auszulagern. Das Unternehmen betreibt ein virtuelles Modell, bei dem externe Experten und Dienstleister für projektbezogene Aktivitäten herangezogen werden, wobei die Flexibilität besteht, Anbieter mit den neuesten Technologien und Lösungen für das jeweilige Problem einzubeziehen.

Die Abstimmung und Zusammenarbeit des internen Fachwissens innerhalb der Organisation ermöglicht es Debiopharm, Vermögenswerte effizient und effektiv durch den Entwicklungsprozess zu bewegen und sorgfältig Mehrwert zu schaffen (siehe Abb. 6.2). Erfahrene Zulassungs- und Marktzugangsgruppen arbeiten eng

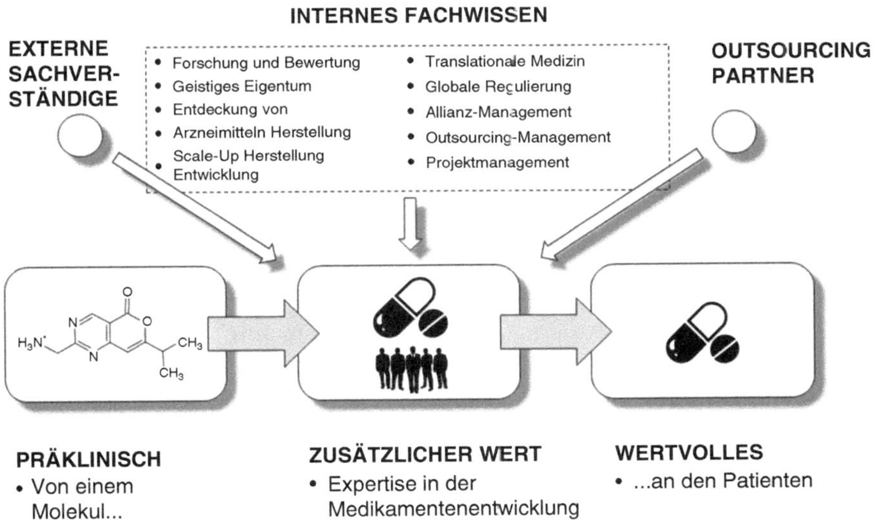

Abb. 6.2 Das Geschäftsmodell von Debiopharm

mit den F&E-Projektteams zusammen, um Entwicklungsprogramme durchzuführen, die sowohl den Anforderungen der Behörden (FDA, EMA usw.) als auch den Bedürfnissen der Kostenträger entsprechen. Debiopharm ist in einer guten Position, um ein attraktiver Partner für kleinere Unternehmen zu sein, die Unterstützung bei der Entwicklung ihrer Präparate suchen, oder auch für größere Pharmaunternehmen, die einen Partner für die gemeinsame Entwicklung eines ihrer Produkte suchen, da Debiopharm eine nachgewiesene Erfolgsbilanz bei der Arzneimittelentwicklung ohne die „Big-Pharma-Franchise-Agenda" hat, die manchmal die Entscheidungsfindung bestimmt.

Wissen und Zusammenarbeit stehen im Mittelpunkt des Geschäftsmodells von Debiopharm, sei es durch die enge Zusammenarbeit mit wichtigen Meinungsführern (sog. „Key Opinion Leaders") und Akademikern oder durch die interne Nutzung von Wissen, um Studien besser zu konzipieren, Studiendaten zu verstehen oder vielversprechende Möglichkeiten zu identifizieren. Die Expertise in der translationalen Medizin hilft Debiopharm, entwicklungsimmanente Risiken durch das Verständnis der Wirkungsweise, die Aufstellung einer klinischen Hypothese, die Optimierung der Dosis und des Studiendesigns sowie die Schaffung von Mehrwert für Projekte durch Differenzierung, Stratifizierung und Neupositionierung zu minimieren. Getreu seinem Grundsatz, die Dinge schlank und einfach zu halten, hat das Unternehmen kleine operative Teams, die sich auf die Verbindung von Wissenschaft und klinischem Nutzen konzentrieren, und eine starke Projektmanagementgruppe, die sich um Zeitpläne, Schlüsselstudien und Risikobewertungen kümmert. Dies schafft ein Umfeld, das flexibel ist und schnelle Entscheidungen ermöglicht.

6.3 Crowdsourcing: Zugriff auf die Weisheit der Massen

Eine der größten Herausforderungen für die pharmazeutische Industrie ist der Zugang zu innovativen und validierten Zielmolekülen, da dies wesentlich zu den insgesamt niedrigen Erfolgsquoten bei der Arzneimittelentwicklung beiträgt. Im Allgemeinen nutzen forschende Pharmaunternehmen ihre internen Experten, Informationen von Wettbewerbern und Daten aus dem akademischen Bereich, um ihre Pipeline mit neuen Target-Ideen zu füllen. In der Regel unterbreiten die Forscher Vorschläge für neue Zielmoleküle als Teil ihrer Jahresziele. Ein alternativer Weg, um an neue Zielmoleküle heranzukommen, besteht jedoch darin, diese von außerhalb des Unternehmens durch eine offene Innovationsmethode, das so genannte „Crowdsourcing", zu beschaffen.

Crowdsourcing ist eine Verschmelzung der beiden Begriffe „Crowd" und „Outsourcing" und bezeichnet die Strategie und den Prozess einer offenen Aufforderung zur Lösung eines vordefinierten Problems (oder zur Generierung von Wissen) an die breite Öffentlichkeit außerhalb des Unternehmens. Obwohl nicht speziell für das Internet konzipiert, wird Crowdsourcing in erster Linie mit Hilfe der weltweiten Web-Plattform durchgeführt, wobei die Crowd durch Informationen (gepostetes Problem) in den F&E-Prozess eingebunden wird und die entsprechenden Lösungen digital zur Verfügung gestellt werden (informationelles Crowdsourcing).

Tab. 6.1 Überblick über Crowdsourcing-Initiativen im Pharmasektor

Name	Gründer	URL
InnoCentive	Eli Lilly	innocentive.com
Grants4Targets	Bayer	grants4targets.com
Offene Innovation in der Arzneimittelforschung	Eli Lilly	openinnovation.lilly.com
Your Encore	Eli Lilly	yourencore.com
Europäische Lead Factory	EFPIA	europeanleadfactory.eu
Call for Targets	MRC	callfortargets.org

Eli Lilly ist branchenübergreifend ein Pionier auf dem Gebiet des Crowdsourcing. Das Unternehmen gründete mehrere Crowdsourcing-Initiativen wie Innocentive im Jahr 2001 und YourEncore; beide sind inzwischen unabhängig voneinander tätig (siehe Tab. 6.1). **YourEncore** ist ein globales Expertennetzwerk mit rund 11.000 Experten mit durchschnittlich jeweils 25 Jahren Branchenerfahrung in Technologiesektoren wie Biowissenschaften, Konsumgüter- und Lebensmittelindustrie. Das Netzwerk unterstützt Unternehmen beim Zugang zu Experten, die ihnen bei der Lösung ihrer Probleme in den Bereichen präklinische und klinische Entwicklung, klinischer Betrieb, Herstellung, Zulassungsfragen, organisatorische Effizienz, Sicherheit, Pharmakovigilanz und Qualitätsmanagement helfen.

Innocentive ist ein globales Netzwerk von mehr als 365.000 registrierten Problemlösern aus fast 200 Ländern und Unternehmen, die Probleme posten. AstraZeneca, Booz Allen Hamilton, Cleveland Clinic, Eli Lilly & Company, NASA, Thomson Reuters, das Verteidigungsministerium und mehrere Regierungsbehörden in den USA und Europa haben sich mit Innocentive zusammengeschlossen, um die Generierung innovativer Ideen zu beschleunigen und Probleme schnell zu lösen. Mehr als 2000 externe Herausforderungen und Tausende von internen Herausforderungen wurden in mehr als 620.000 Projekträumen veröffentlicht. Seit 2001 wurden mehr als 59.000 Lösungen veröffentlicht, und bisher wurden mehr als 2400 Belohnungen vergeben, die von 5000 bis 1.000.000 US-Dollar reichten (z. B. die 1.000.000 US-Dollar für die Identifizierung des Biomarkers der Amyotrophen Lateralsklerose (ALS) durch Dr. Seward Rutkove, der einen bedeutenden Meilenstein in der ALS-Forschung darstellte).

Weitere Crowdsourcing-Aktivitäten von Eli Lilly sind auf der Plattform **Open Innovation Drug Discovery** organisiert, die den Zugang zu Chemoinformatik, biologischem Screening, synthetischer Chemie und Hochdurchsatzscreening (engl.: High-throughput Screening: HTS) sowie die Teilnahme an einem Netzwerk zur Bekämpfung vernachlässigter und tropischer Krankheiten umfasst. Diese Plattform hilft Eli Lilly beim Zugang zu neuen Ideen, Wirkstoffzielen, neuartigen Verbindungen und bei der Lösung anderer spezifischer Herausforderungen.

Die Crowd kann neue Ideen einbringen, z. B. Target-Vorschläge, die bei positiver Bewertung in die F&E-Pipeline einfließen. Die offenen Innovationsplattformen Grants4Targets (G4T) von Bayer HealthCare und die **European Lead Factory** (ELF), ein Projekt der Europäischen Initiative für innovative Arzneimittel (engl.: Innovative Medicines Initiative: IMI), sind herausragende Beispiele. ELF ist eine öffentlich-private Partnerschaft, die darauf abzielt, neue Zielmoleküle für alle Arten von Krankheiten bereitzustellen. Jeder Wissenschaftler einer europäischen akademischen Einrichtung oder eines kleinen bis mittleren Unternehmens (KMU) kann einen Target-Vorschlag für HTS oder Ideen für eine Substanzbibliothek einreichen. ELF bringt 30 interne Partner aus privaten und öffentlichen Organisationen zusammen, unter anderem AstraZeneca, Bayer und Sanofi. Das Ziel aller Teilnehmer ist es, qualitativ hochwertige niedermolekulare Wirkstoffkandidaten zu identifizieren. Seit 2013 hat ELF in den ersten zwei Jahren 80.000 neue chemische Verbindungen geliefert, mit dem Ziel, bis Ende 2017 200.000 zu erreichen. Zusammen mit den 300.000 Verbindungen, die über die Sammlung des Europäischen Verbands der Pharmazeutischen Industrien und Verbände (engl.: European Federation of Pharmaceutical Industries and Associations: EFPIA) bereitgestellt wurden, wird die Gemeinsame Europäische Substanzbibliothek 500.000 chemische Verbindungen für das HTS-Screening umfassen. Im Jahr 2015 wurden 60 Vorschläge für Wirkstofftargets positiv bewertet und angenommen, und mehr als 500 Treffer wurden an akademische Einrichtungen und kleine bis mittelgroße Pharmaunternehmen zur weiteren Entwicklung von Arzneimitteln weitergegeben.

Im Jahr 2009 startete **Bayer HealthCare** die Crowdsourcing-Plattform **Grants4-Targets** (G4T) zur Identifizierung und Validierung von Wirkstofftargets und Biomarkern. Bayer HealthCare bietet zwei Arten von Zuschüssen an: 5000–10.000 € (Support Grants) und 10.000–125.000 € (Focus Grants). Zum Beispiel werden 125.000 € an erfolgreiche Kandidaten für die Zielstrukturforschung vergeben (Dorsch et al., 2015).

G4T hat weltweit eine beachtliche Bekanntheit erlangt, da monatlich etwa 2000 interessierte Experten die Website anklicken, wobei die meisten Vorschläge aus Europa (60 %) und den USA (23 %) kommen. Zweimal im Jahr wird zur Einreichung von Vorschlägen aufgefordert, wobei die Antwortzeit etwa 2 Monate beträgt. Das geistige Eigentum verbleibt beim Antragsteller, so dass sich die administrativen Hürden im Verfahren in Grenzen halten. Führt der Vorschlag zu einem Arzneimittelprojekt, können beide Parteien eine Kooperationsvereinbarung aushandeln.

In den 11 Runden, die seit 2002 durchgeführt wurden, wurden mehr als 1110 Anträge eingereicht, von denen 62 % in erster Instanz positiv bewertet wurden. 37 % wurden nach einer wissenschaftlichen Prüfung zur Anerkennung empfohlen, und von diesen wurden schließlich 57 % angenommen. Die meisten Zielvorschläge betrafen kleine Moleküle (63 %) in den Bereichen Onkologie (64 %), Kardiologie (26 %) und Gynäkologie (8 %). Die Hälfte aller Vorschläge war neu für Bayer HealthCare. Letztendlich wurden 147 Vorschläge (13 %) angenommen und mit einer Gesamtsumme von 3,2 Mio. € belohnt, die in 6 Projekte zur Lead-Generierung, 1 Projekt zur Lead-Optimierung und 2 Projekte zur präklinischen Entwicklung flossen.

Ein weiterer Crowdsourcing-Ansatz ist die Initiative **PartnerYourAntibodies**, bei der neuartige Antikörper insbesondere für die Bereiche Onkologie, Kardiologie, Hämatologie, Ophthalmologie und Gynäkologie gesucht werden: alle zielen auf ein bestimmtes Ziel oder einen bestimmten Signalweg ab. Erfolgreiche Bewerbungen werden hinsichtlich ihrer Bioaktivität bewertet, was zu einer erheblichen finanziellen Förderung durch Bayer HealthCare führen kann. Ermutigt durch den Erfolg von G4T und PartnerYourAntibodies hat Bayer 2014 eine weitere offene Innovationsplattform für die Suche nach Leitstrukturen gestartet, Grants4Leads, die 5000 € für geeignete Einreichungen bietet. Geplant ist auch eine weitere Website, auf der therapeutische Indikationen vorgeschlagen werden können.

Zusammenfassend lässt sich sagen, dass die Ziele des Crowdsourcing folgende sind:

- Steigerung des Innovationspotenzials,
- effizientere Nutzung der akademischen Forschung und Entwicklung,
- Erhalten Sie Zugang zu funktionsübergreifendem Know-how,
- Verkürzen Sie die Zeit bis zur Markteinführung,
- Senkung der F&E-Kosten und
- Steigerung der Effizienz und Effektivität von F&E.

Crowdsourcing bietet die Vorteile niedriger Fixkosten, die Möglichkeit, zur schnellen und unbürokratischen Lösung eines Problems auf einen globalen Brain-Pool zuzugreifen, niedrige organisatorische Hürden, weniger Hierarchie und die Option, eine große Anzahl von Lösungen für ein gestelltes Problem von externen Experten sowohl aus der Pharmaindustrie als auch aus anderen Branchen zu erhalten. Insgesamt ist zu erwarten, dass die F&E-Effizienz des Pharmasektors insgesamt verbessert wird.

Die Faktoren für erfolgreiches Crowdsourcing lassen sich wie folgt zusammenfassen:

- Die Crowdsourcing-Initiative muss öffentlich bekannt gemacht werden,
- Das Einreichungsverfahren muss einfach und unbürokratisch sein,
- Die Fragen und Herausforderungen müssen genau definiert werden, und
- Die antragstellenden Unternehmen müssen offen für externe Ideen sein.

Ungeachtet der offensichtlichen Vorteile ist Crowdsourcing ein Verfahren, das noch nicht von allen forschenden Pharmaunternehmen eingesetzt wird, da die Unternehmen einige grundlegende Herausforderungen bewältigen müssen:

- Wer hat das Recht, ein Patent anzumelden?
- Wer hat das Recht auf ein Patent?
- Wer leitet das Verfahren zur Erteilung eines Patents?
- Wie kann man mit der „Not-invented-here"-Haltung der internen F&E umgehen?
- Wie können interne Wissenschaftler motiviert werden, die befürchten, überflüssig zu werden, wenn Crowdsourcing erfolgreich eingesetzt wird?
- Wie lässt sich der Irrglaube in der Führungsebene umgehen, dass die F&E-Abteilung bereits die besten Wissenschaftler beschäftigt und mit den besten Experten außerhalb des Unternehmens zusammenarbeitet?

6.4 Open-Source-Arzneimittelentdeckung

Es ist wichtig, klarzustellen, dass Crowdsourcing kein Open Source ist. Die Open-Source-Philosophie basiert auf Transparenz, Handlungsfreiheit, kollaborativen Verbesserungen und dem Zugang zu wissenschaftlichen Ergebnissen und Produkten für jedermann. Open-Source-Beitragende haben keinen Rechtsanspruch auf eine finanzielle Belohnung; sie streben nach Anerkennung und der Genugtuung, eine bessere Lösung für ein Problem gefunden zu haben. Crowdsourcing passt jedoch in den Kontext des von geistigem Eigentum geprägten Pharmasektors: Crowdsourcing bietet eine bessere Lösung für ein gewinnorientiertes Unternehmen, da es ein eindeutiges Betriebsformat und eine Entschädigung für alle Mitwirkenden vorsieht. Die Grundprinzipien der Open-Source-Arzneimittelforschung sind nur möglich, wenn geistiges Eigentum öffentlich zugänglich gemacht wird, nicht-monetäre Anreize für freiwillige Mitwirkende ausreichen und die Kosten für die Arzneimittelentwicklung von Regierungen, der Öffentlichkeit und gemeinnützigen Organisationen getragen werden.

In der pharmazeutischen Forschung und Entwicklung spielt Open Source daher bisher nur im Bereich der vernachlässigten Tropenkrankheiten (NTDs) eine Rolle. GSK, Alnylam Pharmaceuticals und das MIT haben sich beispielsweise zusammengeschlossen, um den Pool für offene Innovation gegen NTDs aufzubauen, der offenen Zugang zu 2300 Patenten für Tropenkrankheiten bietet. In einer anderen Initiative haben GSK, Bayer, Novartis und Geber wie die Bill & Melinda Gates Foundation die Global TB Alliance gegründet, deren Ziel die Entdeckung und Entwicklung besserer Medikamente gegen Tuberkulose ist. Weitere prominente Beispiele für Open-Source-Initiativen im pharmazeutischen Bereich sind die Open-Source-Drug-Discovery-Initiative (zur Bereitstellung einer erschwinglichen Gesundheitsversorgung für vernachlässigte Krankheiten) und das African Network for Drugs and Diagnostics Innovation (ANDI), das 2008 ins Leben gerufen wurde, um spezifische Gesundheitsbedürfnisse in Afrika zu erfüllen.

6.5 Öffentliche-private Partnerschaften

Public Private Partnerships (oder ÖPP, öffentlich-private Partnerschaften) haben sich als eine weitere kosteneffiziente Möglichkeit erwiesen, Arzneimittelinnovationen voranzutreiben, insbesondere im Zusammenhang mit NTDs. PPPs sind Unternehmen, die von einer Partnerschaft zwischen akademischen oder öffentlich finanzierten Einrichtungen und Pharmaunternehmen finanziert und betrieben werden. Die Hauptziele von PPPs sind:

- Suche nach ungedeckten medizinischen Bedürfnissen,
- Übertragung der akademischen Forschung auf den Markt, und
- Verbesserung der Wettbewerbsfähigkeit der Industrie.

In den letzten Jahren wurden mehrere PPPs eingerichtet. Zu den bekanntesten gehören

- das Biomarker-Konsortium,
- die Konsortien des Critical Path Institute,
- die Initiative Innovative Medizin,
- das Konsortium für ernste unerwünschte Ereignisse,
- das National Center for Advanced Translational Sciences,
- internationales Immuno-Onkologie-Netzwerk von Bristol-Myers Squibb,
- die Globale Allianz für Impfstoffe und Immunisierungen,
- der Globale Fonds zur Bekämpfung von AIDS, Tuberkulose und Malaria,
- die Stop-TB-Partnerschaft,
- Roll Back Malaria, und
- die von der FDA initiierte Critical Path Initiative.

Auch Wohltätigkeitsorganisationen wie die Bill & Melinda Gates Foundation oder die Drugs for Neglected Disease Initiative trugen zu den Entdeckungsbemühungen bei, insbesondere mit Schwerpunkt auf vernachlässigten Krankheiten.

Zur Veranschaulichung beschreiben wir kurz die **Initiative Innovative Arzneimittel** (engl.: Innovative Medicines Initiative: IMI). Die von der EU und dem EFPIA ins Leben gerufene IMI ist eine öffentlich-private Partnerschaft, die darauf abzielt, die pharmazeutische Innovation zum Nutzen der europäischen Bürger zu fördern und die Wettbewerbsposition des europäischen Pharmasektors zu stärken.

Die IMI ist mit bis zu 5 Mrd. € ausgestattet und soll bis 2024 arbeiten, um funktionsübergreifende Konsortien zu gründen, an denen mehrere Interessengruppen beteiligt sind. Eines dieser von der IMI initiierten Konsortien ist SAFE-T, das Biomarker für die frühzeitige Erkennung von arzneimittelbedingten Sicherheitsproblemen in Niere, Leber und Gefäßsystem ermitteln soll. Ein weiteres Konsortium ist das eTOX-Projekt, dessen Ziel die Entwicklung einer Toxikologie-Datenbank zur Unterstützung von In-silico-Toxikologie-Analysen ist. Die Konsortien U-BIOPRED und PRECISESADS sind beide auf dem Gebiet der personalisierten Medizin tätig, insbesondere bei Atemwegs- und Autoimmunerkrankungen. Weitere von der IMI unterstützte Konsortien sind das EPAD-Konsortium, PROactive, PROTECT und GetReal.

6.6 Innovationszentren für Biowissenschaften

Einige pharmazeutische Unternehmen haben Innovationszentren eingerichtet, um die Kreativität voranzutreiben. Neue Organisationskonzepte bringen Wissenschaftler aus Pharmaunternehmen und Experten aus der Wissenschaft zusammen, um Probleme zu lösen, neue Lösungen zu finden und innovative Produkte zu entwickeln.

GlaxoSmithKline (GSK) hat auf diesem Gebiet Pionierarbeit geleistet und im Jahr 2005 sein Center of Excellence for External Drug Discovery (CEEDD) gegründet. Ziel des CEEDD war es, durch ein engagiertes Team von nur 20 GSK-

Wissenschaftlern einen besseren Zugang zu externen Ressourcen zu erhalten. Als externes F&E-Zentrum arbeitete das CEEDD in allen therapeutischen Bereichen und unterstützte Allianzen in der Arzneimittelforschung bis hin zum klinischen Wirksamkeitsnachweis. Während seiner Tätigkeit betreute das CEEDD-Team 16 Partnerschaften, die von der Entdeckung bis zur Phase II der klinischen Entwicklung reichten. Im Jahr 2011 schloss GSK beispielsweise ein 1,5-Milliarden-Dollar-Geschäft mit ChemoCentryx ab, um Zugang zu ihren Chemokin-basierten Therapeutika zu erhalten und gemeinsam vier Phase-III-Studien für ihre Arzneimittelkandidaten durchzuführen. Nachdem jedoch ein Chemokinrezeptor-9-Inhibitor in der SHIELD-Studie zur Behandlung von Morbus Crohn seinen primären Endpunkt nicht erreicht hatte, beschloss GSK, diese Partnerschaft zu beenden. Im Jahr 2012 schloss GSK das CEEDD, da externe Kooperationen zunehmend von Wissenschaftlern außerhalb des CEEDD durchgeführt wurden und das CEEDD nicht mehr die Hauptquelle für externe F&E-Aktivitäten von GSK war. Ungeachtet solcher Rückschläge trug das CEEDD dazu bei, die Frühphasen-Pipeline von GSK zu füllen, und heute wird fast die Hälfte der Projekte von externen Partnern durchgeführt.

Im Jahr 2010 initiierte **Pfizer** das erste von acht geplanten globalen Zentren für therapeutische Innovation (engl.: Centers for Therapeutic Innovation: CTIs), als es eine 85 Mio. US-Dollar schwere Partnerschaft mit der University of California in San Francisco (UCSF) unterzeichnete. Das CTI ist Teil der BioTherapeutics Research Group von Pfizer und war der Beginn der Einführung eines offenen Innovationsmodells in der F&E-Organisation von Pfizer mit dem Ziel, die translationale Forschung zwischen Pfizer und akademischen medizinischen Zentren zu unterstützen.

Pfizer stellt sein Entwicklungs-Know-how sowie seine finanziellen und personellen Ressourcen zur Verfügung, während die akademischen Partner ihr Forschungs-Know-how in Bezug auf Krankheitsmechanismen, Wirkort (Drug Target) und Patientenpopulationen einbringen. Pfizer's sog. CTI (Center for Therapeutic Innovation) umfasst mehr als 80 Wissenschaftler von Pfizer und kombiniert diese Ressourcen mit leitenden Forschern und Postdocs an akademischen medizinischen Zentren wie dem Medical Center der Columbia University, dem Tufts Medical Center oder dem Mount Sinai Hospital, um durch gemeinsame Forschung wissenschaftliche und medizinische Fortschritte zu erzielen. Zu den Partnern des CTI-Netzwerks gehören 25 akademische Einrichtungen, vier Patientenstiftungen und das National Institute of Health (NIH). Bislang wurden mehr als 500 Projektvorschläge geprüft.

Ziel der Zusammenarbeit mit den **NIH** ist es, biologische Wirkstoffe zu identifizieren, die in einem für die NIH-Forscher und Pfizer interessanten Signalweg oder Ziel wirken. NIH-Wissenschaftler identifizieren krankheitsbezogene Signalwege oder Mechanismen als potenzielle Zielstrukturen für Arzneimittel und liefern Forschungsideen. Die Zusammenarbeit mit Pfizer ermöglicht es ihnen, diese neuartigen Krankheitsziele mit Hilfe von Translationswerkzeugen und Fachwissen nach Industriestandard in die therapeutische Entwicklung zu überführen. Für Pfizer bietet die Partnerschaft Zugang zum biologischen Fachwissen der NIH. Gemeinsam arbeiten die Partner daran, potenzielle Arzneimittelkandidaten in die klinische Entwicklung zu bringen. Die Kooperationsvereinbarung zwischen den NIH und der CTI beinhaltet daher den Zugang zu den Ideen der NIH, zum Fachwissen von Pfizer in der Arzneimittelentwicklung, zu Veröffentlichungsrechten und Ressourcen. Ein gemeinsamer Lenkungsausschuss steuert die Partnerschaft und ist für die Priorisierung der Projekte und die Entscheidungsfindung zuständig.

In jüngerer Zeit haben auch Bayer HealthCare, die deutsche Merck und Johnson & Johnson (J&J) Innovationszentren eröffnet. **Bayer HealthCare** eröffnete sein Innovationszentrum in San Francisco, um aktiv Partnerschaften mit akademischen und biotechnologischen Forschern in den USA zu identifizieren und zu verfolgen. **Merck** hat ein sogenanntes „Fit für 2018 Transformations- und Wachstumsprogramm" ins Leben gerufen, wobei sein neues Innovationszentrum am deutschen Hauptsitz ein wichtiger Eckpfeiler dieses Veränderungsprozesses ist. Ziel ist es, die F&E-Kultur von Merck für externe Innovationen zu öffnen und Innovatoren eine Plattform zu bieten, um ihre Ideen in robuste und skalierbare Geschäftsmodelle umzusetzen. **Johnson&Johnson** hat in San Diego ein Innovationszentrum für Biowissenschaften eingerichtet, dessen Concept Lab darauf abzielt, neu gegründeten Unternehmen einen offenen Raum für die Zusammenarbeit zu bieten, damit sie forschen können, bevor sie zusätzliches Kapital einsetzen. Mit beiden Programmen bietet J&J Unternehmern die Möglichkeit, durch die Nutzung seiner Infrastruktur, Ausrüstung und Ressourcen einen präklinischen Konzeptnachweis zu erbringen.

6.7 Steigende Bedeutung von Risikofonds

Die Pharmaunternehmen sind sich bewusst, dass sie zu Zentren von Innovationsökosystemen werden und dass es unklug wäre, das Auftauchen attraktiver Outsourcing-Partner dem Zufall zu überlassen. Daher tätigen sie manchmal finanzielle Investitionen in externe Dienstleister, mit denen sie auch zusammenarbeiten könnten. Ein gutes Beispiel ist der Novartis Venture Fund (NVF), der Kapital für Spin-offs bereitstellt, um nicht benötigte Kapazitäten abzubauen und unternehmerische Verantwortung und Fähigkeiten freizusetzen.

Der **Novartis Venture Fund** (NVF) wurde 1996 mit dem Ziel gegründet, in innovative Life-Science-Unternehmen zum Nutzen der Patienten zu investieren und attraktive Renditen für Unternehmer und Investoren zu erzielen. Heute ist der Novartis Venture Fund mit einem verwalteten Vermögen von mehr als 1 Mrd. US-Dollar und mehr als 40 Portfoliounternehmen (mit Gesamtinvestitionen von bis zu 30–50 Mio. US-Dollar pro Unternehmen) der größte Biotech-Venture-Fonds eines Unternehmens. Einschließlich der Zusagen anderer Investoren wurden bis Ende 2014 mehr als 2,5 Mrd. US-Dollar in NVF-Unternehmen investiert.

Der NVF ist von Basel (CH) und Cambridge (Massachusetts, USA) aus tätig, unterstützt aber Unternehmen auf der ganzen Welt, insbesondere in den Bereichen Biotechnologie/Biopharma und medizinische Geräte/Diagnostik. Der Fonds hat dazu beigetragen, mehr als 1000 Arbeitsplätze im Zusammenhang mit 18 klinischen

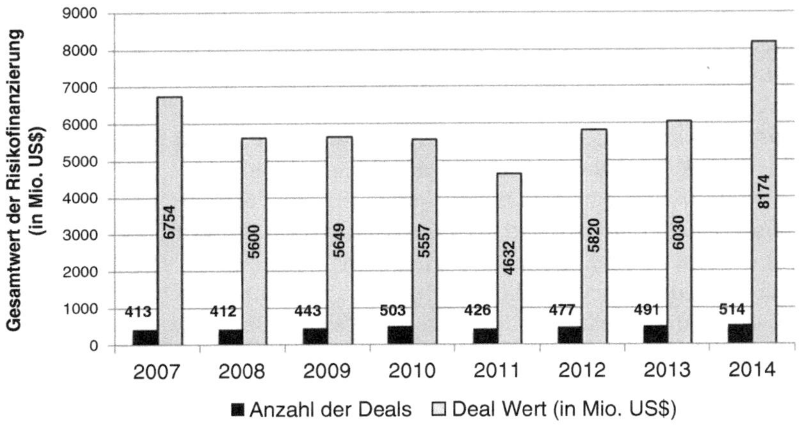

Abb. 6.3 Risikokapitalfinanzierungen 2007 bis 2014. (Quelle: Evaluate (2015))

Programmen der Phase I/II zu schaffen. So war der Fonds beispielsweise 2008 ein Gründungsinvestor von Forma Therapeutics, einem Biotechnologieunternehmen im Bereich Krebs und andere genetisch bedingte Krankheiten. Im März 2014 vereinbarten Forma Therapeutics und Celgene eine strategische Allianz im Wert von 600 Mio. US-Dollar, mit der Option für Celgene, Forma später zu übernehmen. Die Investoren von Forma erhielten eine Vorauszahlung von 225 Mio. US-Dollar.

Nach der Wirtschaftskrise 2008/2009 war es für Biotechnologie-Start-up-Unternehmen schwierig, Zugang zu Risikokapital zu erhalten (Abb. 6.3). Die hohen inhärenten Risiken, die fehlende Kapitalrendite und die hohen Verwaltungsgebühren der Fondsmanager ließen institutionelle Anleger zurückschrecken. Doch neue Investoren, wie philanthropische Risikofonds oder Corporate-Venture-Fonds, sprangen ein, und allein Corporate-Venture-Fonds beteiligten sich 2013 an 35 % aller Early-Stage-Deals, während es 2005 nur 8 % waren (PhRMA, 2015). Viele Pharmaunternehmen ergänzten ihr externes Innovationsportfolio (das ursprünglich auf Kooperationen und Lizenzen beruhte) durch Corporate Venture Capital (CVC), um eine Alternative zu den weniger effizienten internen F&E-Organisationen zu entwickeln.

Im Allgemeinen nutzen Pharmaunternehmen CVC, um sich Zugang zu neuen Technologien und bahnbrechenden Innovationen von Start-up-Unternehmen zu verschaffen, um die hohen Risiken der sehr frühen internen Forschung zu mindern, während Lizenzen und Fusionen genutzt werden, um kurz- bis mittelfristige Lücken in der Pipeline zu schließen.

So wurde beispielsweise der **Boehringer Ingelheim (BI) Venture Fund** 2010 mit einer Dauerfinanzierung von 100 Mio. € gegründet. Sein Ziel ist es, in Biotechnologie-Start-up-Unternehmen mit innovativen Konzepten und Technologien zu investieren, die das Potenzial haben, bahnbrechende Innovationen hervorzubringen. Es werden Einzelinvestitionen in Höhe von bis zu 10 Mio. € pro Unternehmen getätigt. Ausschlaggebend für eine Investition sind Management- und Geschäftsaspekte sowie die Wissenschaft und dabei insbesondere der medizinische

Bedarf, das Innovationspotenzial und die wissenschaftliche Exzellenz. Während BI den Zugang zu Arzneimittelkandidaten durch Lizenzierung anstrebt und F&E-Kooperationen nutzt, um Zugang zu Technologien mit kurzfristiger Wirkung zu erhalten, konzentriert sich der BI Venture Fund auf neue Konzepte mit langfristiger Wirkung für das Unternehmen. Der Schwerpunkt der Investitionen ist recht breit gefächert und umfasst neuartige Technologien, die sich mit nicht arzneimittelwirksamen Zielmolekülen befassen, Impfstoffe der neuen Generation, neue biologische Wirkstoffe (engl.: new biological entities: NBEs) der neuen Generation, neuartige Projekte, die den Einstieg in neue Therapiegebiete/Indikationen ermöglichen, Technologieplattformen zur Identifizierung neuartiger molekularer Zielmoleküle/Biomarker sowie regenerative Medizin/Stammzellen.

Heute haben die meisten internationalen forschenden Pharmaunternehmen Corporate-Venture-Fonds eingerichtet. Diese Fonds verwalten Portfolios von bis zu 40 Unternehmen und verfügen über eine Dauerfinanzierung von mehr als 100 Mio. € (Tab. 6.2). Die meisten Investitionen werden in den Bereichen Onkologie, Infektionskrankheiten, zentrales Nervensystem, Herz-Kreislauf-System, endokrine und metabolische Erkrankungen sowie Blut und Immunsystem getätigt.

Zusammenfassend lässt sich sagen, dass Corporate-Venture-Fonds in der Pharmabranche neu gegründete Biotech-Unternehmen und andere potenzielle Outsourcing-Dienstleister dabei unterstützen, sich risikomindernd Zugang zu neuen bahnbrechenden Technologien zu verschaffen und ihre F&E-Aktivitäten auszuweiten, ohne zu viel in ein einzelnes Präparat zu investieren, wie es bei der Einlizenzierung eines Arzneimittelkandidaten der Fall ist. Dies erfordert jedoch eine komplexere Verwaltung eines Portfolios von Beteiligungen, steuerliche Auswirkungen und ein differenzierteres Risikoprofil der Muttergesellschaft.

Tab. 6.2 Liste der Corporate Venture Funds in der pharmazeutischen Industrie

	Unternehmen	Name des Fonds	Gegründet	Mittel	Aktuelles Portfolio (Anzahl der Unternehmen)
1	Novartis	Novartis Ventures	1996	1 Mrd. US$	40
2	Novo Nordisk	Novo Ventures	2000	800 Mio. US$	80 seit Beginn
3	GSK	SR One	1985	1 Mrd. US$	120 seit Beginn
4	Roche	Roche Venture Fund	1990s	500 Mio. CHF	30
5	J & J	J&J Development	1973	475 Mio. US$	85
6	Pfizer	Pfizer Venture Investments	2004	50 Mio. US$/ Jahr	30
7	Eli Lilly	Lilly Ventures	2001	200 Mio. US$	19
8	Takeda	Takeda Ventures	2001	100 Mio. US$	12
9	AstraZeneca	Med Immune Ventures	2002	400 Mio. US$	12
10	Boehringer-I.	BI Venture Fund	2010	100 Mio. €	15

6.8 Verwaltung der Rechte an geistigem Eigentum

Neben der Bereitstellung von Erfindungen für die Öffentlichkeit erfüllen Rechte an geistigem Eigentum, Patente und Marken eine weitere wichtige Aufgabe: Durch die Durchsetzung der Rechte an geistigem Eigentum schützt das Gesetz die Erfinder vor Nachahmung und Nachbau ihrer Innovationen und ihres Wissens. Dieser Schutz ist in der Pharmaindustrie von entscheidender Bedeutung, da sonst niemand in die teure und langfristige Entwicklung von Medikamenten investieren würde. Warum sollte ein Unternehmen 800 Mio. US-Dollar in ein neues Medikament investieren, wenn die Hersteller von Generika es wenige Monate später nachahmen? Zugegeben, die Gewinne, die mit erfolgreichen Medikamenten erzielt werden, sind beeindruckend; sie haben dazu geführt, dass die Pharmariesen als böses Imperium verteufelt werden und in der Bevölkerung auf große Resonanz stoßen. Doch nur wenige Arzneimittelkandidaten werden überhaupt erfolgreich, und es liegt in der Natur des Arzneimittelentwicklungsprozesses und des unverzichtbaren Prinzips der Arzneimittelsicherheit, dass die Produktentwicklung so viel Zeit und Geld in Anspruch nimmt.

In der pharmazeutischen Industrie können Pharmazeutika und Medikamente leicht kopiert oder nachgeahmt werden, da es nicht schwierig ist, ein pharmazeutisches Produkt zu analysieren und seine jeweiligen Substanzen zu bestimmen. Aufgrund der erheblichen F&E-Ausgaben in der Pharmaindustrie und der hohen Risiken, die mit der Entwicklung neuer Medikamente verbunden sind, sind der Patentschutz und die anschließende Verwaltung des geistigen Eigentums in dieser Branche besonders wichtig. Wie bereits erwähnt, haben Studien gezeigt, dass Patente das wirksamste Mittel zur Aneignung sind, und haben festgestellt, dass 65 % der pharmazeutischen Erfindungen ohne Patentschutz nicht eingeführt worden wären, verglichen mit einem branchenübergreifenden Durchschnitt von 8 % (Reuters, 2002). Wenn das geistige Eigentum nicht mit äußerster Sorgfalt geschützt wird, würde es keine pharmazeutische Innovation geben, wie wir sie kennen, und die allgemeine Lebensqualität (und die Qualität des Sterbens) würden sich erheblich verringern. Die negativen Auswirkungen auf die Gesellschaft wären dramatisch.

Die 40 weltweit führenden Pharmaunternehmen haben im Durchschnitt 5,8 Patente pro tausend Beschäftigte. Im Jahr 2001 entfielen auf die USA etwa 45 % aller erteilten Arzneimittelpatente. Auf Japan und Deutschland entfielen jeweils etwa 10 % der Patente, gefolgt vom Vereinigten Königreich mit 7 % und Frankreich mit 5 %. Der Anteil der US-Pharmapatente, die an amerikanische und japanische Unternehmen vergeben wurden, hat in den letzten 20 Jahren zugenommen, während der Anteil der an europäische Unternehmen vergebenen Patente abgenommen hat: Zwischen 1980 und 1984 wurden rund 50 % der Patente an US-Unternehmen erteilt, 13 % an japanische Unternehmen und 29 % an EU-Unternehmen. Zwischen 1990 und 1994 stieg der Anteil der Patente, die an amerikanische und japanische Unternehmen vergeben wurden, auf 55 % bzw. 15 %, während der Anteil der Patente, die an EU-Unternehmen vergeben wurden, auf 24 % fiel (Reuters, 2002).

Die weltweit führenden Therapiebereiche für Patentgenehmigungen waren Infektionskrankheiten (15 %), Onkologie (14 %), Herz-Kreislauf-Erkrankungen

(10 %), Neurologie (10 %) und Immunkrankheiten (8 %). Die Verteilung der Patente auf die einzelnen Therapiebereiche spiegelt weitgehend die Ausgewogenheit der Pipeline wider und ist eng mit dem relativen ungedeckten Bedarf und den Marktchancen verknüpft (Reuters, 2002).

Das internationale Patentrecht umfasst in der Regel vier gesetzlich festgelegte Klassen patentierbarer Erfindungen, die für die pharmazeutische Industrie von Bedeutung sind (z. B. Reuters, 2003, USPTO-Websites): Verfahren, Maschine, Herstellung oder Stoffzusammensetzung, wobei lebende Gegenstände, insbesondere nicht natürlich vorkommende, nicht-menschliche, multizelluläre lebende Organismen, einschließlich Tiere, besonders berücksichtigt werden. Ansprüche, die auf einen menschlichen Organismus gerichtet sind oder diesen einschließen, sind nicht patentierbar.

Verfahrensansprüche beziehen sich auf die Methode zur Herstellung eines pharmazeutischen Produkts und nicht auf die Chemikalie selbst. Da es möglich sein kann, dieselbe Chemikalie durch mehrere verschiedene Methoden zu entwickeln, ist es oft schwierig, pharmazeutische Produkte ausschließlich durch Verfahrenspatente zu schützen oder die Verletzung von Verfahrenspatenten nachzuweisen. Produktpatente beziehen sich auf materielle Produkte. In der Regel handelt es sich dabei um kommerziell lebensfähige Produkte, die zur Markteinführung bereit sind oder sich bereits auf dem Markt befinden.

In der pharmazeutischen Industrie werden Patente in der Regel auf Medizinprodukte und Mechanismen zur Verabreichung von Arzneimitteln angemeldet, da nur wenige Hersteller mit der Beantragung von Patentschutz warten möchten, bis sie klinische Versuche für ein Präparat durchgeführt haben. Je nach Gebiet, in dem die Anmeldung erfolgt, erhalten neue Substanzen oder neue Verfahren einen Patentschutz für einen Zeitraum von 20 Jahren (z. B. durch die FDA in den USA). Wenn man jedoch bedenkt, dass die durchschnittliche Zeit für die Arzneimittelentwicklung in der Pharmaindustrie bis zu 13 Jahre betragen kann, wird das Hauptproblem des Patentschutzes deutlich: der Zeitpunkt der Patentanmeldung. Wenn ein Unternehmen ein Patent zu früh anmeldet, verkürzt sich automatisch der Zeitraum, in dem es das Medikament exklusiv vermarkten und verkaufen kann. Dies ist besonders wichtig, da Pharmaunternehmen nur eine relativ kurze Zeitspanne zur Verfügung steht, um ihre Produkte zu vermarkten und eine Rendite auf ihre hohen Anfangsinvestitionen zu erzielen. Meldet ein Unternehmen hingegen ein Patent zu spät an, läuft es Gefahr, die Erfindung an Wettbewerber zu verlieren. In der Praxis bedeutet dies, dass die effektive Dauer des Patentschutzes in der pharmazeutischen Industrie selten mehr als 8 Jahre beträgt. Daher sind ausgefeilte Methoden und Techniken für den Umgang mit geistigem Eigentum erforderlich.

Das folgende Fallbeispiel von **Bayer** zeigt, wie ein pharmazeutisches Unternehmen den Wert seines geistigen Eigentums nutzen und maximieren kann, indem es einen proaktiven Ansatz zur Kommerzialisierung seines geistigen Eigentums verfolgt. In diesem Zusammenhang betrachtet Bayer geistiges Eigentum als ein eigenes Produkt. Jedes geistige Eigentum benötigt daher einen eigenen Marketingplan. Bei diesen wissensbasierten Produkten handelt es sich typischerweise um Spin-offs, „White-Space"-Entwicklungen oder Technologien (d. h. Geräte oder Methoden),

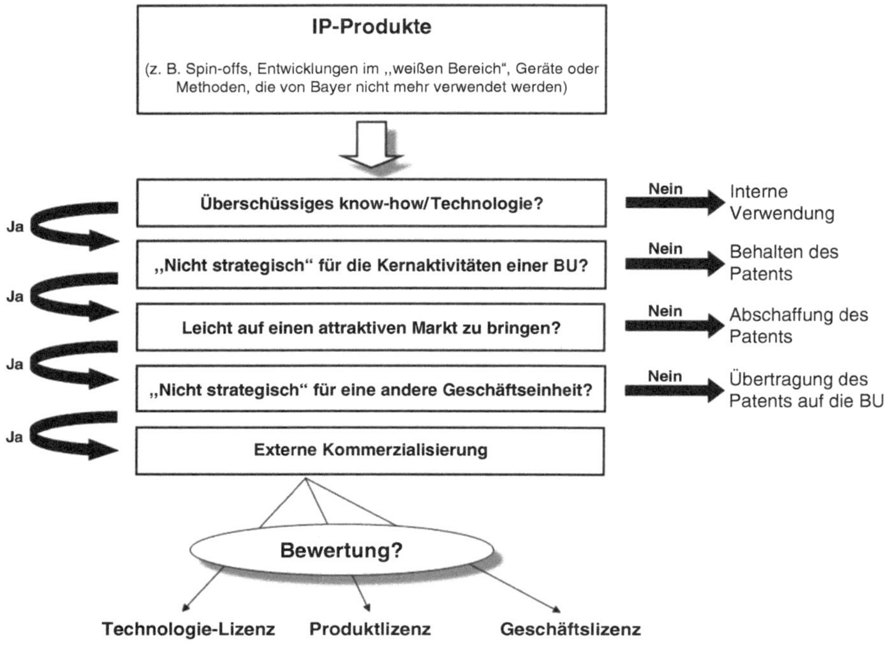

Abb. 6.4 Der IP-Vermarktungsprozess bei Bayer

die von den Bayer-Geschäftsbereichen nicht mehr genutzt werden. Beim Verkauf der Produkte hält sich Bayer strikt an die Regel: „Versuche nicht, Reste zu verkaufen".

Bayer hat einen vierstufigen Prozess entwickelt, um zu entscheiden, ob ein bestimmtes Know-how oder eine bestimmte Technologie extern verwertet werden kann (Abb. 6.4). Zunächst fragt Bayer, ob es sich bei dem jeweiligen Know-how/der Technologie um ein Überschussprodukt handelt. Wenn ja, wird in der zweiten Stufe geprüft, ob das Know-how für eine Kernaktivität der Geschäftsbereiche von Bayer strategisch wertvoll ist. Ist dies nicht der Fall, wird in der dritten Stufe untersucht, ob die betreffende Technologie leicht in einen potenziell attraktiven Markt eingebracht werden könnte. Wird dies bejaht, wird in der letzten Stufe geprüft, ob das Know-how für keine andere Geschäftseinheit von Bayer von strategischem Wert ist. Wenn das geistige Eigentum alle vier Stufen durchläuft, kann es außerhalb von Bayer vermarktet werden, andernfalls wird es intern behalten.

Hinsichtlich der Bewertung des geistigen Eigentums unterscheidet Bayer zwischen Geschäftslizenzen Produktlizenzen und Technologielizenzen. Der Wert von Geschäfts- und Produktlizenzen, die sich auf ganze Geschäfte und/oder Produkte beziehen, lässt sich leicht mit Hilfe der Szenariotechnik ermitteln. Der Wert von Technologielizenzen hingegen ist viel komplizierter zu schätzen und wird durch die Betrachtung der technologischen Reife und des kommerziellen Risikos bestimmt. Die Kombination aus beidem ermöglicht eine recht gute Schätzung. Schließlich beinhaltet der Marketingplan die Strategie zur Nutzung des geistigen Eigentums, die Cross-Licensing-Vereinbarungen, Lizenzgebühren, Barzahlungen oder Kapitalbeteiligungen umfassen kann.

Generell gewinnt der Patentschutz im Bereich der Biotechnologie besondere Bedeutung. Es stellen sich mehrere ethische Fragen, die noch nicht von den bestehenden Patentgesetzen bzw. -gesetzen abgedeckt werden, u. a. das Eigentum an Genen und die Frage, ob Gene überhaupt patentiert werden können. So kam die Schweizerische Ethikkommission für die Gentechnologie im Außerhumanbereich kürzlich zu dem Schluss, dass geistige Leistungen im Bereich der Biotechnologie geschützt werden dürfen. Begründet wird dies mit dem allgemeinen Zweck des Patentgesetzes, die Forschung im Interesse der Allgemeinheit zu fördern. Während es heute möglich ist, biotechnologische Erfindungen wie ein Gen, eine gentechnisch veränderte Pflanze, ein biotechnologisches Verfahren oder einen Mikroorganismus patentieren zu lassen, sind einige Erfindungen von der Patentierung ausgeschlossen: Verfahren zum Klonen von Menschen, Verfahren zur Veränderung der genetischen Identität von Menschen sowie die Verwendung menschlicher Embryonen zu industriellen oder kommerziellen Zwecken.

6.9 Schlussfolgerungen

Traditionell basierten die F&E-Modelle forschender Pharmaunternehmen auf dem geschlossenen Innovationsparadigma, ergänzt durch einzelne Elemente der offenen Innovation, wie Forschungskooperationen und Outsourcing auf Abruf. Die Öffnung des F&E-Prozesses in den letzten Jahren hat das Output/Input-Verhältnis der pharmazeutischen F&E erhöht, wie die steigende Zahl der von externen Quellen akquirierten Arzneimittelprojekte, die zunehmende Bedeutung von Kooperationen mit akademischen Einrichtungen, zahlreiche Crowdsourcing-Plattformen, Open-Source-Arzneimittelforschung, virtuelle Organisationen und Risikofonds zeigen.

Einige forschende Pharmaunternehmen haben sogar ganze F&E-Organisationen darauf ausgerichtet, effizienter auf externe Innovationen zuzugreifen, und sind so von einer hauptsächlich intern betriebenen F&E zu einem offenen F&E-Modell übergegangen. Eli Lilly gründete das Fully Integrated Pharma Network (FIPNet), GSK führte sein CEEDD ein und Pfizer entwickelte die CTIs, um offenere Innovatoren zu werden. Spezialpharmaunternehmen wie Fulcrum führten virtuelle F&E-Konzepte ein, und Debiopharm nutzte dieses schlanke und flexible F&E-Modell, um sich auf Einlizenzierung und Arzneimittelentwicklung zu konzentrieren. Solche radikalen offenen Innovationskonzepte können die F&E-Leistung verbessern. Die begrenzte Umsetzung und Nutzung virtueller F&E kann auf einige Herausforderungen zurückzuführen sein, mit denen Pharmaunternehmen konfrontiert sind, wenn sie ihr F&E-Modell von einem eher geschlossenen Typus des Innovators zu einem Typus des Wissensverwerters ändern. Die mit einem solchen Wandel verbundenen Kosten wären enorm, ebenso wie die erforderlichen Veränderungen in Strategie, Struktur, Organisation, Führung und Personal.

Literatur

Chesbrough, H. (2003). *Open innovation: The new imperative for creating and profiting from technology*. Harvard Business School Press.
Dorsch, H., Jurock, A. E., Schoepe, S., Lessl, M., & Asadullah, K. (2015). Grants4Targets – an open innovation initiative to foster drug discovery collaborations between academia and the pharmaceutical industry. *Nature Reviews Drug Discovery, 14*, 74–76.
Evaluate. (2015). *World Preview 2015, Outlook to 2020*. http://info.evaluategroup.com/rs/607-YGS-364/images/wp15.pdf. Zugegriffen am 15.02.2016.
Gassmann, O., & von Zedtwitz, M. (2003). Trends and determinants of managing virtual R&D teams. *R&D Management, 33*(3), 243–262.
Hofmann, D. (1997, Oktober 25). Das virtuelle Unternehmen. *Neue Zürcher Zeitung*, S. 29.
Maznevski, M. S., & Chudoba, K. M. (2000). Bridging space over time: Global virtual team dynamics and effectiveness. *Organizational Science, 11*(5), 473–492.
Nonaka, I., & Takeuchi, H. (1995). *The knowledge-creating company. How Japanese companies create the dynamics of innovation*. Oxford.
PhRMA. (2015). *2015 profile biopharmaceutical research industry*. PhRMA website. http://www.phrma.org/sites/default/files/pdf/2015_phrma_profile.pdf. Zugegriffen am 20.06.2016.
Reuters. (2002). *Pharmaceutical innovation – An analysis of leading companies and strategies*. Reuters Business Insight, Healthcare.
Reuters. (2003). *Patent protection strategies: Maximizing market exclusivity*. Reuters Business Insight, Healthcare.

7 Die Herausforderung der Internationalisierung: Das Wohin und Woher der Innovation

„There will come a time when breakthrough innovation occurs in China on a regular basis. … I don't think there's anything innate in the Chinese that would prevent them from innovating." („Es wird eine Zeit kommen, in der in China regelmäßig bahnbrechende Innovationen stattfinden. … Ich glaube nicht, dass den Chinesen irgendetwas angeboren ist, was sie daran hindern würde, innovativ zu sein.")

Joe Jimenez, CEO, Novartis

7.1 Trends bei der Internationalisierung von F&E

Als wissenschaftlich orientiertes Unternehmen ist die Pharmaindustrie von Natur aus global. Einerseits folgt die grundlegende Wissenschaft – Biochemie, Molekularbiologie, Genetik usw. – unabhängig vom Standort auf dem Planeten denselben Naturgesetzen. Vor allem in den frühen Phasen der pharmazeutischen Innovation, wenn F&E hauptsächlich ein Zahlenspiel ist, sind die Erfolgsaussichten umso größer, je mehr Input in die Forschungsmaschinerie fließt. Andererseits sind die Kosten für Forschung und Entwicklung inzwischen so hoch, dass sie nur dann wieder hereingeholt werden können, wenn sie an eine möglichst große Bevölkerung vermarktet werden. Medikamente, die an die doppelte Anzahl von Menschen verkauft werden, kosten jeden Patienten nur die Hälfte, wenn man von der gleichen festen Kapitalrendite ausgeht. Da die Regierungen in den meisten Ländern ein starkes Mitspracherecht bei der Preisgestaltung für lokal verkaufte Arzneimittel haben, ist dies auch ein wichtiger Faktor für die Globalisierung von F&E.

Für Pharmaunternehmen aus kleinen Ländern wie den Niederlanden, Schweden oder der Schweiz ist der Impuls zur Globalisierung sogar noch akuter, da sie sich

O. Gassmann et al., *Führung und Organisation pharmazeutischer Innovation*,
https://doi.org/10.1007/978-3-031-43818-9_7

nicht auf den Heimvorteil ihres Landes verlassen können. Es ist daher nicht verwunderlich, dass die Pioniere der Internationalisierung von F&E High-Tech-Unternehmen sind, die in kleinen Märkten tätig sind und über geringe F&E-Ressourcen in ihrem Heimatland verfügen, wie dies bei Novartis, Actelion, Serono und Roche (Schweiz), Janssen oder Solvay (Belgien) oder Astra, Pharmacia oder Ferring (Schweden) der Fall ist. Diese Unternehmen führten ihre F&E in zunehmendem Maße in ausländischen Forschungslabors durch. Insgesamt führten Schweizer, niederländische und belgische Unternehmen Ende der 1980er-Jahre mehr als 50 % ihrer F&E außerhalb ihres Heimatlandes durch. Unternehmen wie Pfizer und Eli Lilly in den USA, Takeda in Japan und Bayer in Deutschland hatten große Heimatmärkte und eine umfangreiche inländische F&E-Basis und standen daher weniger unter Druck, ihre F&E-Aktivitäten zu internationalisieren.

Erst in den letzten Jahren, ab Mitte der 1990er-Jahre, zwang der zunehmende Wettbewerb innerhalb und außerhalb ihrer Branchen die Unternehmen aus großen Ländern dazu, technologisches Wissen auf globaler Ebene zu beschaffen. Globale Fusionen folgten, die die Forschung von F&E-Organisationen schnell auf neue Gebiete ausdehnten. Der Aufstieg Chinas als aufstrebender Markt für Gesundheit und Pharmazeutika hat Mitte der 2000er-Jahre viele Investitionen in Forschung und Entwicklung der Pharmaindustrie angezogen. Infolgedessen haben die führenden Pharmaunternehmen heute F&E-Standorte in allen wichtigen Märkten, nicht nur für die Koordinierung lokaler klinischer Entwicklungsprojekte, sondern auch für die Entdeckungsforschung.

Treiber und Barrieren für die Internationalisierung von F&E

Das Management der grenzüberschreitenden F&E ist durch einen wesentlich höheren Grad an Komplexität gekennzeichnet als das lokale F&E-Management an einem einzigen Standort. Die zusätzlichen Kosten der internationalen Koordination müssen durch Synergieeffekte wie kürzere Markteinführungszeiten, verbesserte Effektivität und erhöhte Lernfähigkeit ausgeglichen werden. Top-Manager in Unternehmen stehen vor der Aufgabe, die optimale F&E-Organisation zu finden, die auf der Art der F&E-Aktivitäten, der derzeitigen geografischen Verteilung nachfolgender wertschöpfender Aktivitäten wie Produktion und Marketing und der Koordination zwischen einer Vielzahl von am F&E-Prozess Beteiligten beruht.

Die Argumente für die Internationalisierung von F&E sind nicht unumstritten. Neben dem allgegenwärtigen Kostenargument sind ausländische F&E-Einheiten schwieriger zu führen und zu kontrollieren und können aufgrund fehlender Skaleneffekte weniger effizient sein. Tab. 7.1 fasst einige der am häufigsten angeführten Argumente gegen internationale F&E zusammen.

Was treibt die Internationalisierung von F&E voran? Die meisten Faktoren sind entweder auf wissenschafts- und technologiebezogene Aspekte oder auf die Effizienz von Vertrieb und Produktion zurückzuführen (Tab. 7.2). Bei den wissenschafts- und technologiebezogenen Aspekten geht es um die Qualifikation des F&E-Personals, die Beschaffung von Know-how und die regionale Infrastruktur. Diese Faktoren liegen weitgehend außerhalb des direkten Einflusses von F&E, sind

Tab. 7.1 Barrieren für die Internationalisierung von F&E

Faktoren, die für eine zentrale F&E sprechen	Hindernisse für internationale F&E
- Größenvorteile (kritische Größe) - Synergieeffekte - Höheres Karrierepotenzial - Minimale F&E-Kosten und Entwicklungszeit - Bessere Kontrolle der Forschungsergebnisse - Intensität der Kommunikation - Rechtsschutz - Globale Produktstandards - Gemeinsame F&E-Kultur - Harmonisierung des rechtlichen Umfelds - Verbesserte Informations- und Kommunikationstechnologien	- Unbeweglichkeit von Spitzenkräften - Kritische Masse (für Neugründungen) - Redundante Entwicklung - Sprachliche und kulturelle Differenzen - Effektive Kommunikation schwierig - Viele wissenschaftliche und technische Informationen sind weltweit über das Internet verfügbar - Spezifisches Know-how geht leicht verloren, wenn keine Unterstützung vorhanden ist - Politische Risiken im Zielland - Niederlassungs- und Betriebskosten - Keine Lohnvorteile in den Ländern der Triade - Koordinierungs- und Informationskosten

Quelle: Boutellier et al. (2008)

Tab. 7.2 Gründe für die Ansiedlung von F&E im Ausland

Wissenschaft und Technik	Absatz und Produktionseffizienz
- Verfügbarkeit von Wissenschaftlern und Ingenieuren - Einbindung der lokalen wissenschaftlichen Gemeinschaft - Nähe zu Universitäten - Anwerbung lokaler Talente - Besseres F&E-Umfeld - Höhere Lebensqualität - Niedrigere F&E-Kosten - Höhere Akzeptanz für pharmazeutische Forschung	- Reibungslose Übergabe an die lokale Marketing- und Vertriebsorganisation - Leichtere Koordinierung mit den örtlichen Krankenhäusern während der klinischen Phasen - Einhaltung der lokalen gesetzlichen Vorschriften - 24-h-Laboratorien - ‚Guter Bürger' Argument - Regeln für lokale Inhalte - Protektionistische Schranken - Steuerliche Optimierung

Quelle: von Zedtwitz und Gassmann (2002)

aber für deren grundlegende Tätigkeiten notwendig, wie z. B. die Nähe zu Universitäten oder das F&E-Umfeld. Markt- und Kundennähe, Imageverbesserung und Kooperationen sind nennenswerte absatz- und produktionseffizienzbezogene Elemente. Effizienzbezogene Kriterien konzentrieren sich auf die Betriebskosten und die kritische Masse von F&E-Einheiten sowie auf effiziente Übergabeprozesse zwischen F&E und anderen Unternehmensfunktionen. Direkte Kostenvorteile (wie z. B. die oft propagierten Arbeitskosten) beeinflussen die Internationalisierung von F&E langfristig kaum, andere effizienzorientierte Aspekte wie Koordinations- und Transferkosten sowie die kritische Laborgröße haben jedoch einen noch größeren Einfluss auf die internationale F&E-Organisation. Die direkten Kosten könnten in den kommenden Jahren an Bedeutung gewinnen, wenn sich die anderen Faktoren in Ländern mit niedrigen Arbeitskosten verbessern.

Politische und soziokulturelle Faktoren wie Regeln für lokale Inhalte, Technologieakzeptanz und öffentliche Genehmigungsfristen, spielen eine wichtige Rolle bei der Ansiedlung von F&E im Ausland. Protektionistische, rechtliche und kulturelle Zwänge, die von den nationalen Regierungen auferlegt werden, zwingen ein Unternehmen jedoch oft dazu, lokale F&E-Einheiten zu gründen. F&E-externe Kräfte wie das Streben einer Geschäftseinheit nach Autonomie und der Aufbau lokaler Kompetenzen verändern den ursprünglichen Auftrag einer lokalen F&E-Einheit. Diese Entwicklung kann ohne das Wissen der Zentrale stattfinden, insbesondere in stark dezentralisierten Unternehmen.

In der pharmazeutischen Industrie haben Fusionen und Übernahmen erheblich zur Internationalisierung von F&E beigetragen, insbesondere die jüngsten grenzüberschreitenden Fusionen. Auch wenn die geringe Größe eine Triebkraft für die Internationalisierung ist, erleichtert die globale Marketingreichweite großer Unternehmen die Nutzung von globaler F&E und Innovation. Als beispielsweise Pfizer Wyeth und Merck Schering-Plough im Jahr 2009 aufkauften, hätten die beiden fusionierten Unternehmen auf dem Papier 51 % der gesamten pharmazeutischen F&E-Ausgaben in den USA und 39 % der weltweiten Gesamtausgaben auf sich vereint (Comanor & Scherer, 2013). Spätere Kostensenkungsprogramme eliminierten F&E-Einheiten in den fusionierten Unternehmen, aber da sowohl inländische als auch ausländische Einheiten geschlossen wurden, hatte dies kaum Auswirkungen auf das neue Ausmaß der F&E-Internationalisierung. Vielmehr beobachteten wir eine Zentralisierung von F&E in bestimmten international führenden Innovationsregionen (centers of excellence). Fusionen sind jedoch selten durch wissenschaftliche oder technologische Gründe bedingt. Der Zugang zu neuen Märkten und Größenvorteile sind die Hauptgründe für Fusionen. Dennoch muss sich das entstehende F&E-Konglomerat irgendwie mit einer neuen und internationaleren Organisation arrangieren.

Die Entwicklung lokaler Produkte erfordert die frühzeitige Einbindung von Markt- und Kundenanwendungswissen, das eher in regionalen Geschäftseinheiten zu finden ist. Unternehmen mit lokaler F&E neigen dazu, verschiedene lokale Marktspezifikationen zu stark zu betonen, um die lokale Autonomie und Unabhängigkeit von der Muttergesellschaft zu unterstützen. Beschränkungen des Aufnahmelandes, wie z. B. Anforderungen an den lokalen Anteil, Mautgebühren, Importquoten und die Erfüllung von Normen, können F&E in wichtige Marktländer locken (Pull-Regelungen): Sowohl in den USA als auch in China gibt es zahlreiche derartige Vorschriften, die F&E-Investitionen aus dem Ausland anziehen. Andererseits können Beschränkungen im Heimatland Unternehmen dazu veranlassen, F&E ins Ausland zu verlagern (Push-Regulierungen): Europäische Vorschriften führten dazu, dass Biotechnologie F&E in die USA verlagert wurde, und der Mangel an einheimischen Talenten zwang Schweizer Pharmaunternehmen dazu, F&E-Zentren im Ausland einzurichten.

Weltweite Standorte der pharmazeutischen F&E

Eine Untersuchung von 9452 F&E-Standorten in verschiedenen Branchen (u. a. Automobil-, Maschinenbau-, Elektro-, IT-, Software-, Lebensmittel-, Chemie- und

Pharmaunternehmen) ergab folgende Gesamtergebnisse für internationale F&E-Standorte (siehe auch von Zedtwitz & Gassmann, 2016):

- Die F&E konzentriert sich auf die Triade-Regionen Europa, USA und Japan sowie auf wichtige regionale Zentren in Südkorea, Singapur und anderen aufstrebenden Volkswirtschaften im asiatisch-pazifischen Raum, wie Indien und China. China hat in den letzten Jahren einen besonders starken Anstieg der F&E-Investitionen aus dem Ausland zu verzeichnen, aber auch inländische Unternehmen führen immer mehr F&E durch. Im Vergleich zu China und Indien sind die anderen häufig genannten BRIC-Länder – Brasilien, Russland und manchmal auch Südafrika – weit abgeschlagen. Ihnen fehlt es an wirtschaftlicher und institutioneller Attraktivität, und ihr heimisches Hightech-Ökosystem ist vergleichsweise noch unterentwickelt.
- Über 70 % aller Forschungsstandorte befinden sich in den fünf nordöstlichen Regionen der USA (New Jersey, New York, Massachusetts), Kalifornien, Vereinigtes Königreich, westliches Kontinentaleuropa (insbesondere Deutschland) und Fernost (Japan, Südkorea). Auch China (insbesondere Shanghai und Peking) und Indien (insbesondere Mumbai und Bangalore) holen als Forschungsstandorte auf. Noch deutlicher wird der Trend der Forschungskonzentration, wenn man nur die ausländischen Forschungsstandorte betrachtet: Fast 90 % liegen in den Triade-Regionen USA, Europa und Japan.
- Obwohl die wichtigsten regionalen Zentren für die Entwicklung weitgehend mit den regionalen Zentren für die Forschung übereinstimmen, ist die Entwicklung gleichmäßiger auf die europäischen Länder und den Nordosten der Vereinigten Staaten verteilt und erstreckt sich auch auf Südostasien, Australien, Afrika und Südamerika. Nur etwas mehr als die Hälfte aller Entwicklungsstandorte befinden sich in den acht entwicklungsintensivsten Ländern.

Außerdem sind Forschungs- und Entwicklungsstandorte desselben Unternehmens nicht notwendigerweise an einem Standort angesiedelt. Dies gilt insbesondere für die pharmazeutische Industrie, in der sich die Entwicklungsaufträge so sehr von denen der Forschung unterscheiden. Seit Ende der 1990er-Jahre haben viele große Unternehmen vielfältige Anstrengungen unternommen, um ihre Aktivitäten zu konsolidieren und Synergie- und Koordinierungspotenziale in der internationalen F&E zu nutzen. Transnationale F&E-Projekte lassen sich leichter verwalten, wenn das F&E-Netz aus Kompetenzzentren besteht (Pharmaunternehmen sind bei der Reorganisation um Kompetenzzentren tendenziell führend), da komplementäre Kompetenzen vor Ort vorhanden sind. Mit zunehmender Komplementarität von Ressourcen, Kompetenzen und Wissensbasen sowie Arbeitsteilung und Spezialisierung können Synergiepotenziale in F&E-Projekten genutzt werden.

Abb. 7.1 zeigt eine Teilmenge von 821 pharmazeutischen F&E-Zentren der 9452 F&E-Standorte. Sie zeigt die F&E-Standorte von 45 Pharmaunternehmen, darunter Abbott, AstraZeneca, Boehringer Ingelheim, J&J, Eli Lilly, Eisai, GSK, Pfizer, Merck, Novartis, Novo Nordisk, Pfizer, Roche, Sanofi, Sinopharm, Takeda oder Teva. Die Verteilung dieser F&E-Standorte zeigt ein ähnliches Muster wie die globale

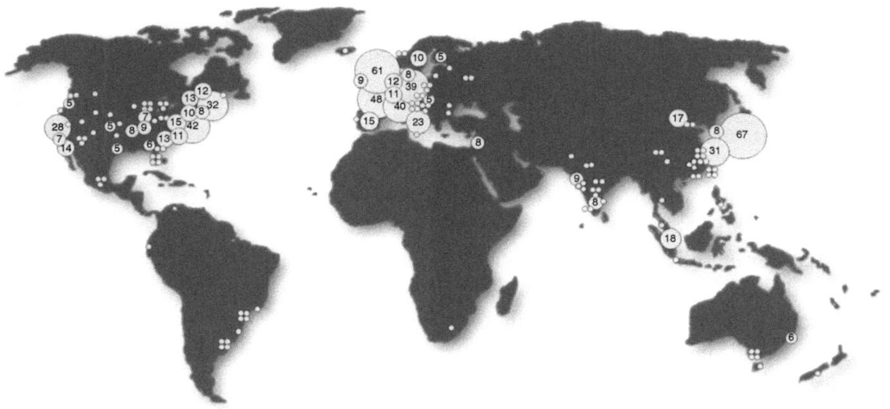

Abb. 7.1 Standorte von 821 F&E-Labors von 45 pharmazeutischen Unternehmen. (Quelle: GLORAD-Datenbank 2016)

F&E-Verteilung über alle Branchen hinweg, unterscheidet sich aber in den folgenden Beobachtungen:

- Es gibt nur sehr wenige F&E-Zentren außerhalb der weltweit attraktivsten Länder (die Länder der Triade sowie China).
- In den USA konzentriert sich die F&E eher auf den Nordosten, insbesondere auf die Metropolregion New York, North Carolina, Massachusetts und einige Zentren im Mittleren Westen. Relativ gesehen gibt es in Kalifornien weniger F&E, aber die Bay Area, San Diego und Los Angeles holen auch als Standorte für Pharma- und Biotech-F&E auf.
- In Europa konzentriert sich die Forschung und Entwicklung auf Großbritannien, Frankreich, Deutschland und die Schweiz, was die relative Stärke dieser Länder als Standorte der großen Pharmaunternehmen widerspiegelt (Novartis und Roche kommen aus der Schweiz, Sanofi und Servier aus Frankreich, AstraZeneca und GSK aus Großbritannien und Bayer und Merck KG aus Deutschland).
- Trotz dessen, was manche als Japans verlorene zwei Jahrzehnte bezeichnen, ist Forschung und Entwicklung in Japan stark vertreten, angeführt von den vielen japanischen Pharmaunternehmen, auch wenn die meisten von ihnen im Vergleich zu ihren westlichen Konkurrenten kleiner sind (z. B. Takeda oder Eisai).
- Neue Zentren der pharmazeutischen Forschung und Entwicklung entstehen in Shanghai, Peking und Singapur, aber auch in Indien (Mumbai und Bangalore) und Israel.

In Anbetracht dieser Daten ist die Pharmaindustrie eine der am stärksten internationalisierten Branchen, was die Standorte für Forschung und Entwicklung angeht. Pharmazeutische Unternehmen scheinen auch die Forschung ebenso schnell zu internationalisieren wie die Entwicklung (wenn auch aus anderen Gründen). Die meisten anderen Branchen tendieren dazu, die Forschung im eigenen Land zu belassen und die Entwicklung zu lokalisieren. Auch wenn es aus den Standortdaten allein nicht ersichtlich ist, neigen Pharmaunternehmen dazu, F&E in Form von kompetenzbasierten Netzwerken zu organisieren, im Gegensatz zu F&E-Hubs (z. B. in der Automobil- und Chemiebranche), polyzentrischen Netzwerken (z. B. lokale, marktabhängige Unternehmen wie Royal Dutch/Shell) oder zentralisierter F&E (z. B. dominante Designindustrie). In kompetenzbasierten F&E-Netzen hat jeder F&E-Knotenpunkt eine klar definierte Kompetenz und Verantwortung, die er in das Netz der anderen F&E-Zentren einbringt. Die Koordinierung und das Management solcher F&E-Netze ist anspruchsvoller und kostspieliger als die eher zentralisierten und direktiven F&E-Zentren oder der Laissez-faire-Stil polyzentrischer F&E-Netze. Infolgedessen versuchen Pharmaunternehmen (und viele Elektro- und IT-Unternehmen, die ebenfalls diese Art der F&E-Organisation bevorzugen), F&E-Aktivitäten auf mehreren Ebenen zu koordinieren, einschließlich des Einsatzes transnationaler Projektteams, des Plattformmanagements sowie informeller und formeller Netzwerktechniken.

Beispiele für globale Pharma-F&E: Novartis, Chugai, Ferring
Die Geschichte von **Novartis** wurde von Zeller (2001) ausführlich dokumentiert. Wir werden uns hier nur auf einige der jüngeren Entwicklungen konzentrieren, da sie repräsentativ für Big Pharma sind. Im Jahr 2002 arbeiteten rund 3000 Wissenschaftler in 10 Forschungszentren weltweit in verschiedenen Therapiegebieten. Nur 1400 von ihnen waren in Forschungszentren in der Schweiz beschäftigt, eine vergleichbare Anzahl in der präklinischen und klinischen Entwicklung: Mehr als die Hälfte des F&E-Personals war außerhalb der Schweiz tätig. Novartis hatte zu diesem Zeitpunkt 67 Medikamentenkandidaten in der klinischen Entwicklung.

Im Mai 2002 gab Novartis bekannt, dass sie ihren globalen Forschungssitz nach Cambridge, Massachusetts, verlegen würden. In den folgenden 15 Jahren wuchs das in Cambridge ansässige Zentrum allein in der Forschung und Entwicklung um 2000 Mitarbeitende und verfügt heute über mehrere Standorte. Im Jahr 2003 eröffnete das Unternehmen in Singapur ein Forschungszentrum, das sich auf Dengue-Fieber und andere tropische Krankheiten konzentriert (das NITD Novartis Institute for Tropical Diseases). Die in Palo Alto ansässige Forschungs- und Entwicklungsabteilung SyStemix wurde geschlossen und nach East Hanover, New Jersey, verlegt. Im Jahr 2006 eröffnete Novartis als eines der ersten großen Pharmaunternehmen ein Forschungs- und Entwicklungszentrum in Shanghai.

In den nächsten Jahren würde Novartis die Forschung und Entwicklung in ihren bevorzugten Forschungszentren weiter konsolidieren. Im Jahr 2013 schloss Novartis ihr Forschungszentrum für Atemwegserkrankungen in Horsham (Großbritannien), ihr Zentrum für topische dermatologische Behandlungen in Wien und eine Entwicklungseinheit für Biotherapeutika in La Jolla. Außerdem verlagerte Novartis die onkologische Forschung und Entwicklung von Emeryville in Kalifornien in das Forschungs- und Entwicklungszentrum in Cambridge.

2016 schloss Novartis ihr Forschungs- und Entwicklungszentrum ESBATech in Schlieren (Schweiz) und verlegte ihr Institut für Tropenkrankheiten von Singapur nach Emeryville, obwohl Singapur für Novartis ein wichtiges Forschungs- und Entwicklungszentrum im asiatisch-pazifischen Raum blieb. Auch die Biologika-Gruppe in Schanghai wurde geschlossen. Allerdings eröffnete Novartis in Schanghai ein brandneues, 1 Mrd. US-Dollar teures Forschungszentrum, das nach Cambridge und Basel das drittgrößte Forschungszentrum des Unternehmens ist. Im Jahr 2016 beschäftigte Novartis 6000 Wissenschaftler in seiner globalen Forschungs- und Entwicklungsorganisation, fast die Hälfte davon allein in Cambridge. Der Hauptsitz von Novartis blieb in Basel, Schweiz.

Chugai ist einer der pharmazeutischen Pioniere Japans. Das Unternehmen wurde 2002 von Roche übernommen, ist aber weiterhin unabhängig tätig. Das Unternehmen wurde 1925 in Tokio gegründet und hatte Forschungs- und Entwicklungszentren in Ukima, Kanagawa und Shizuoka eingerichtet. Mit neuen ehrgeizigen Forschungszielen in den frühen 1980er-Jahren begann das Unternehmen Mitte der 1980er-Jahre, Niederlassungen in Übersee zu gründen und in US-amerikanische Biotech-Firmen zu investieren oder diese zu übernehmen. Im Jahr 1992 richtete es sein erstes internationales Forschungszentrum in Korea ein und baute 1995 sein Londoner Büro zu einem vollwertigen Pharmazentrum aus. Im selben Jahr gründete es ein Forschungszentrum in Ibaraki und 6 Jahre später eines in Tsukuba und in Singapur. Mit der Allianz mit Roche im Jahr 2002 wurde auch die globale F&E neu organisiert. Die Zentren in Tsukuba und Takada wurden beide geschlossen, aber das Unternehmen Forerunner Pharma Research wurde gegründet, ebenso wie eine neue Organisation für klinische Forschungszentren, die schließlich 2011 auch einen Standort in Singapur eröffnete.

Ein interessanter Fall von Internationalisierung ist **Ferring Pharmaceuticals**. Das 1950 in Malmö, Schweden, gegründete Unternehmen verlegte seinen Hauptsitz später nach Kopenhagen, Dänemark, und dann nach Saint Prex, Schweiz. Das Unternehmen gründete 1996 Forschungs- und Entwicklungszentren in San Diego, 2001 in Tokio, 2007 in Mumbai sowie 2011 in Glasgow und Peking. In den USA eröffnete Ferring 2008 ein Arzneimittelentwicklungszentrum in Parsippany in New Jersey. Außerdem erwarb das Unternehmen 2005 ein F&E-Labor in Israel. Sein wichtigstes F&E-Zentrum befindet sich in Kopenhagen. In der Schweiz unterhält Ferring ein F&E-Zentrum in Allschwil bei Basel.

Diese Beispiele sind typisch für die Veränderungen in der weltweiten F&E in der Pharmaindustrie (siehe Abb. 7.2 für Takeda). Wir sehen drei Haupttrends:

1. Konsolidierung in Zentren mit einer Fülle von Talenten und Technologien.
2. Übernahmen kleinerer Konkurrenten und Biotech-Firmen erweitern die geografische Streuung von F&E.
3. Verstärkte Präsenz im asiatisch-pazifischen Raum, insbesondere in China.

Der letztgenannte Trend ist auch für die globale F&E in anderen Branchen zu beobachten, was jedoch einer Erklärung bedarf, da China weder als ein Land bekannt ist, in dem F&E leicht durchgeführt wird, noch als ein Land, in dem geistiges Eigentum – das wichtigste Ergebnis von F&E-Arbeiten – gut geschützt ist.

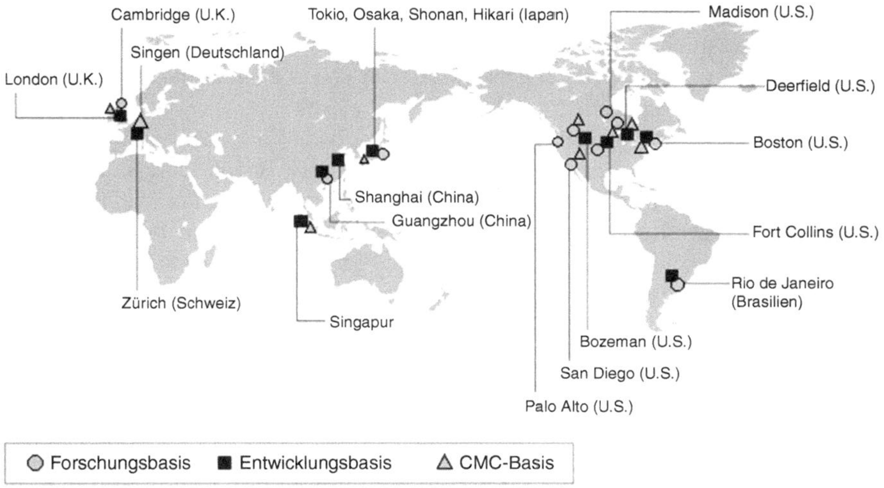

Abb. 7.2 Das globale F&E-Netzwerk von Takeda. (Quelle: Takeda Website 2015. Die CHK-Forschung (Chemie, Herstellung und Kontrolle) unterstützt die Charakterisierung von Verbindungen, die Prozessentwicklung, die pharmazeutische Herstellung und analytische Tests)

7.2 Neue Chancen für die Medikamentenentwicklung in China

Der Kontext des Gesundheitswesens in China

China ist nicht länger ein geheimnisvolles Land, das Ausländern verschlossen bleibt, aber es wird immer noch sehr missverstanden. In den 1980er-Jahren öffnete sich die chinesische Wirtschaft unter fast ständigen Reformen, nahm in den 1990er-Jahren an Fahrt auf, als das Land zu einem wichtigen Ziel für Investitionen im verarbeitenden Gewerbe wurde, erreichte in den 2000er-Jahren Wachstumsraten von über 13 % und 14 %, als es auch für Forschung und Entwicklung attraktiv wurde, verlangsamte sich jedoch im Zuge der Wirtschaftskrise von 2008 auf das, was heute als „neues normales" Wirtschaftswachstum von 6–7 % bezeichnet wird. Im Jahr 2010 überholte es Japan als zweitgrößte Volkswirtschaft der Welt, und im Jahr 2015 lag sein BIP bei 11 Billionen US-Dollar, hinter dem der USA mit etwa 18 Billionen US-Dollar.

Trotz einer wachsenden Mittelschicht (deren Definition in China nicht eindeutig ist) ist der größte Teil Chinas immer noch ein Entwicklungsland, was zu großen Spannungen in Bezug auf die benötigten und gewünschten Gesundheitsdienstleistungen führt und welche Rolle die Pharmaindustrie in diesem Zusammenhang spielen kann. Die verbesserten Lebensbedingungen führen außerdem dazu, dass Chinas Bevölkerung schnell altert, wobei sich der Anteil der über 65-Jährigen bis 2025 auf etwa 13 % verdoppeln wird. Die chinesische Ein-Kind-Politik, die 2015 auf eine Zwei-Kind-Politik umgestellt wurde, hat dazu geführt, dass sich der Wohlstand auf weniger Kinder und Familienmitglieder verteilt, was bedeutet, dass mehr Geld für Lebensstil- und Gesundheitsprodukte zur Verfügung steht. Mit der

Verwestlichung Chinas wird zudem das Krankheitsprofil des Landes immer mehr mit dem der westlichen Welt vergleichbar werden, einschließlich Krankheiten wie z. B. Bluthochdruck, Krebs und Diabetes. Hierfür haben die multinationalen Unternehmen bereits Medikamente und Therapien entwickelt.

Mit einer Bevölkerung von mehr als 1,3 Mrd. Menschen stellt China ohnehin schon eine riesige Marktchance dar. Eine schnell alternde Bevölkerung (2015 waren schätzungsweise 131 Mio. Menschen 65 Jahre oder älter), gepaart mit neuen Krankheiten, die aus der Luft- und Wasserverschmutzung resultieren, bringt das aufstrebende Gesundheitssystem an den Rand des Abgrunds, und die notwendigen Lösungen erfordern gemeinsame Anstrengungen von Regierung, Pharmaindustrie und Gesundheitseinrichtungen. Administrative Hürden, niedrige Gesundheitsausgaben, der fehlende Schutz des geistigen Eigentums und die schlechte Infrastruktur des Vertriebsnetzes bleiben die größten Herausforderungen.

Große Pharmaunternehmen verfolgen aggressive Wachstumsstrategien und versuchen, längerfristig vom chinesischen Markt zu profitieren. Sie investieren in die Beschaffung von Wirkstoffen, in Forschung und Entwicklung sowie in die Produktion und den Vertrieb von Generika und eigenen Medikamenten. Im Jahr 2002 war China mit einem Gesamtvolumen von etwa 6 Mrd. US-Dollar noch ein Markt mit niedrigem Niveau. Zwischen 2007 und 2010 wuchs der Arzneimittelumsatz mit einer durchschnittlichen jährlichen Wachstumsrate von 26 % und übertraf damit das Gesamtwachstum des BIP und der gesamten Gesundheitsausgaben (Deloitte, 2011). Im Jahr 2015 überschritt der Markt die 100-Milliarden-Dollar-Grenze und wird Schätzungen zufolge bis 2020 auf 200 Mrd. US-Dollar anwachsen. China hat den weltweit am schnellsten wachsenden Markt für rezeptfreie Medikamente und ist bereits der zweitgrößte Pharmamarkt der Welt.

Chinesische Pharma

Der Umsatz mit Arzneimitteln belief sich 2015 auf 17 % der gesamten Gesundheitsausgaben bzw. 78 US-Dollar pro Person. Auf Generika entfielen 64 % des Gesamtumsatzes, auf patentierte Arzneimittel nur 22 % (ITA, 2016). Der Generikamarkt wird von einheimischen Billigherstellern beherrscht. Webber (2005) bezifferte ihre Zahl auf etwa 6800 chinesische Pharmaunternehmen, von denen 5000 Arzneimittel produzierten (kleinmolekulare Generika und biotechnologische Produkte, d. h. ohne pflanzliche Arzneimittel oder traditionelle chinesische Arzneimittel), während die übrigen Firmen in pharmabezogenen Tätigkeiten wie Verpackung und Lieferung von Ausrüstung tätig waren. Ein großer Teil von ihnen ist lediglich Hersteller von Rohstoffen (Wang & von Zedtwitz, 2005). Im Jahr 2015 war dieser Markt immer noch stark fragmentiert, mit 5000 inländischen Unternehmen, von denen die 100 größten nur ein Drittel des Gesamtmarktes ausmachen (ITA, 2016). Die Regierung und die chinesische Gesundheitsbehörde (engl.: Chinese FDA: CFDA) sollten diejenigen ausmerzen, die sich nicht an die GMP-Praktiken (engl.: Good Manufacturing Process: GMP) halten, haben aber nur begrenzte Fortschritte erzielt. Die Initiative „Strategic Emerging Industries" (SEI) aus dem Jahr 2010 sieht die Schaffung nationaler Champions vor, und es werden politische Maßnahmen ergriffen, die inländische Unternehmen gegenüber ausländischen zu bevorzugen scheinen (Prud'homme, 2016; ITA, 2016).

Chinesische Hersteller sind sehr gut in der Lage, ausländische Arzneimittel zu kopieren und sie manchmal unter ausländischem Namen zu verkaufen. Die überwiegende Mehrheit der 3000–4000 in China hergestellten pharmazeutischen Produkte sind Kopien ausländischer Produkte, entweder legale Generika oder illegale Fälschungen. Sie bedienen einen weltweiten Markt für gefälschte Arzneimittel, der allein im Jahr 2014 schätzungsweise mehr als 24 Mrd. US-Dollar betrug (Philipp, 2014). 79 % der gefälschten Arzneimittel, die 2008 von den US-Behörden beschlagnahmt wurden, kamen aus China. Die Situation ist schwer zu kontrollieren: Neben den fast 5000 chinesischen Unternehmen, die Medikamente herstellen, gibt es 400.000 Einzelhandelsapotheken und 29.000 Firmen, die medizinische Produkte versenden (Philipp, 2014). In China gibt es keine wirksame regulatorische Kontrolle über die Herstellung und den Vertrieb von pharmazeutischen Wirkstoffen (engl.: active pharmaceutical ingredients: APIs). Hersteller von Chemikalien müssen sich nur dann bei der CFDA registrieren lassen, wenn ihr Produkt für die medizinische Verwendung bestimmt ist. Die CFDA ist nicht befugt, sie zu regulieren, wenn sie etwas anderes deklarieren, und die CFDA überwacht oder inspiziert keine für den Export bestimmten APIs (ITA, 2016). Für viele chinesische Unternehmen bezieht sich der Begriff „F&E" hauptsächlich auf die Herstellung zusätzlicher generischer Produkte speziell für China – in Form von Stärken, Darreichungsformen und sogar spezifischen Verbindungen (Webber, 2005). Im Jahr 2016 war die Definition eines „neuen Medikaments" immer noch unklar und Gegenstand politischer Debatten (ITA, 2016).

Im Jahr 2015 erhielt Tu Youyou den ersten Nobelpreis für Physiologie oder Medizin, der an eine Chinesin vergeben wurde, für ihre Entdeckung eines neuen Malariamittels, Artemisinin. Die Traditionelle Chinesische Medizin (TCM) ist in China seit langem etabliert, hat aber auch das ungleiche Verhältnis zwischen westlichen und chinesischen Ansätzen in der Medizin ins Rampenlicht gerückt (viele chinesische Ärzte verschreiben TCM parallel zu westlichen rezeptpflichtigen Medikamenten). Mehr als 8000 (einschließlich verschiedener Darreichungsformen) traditionelle chinesische Arzneimittel (engl.: Traditional Chinese Medicine: TCM) werden hergestellt und verkauft. Da es kaum Marktzutrittsschranken gibt, gibt es in China über 2500 TCM-Unternehmen. TCM macht mehr als 20 % des Umsatzes aus und ist besonders stark in ländlichen Gebieten vertreten. TCM-Medikamente machen 39 % der Liste von unentbehrlichen Arzneimitteln (engl.: Essential Drug List: EDL) und 46 % der Nationalen Liste für erstattungsfähige Medikamente (engl.: National Drug Reimbursement List: NDRL) aus (Export, 2016).

Nach chinesischer Auffassung hat sich die TCM bei der Heilung vieler Krankheiten bereits als wirksam erwiesen, da sie gemäss Wang Guangji (einem Abgeordneter des Nationalen Volkskongresses und ehemaligem Vizepräsidenten der Chinesischen Pharmazeutischen Universität, der auf westliche Medizin spezialisiert ist) bereits „Tausende von Jahren klinischer Versuche durchlaufen hat" (zitiert in Guo, 2016). Ebenso konstatiert er, dass wichtige Begriffe wie Yin (Substanz) und Yang (Energie), deren Gleichgewicht nach der traditionellen chinesischen Medizin für ein harmonisches Funktionieren des Körpers unerlässlich ist, von Ausländern kaum akzeptiert würden.

Westliche Pharmaunternehmen scheuen vor der Forschung und Entwicklung im Bereich der TCM zurück, da es schwierig ist, einzelne, wissenschaftlich prüfbare Verbindungen zu isolieren (Waldmeir, 2015). Laut Ye Yang, dem stellvertretenden Direktor des Shanghai Institute of Materia Medica, hat es „viele Jahre gedauert, einen einzigen Wirkstoff aus einer einzigen Pflanze zu gewinnen, wie im Fall von Artemisinin. In der traditionellen Kräutermedizin gibt es vielleicht 500–600 Verbindungen, die zusammenwirken. Wir haben nicht die Technologie, um sie alle zu verfolgen und zu sehen, wie sie einzeln und zusammen wirken."

Die chinesische Regierung fördert die TCM, und mehrere Regierungsstellen leiten die Modernisierungsbemühungen der TCM-Industrie. Laut Webber (2005) haben die chinesischen Behörden zwei Wege für den Ausbau der TCM-F&E festgelegt. Der erste Weg ist die Reinigung und Standardisierung, um die globalen Standards zu erfüllen und Verunreinigungen wie Pestizide und Schwermetalle zu entfernen. Der zweite Weg besteht darin, TCM als Ausgangspunkt für die Herstellung *neuer* Arzneimittel zu nutzen. Dies kann durch die Identifizierung und Reinigung der aktiven Elemente (oft komplexe Moleküle) oder durch die Entdeckung und Entwicklung kleiner Moleküle erfolgen, die die Aktivität der ursprünglichen TCM nachahmen. Liu und Xiao (2002) stellten fest, dass etwa 140 neue Arzneimittel direkt oder indirekt mit Hilfe moderner wissenschaftlicher Methoden aus chinesischen Heilpflanzen gewonnen wurden.

Die chinesische Regierung hat auch einen klaren Schwerpunkt auf bestimmte Bereiche der Biotech-Forschung gelegt, insbesondere auf die Genomikforschung. Im Jahr 1998 richtete das Ministerium für Wissenschaft und Technologie das Chinesische Nationale Humangenomzentrum mit Sitz in Peking und Shanghai sowie das Pekinger Institut für Genomik als Exzellenzzentren für die Genomsequenzierung und Analyse ein. Dies ermöglichte China 1999 den Beitritt zum International Human Genome Sequencing Consortium, an dem China maßgeblich beteiligt war. In Bereichen wie Genkartierung, transgene Technologie für Tiere und Pflanzen, Gentherapie-Technologie, Stammzellenforschung, Gen-Chips und Genforschung für einige wichtige Krankheiten ist China heute auf Augenhöhe mit den führenden internationalen Forschungseinrichtungen (Webber, 2005). Das Land verfügt über mehrere wissenschaftliche biomedizinische Einrichtungen von Weltrang-das North and South Genome Center, das Institute of Materia Medica, die Universitäten Tsinghua und Peking, zum Beispiel. Außerdem gibt es in China etwa 200 Forschungsinstitute für Biotechnologie und mehr als 30 der 150 wichtigsten staatlichen Laboratorien in biopharmazeutischen Bereichen.

In China wird das Umfeld der pharmazeutischen Forschung und Entwicklung noch immer von Universitäten und wissenschaftlichen Instituten dominiert und nicht von Pharmaunternehmen. Die Industrialisierung der pharmazeutischen Forschung und Biotechnologie hinkt der westlichen Welt noch hinterher, holt aber ebenfalls schnell auf (Shi et al., 2014). So wurde beispielsweise das **Beijing Genomics Institute** (BGI) 1999 in Peking als nichtstaatliches, unabhängiges Forschungsinstitut gegründet, um als Vertreter Chinas am Humangenomprojekt teilzunehmen. Es zog nach Hangzhou um, als die dortige Stadtverwaltung die auslaufende Human Genome Projektfinanzierung übernahm. Im Jahr 2002 sequenzierte es das Reisgenom, und 2003 entschlüsselte es das Genom des SARS-Virus und entwickelte ein Nachweiskit. Im Jahr 2007 zog es als erste private-geführte, gemeinnützige Forschungseinrichtung in China nach Shenzhen um und veröffentlichte 2008 das erste vollständige menschliche Genom eines asiatischen Menschen. Im Jahr 2010 eröffnete es Büros in Cambridge (Massachusetts, USA) und Kopenhagen (Dänemark). Im Jahr 2013 arbeitete es mit 17 der 20 größten Pharmaunternehmen zusammen und kaufte im selben Jahr das Unternehmen Complete Genomics mit Sitz in Mountain View, Kalifornien. Neben Forschungsbüros in allen größeren Städten Chinas unterhält das Unternehmen auch Forschungskooperationen oder Zentren an der UC Davies in Kalifornien, in Vancouver, Philadelphia und Hongkong sowie eine Einrichtung für Gentests in Prag, Tschechien. BGI hat den Preis für ein komplettes menschliches Genom auf unter 3000 US-Dollar gesenkt, ist der größte Gensequenzierer der Welt und gilt heute als eines der fortschrittlichsten High-Tech-Start-ups aus China.

WuXi PharmaTech ist ein biopharmazeutisches F&E-Dienstleistungsunternehmen mit Hauptsitz in Shanghai. WuXi wurde im Jahr 2000 gegründet und hat 2001 Dienstleistungen in den Bereichen synthetische Chemie, 2003 Entwicklung von Herstellungsprozessen, 2004 Forschungsproduktion, 2005 bioanalytische Dienstleistungen, 2006 Servicebiologie und 2007 Toxikologie und Formulierung eingeführt. Neben der Eröffnung mehrerer chinesischer Einrichtungen erwarb WuXi 2008 das in den USA ansässige Unternehmen AppTec Laboratory Services und erwarb damit Fachwissen über die Prüfung von Medizinprodukten und Biologika sowie Einrichtungen in St. Paul, Philadelphia und Atlanta. Im Rahmen seiner fortgesetzten Internationalisierung erwarb das Unternehmen 2011 auch Abgent, einen in San Diego ansässigen Hersteller von Antikörpern für die biologische Forschung und Arzneimittelentwicklung. WuXi verfügt außerdem über Forschungs- und Entwicklungseinrichtungen und -labors in Cambridge (USA), Plainsboro, München, Reykjavik sowie in Israel und Korea. Ende 2016 beschäftigte WuXi 14.000 Mitarbeiter an 26 F&E-Standorten, die 2000 Firmenkunden betreuen.

Ausländische Pharmaunternehmen in China

Ausländische Pharmaunternehmen betreiben seit Ende der 1990er-Jahre Forschung und Entwicklung in China, auch wenn in den ersten Jahren die Art der Forschung nur sehr unbedeutend und Teil größerer Studien war, die anderswo angesiedelt waren. So unterhielt beispielsweise Roche ein F&E-Büro in Shanghai, lange bevor es 2004 ein eigenes F&E-Zentrum eröffnete. Erst Mitte der 2000er-Jahre entdeckten globale Pharmaunternehmen China als Hafen für strategische F&E-Aktivitäten, vielleicht ein Jahrzehnt nachdem globale Elektronik-, IT- und Automobilunternehmen begannen, in F&E in China zu investieren. Für diese relativ späte Ankunft in China gibt es mehrere Gründe:

- Unsicherer Schutz des geistigen Eigentums: China hatte das Patentrecht erst 1985 wieder eingeführt, und weder die Öffentlichkeit noch das wissenschaftliche Ökosystem waren es gewohnt, geistiges Eigentum zu entwickeln, zu schützen und zu honorieren. Die Gerichte, das Rechtssystem und die Polizei hatten wenig – wenn überhaupt – Erfahrung im Umgang mit Fällen von geistigem

Eigentum. Chinesische Angestellte hatten wenig Sensibilität für persönliche Sicherheit oder Sicherheit als öffentliches Gut. Stillschweigendes Wissen und Wissen aus der Zeit vor der Patentierung war nicht leicht zu beschaffen und zu nutzen. Natürlich betrafen diese Bedingungen auch andere Branchen, aber in der Pharmaindustrie – mit ihren extrem langen Vorlaufzeiten – ist eine solche ungewollte Preisgabe von technischem Wissen sehr schädlich.
- Fragmentierter Charakter und Komplexität des chinesischen Marktes: Auf 3700 inländische Unternehmen entfallen 75 % des Jahresumsatzes, von denen 95 % auf dem Markt für Generika mit geringem Wert tätig sind (Dierks et al., 2013). Der Großteil des Bedarfs wird durch lokale Generika gedeckt, nur zwischen 6 und 7 % sind patentgeschützte innovative Arzneimittel.
- Preisdruck: 40 % des chinesischen Gesundheitsbudgets wurden für Medikamente ausgegeben, verglichen mit 10–12 % in westlichen Ländern, was zu erheblichem politischen Druck führte, die Preise zu senken (KnowledgeWharton, 2013).

Andererseits gab es auch mehrere starke chinaspezifische Gründe, Forschung und Entwicklung in China in Betracht zu ziehen:

- Rasche Entwicklung eines Marktes mit mittlerem Einkommen, der Medikamente für die sich verändernden Bedürfnisse benötigt. Dieser Bedarf ergibt sich aus der steigenden Lebenserwartung, der Umweltverschmutzung und den verbesserten Möglichkeiten, Krankheiten zu erkennen und zu diagnostizieren.
- Das Verständnis der Einzigartigkeit der Genomik und Metabolomik der chinesischen Bevölkerung verschafft einheimischen F&E-Einsteigern einen Wettbewerbsvorteil.
- Zugang zu Naturprodukten in China als Quelle für neue chemische Wirkstoffe (engl.: new chemical entity: NCEs). Newman et al. (2003) berechneten, dass etwa 60 % von fast 900 neuen chemischen Wirkstoffen auf natürliche Produkte zurückgeführt werden können. Ein berühmtes Beispiel ist Lipitor, ein Statin, das zuerst in natürlichen Quellen entdeckt wurde und dessen Umsatz jährlich mehr als 10 Mrd. US-Dollar beträgt.
- Zugang zu und Forschung über TCM: Zu den aus China stammenden Innovationen gehören Artemisinin, das in China auf der Grundlage von süßem Wermut erfunden wurde und als Wundermittel gegen Malaria gepriesen wird, Sobuzoxan, ein Antitumormittel, und Huperzin A (HupA), ein neuartiges Alkaloid, das aus einer chinesischen Heilpflanze isoliert wurde und Gedächtnisschwächen bei Alzheimer-Patienten verbessert.

Die Erprobung eigener lokaler F&E-Aktivitäten beginnt oft mit F&E-Kooperationen. GlaxoSmithKline (GSK) beispielsweise investierte seit Mitte der 1990er-Jahre über 10 Mio. US-Dollar in die kooperative Forschung und Entwicklung mit chinesischen Forschungseinrichtungen. Novartis begann eine Zusammenarbeit mit dem Shanghai Institute of Materia Medica (SIMM) mit dem Ziel, Verbindungen aus chinesischen Heilpflanzen zu isolieren, die Novartis dann weiter untersuchen und Leitverbindungen identifizieren kann. Nach einer Anfangsphase und Investitionen in Höhe von 2 Mio. US-Dollar in Finanzierung, Ausbildung und Ausrüstung hatte das SIMM bis 2004 mehr als 1800 Verbindungen aus natürlichen Kräutern isoliert, die die Bereiche Immunologie, Onkologie, Diabetes und das zentrale Nervensystem abdecken.

Andere trotzten den unsicheren Bedingungen und eröffneten schon früh eigene F&E-Zentren. Im Jahr 1997 eröffnete Novozymes ein F&E-Zentrum im Zhongguancun Science Park in Peking. Die 10 Mio. € teure Einrichtung konzentrierte sich auf die kundenspezifische Entwicklung von Enzymen und Verfahren für den chinesischen Markt. Roche eröffnete ein neues F&E-Zentrum für 40 Chemiker im Zhangjiang High-Tech Park und schloss F&E-Allianzen mit den staatlichen Genomikzentren in Shanghai und Peking, um die genetische Veranlagung für Krankheiten wie Diabetes und Alzheimer zu erforschen. Die Forschung und Entwicklung vor Ort ermöglichte es diesen ausländischen Pharmaunternehmen, glaubwürdiger in einen Dialog mit den Behörden und Meinungsführern des Landes einzutreten, was letztlich gut für das Geschäft in China ist.

Mitte der 2000er-Jahre war die Situation im Bereich des geistigen Eigentums in China besser bekannt, andere ausländische multinationale Unternehmen hatten Erfolg mit firmeneigener Forschung und Entwicklung in China, und einige der Pioniere der pharmazeutischen Industrie schienen mit ihrer Forschung und Entwicklung in China ebenfalls erfolgreich zu sein. Infolgedessen begannen Pharmaunternehmen, strategischer in Forschung und Entwicklung in China zu investieren, in der Erwartung, Zugang zu den natürlichen Ressourcen in China zu erhalten und auf eine immer größere Zahl von medizinischen Forschern und pharmazeutischen Wissenschaftlern zurückgreifen zu können. Außerdem ist China ein attraktiver Standort für die klinische Forschung, da es mehr als 300.000 Krankenhäuser und Gesundheitseinrichtungen gibt. Tab. 7.3 gibt einen Überblick über diese frühe Phase der F&E-Einrichtung in China.

Im Juli 2004 richtete **GlaxoSmithKline** China bei Tianjin Smith Kline & French Laboratories, einem von GlaxoSmithKline finanzierten Joint Venture, ein F&E-Zentrum für rezeptfreie Medikamente ein. Sein Ziel: die Entwicklung innovativer, wissenschaftlich fundierter Produkte, die den Bedürfnissen der Verbraucher entsprechen, und die Unterstützung der Vision des Joint Ventures, das führende OTC-Unternehmen in China zu werden. **Pfizer** richtete in Shanghai ein F&E-Zentrum ein, das sich auf die Entwicklung von Studienprotokollen und die Bewertung von Studienergebnissen konzentriert, und **Novartis** baute 2006 in Shanghai ein 100 Mio. US-Dollar teures Forschungszentrum für Arzneimittelforschung. Die Forschungseinrichtung, die bis 2008 auf 400 Wissenschaftler erweitert wurde, fokussierte sich zunächst auf die Entdeckung von Medikamenten zur Behandlung von Krebserkrankungen, die durch Infektionen verursacht werden und einen erheblichen Anteil der in China diagnostizierten Krebsfälle ausmachen. Einige kleinere Biotech-Firmen begannen ebenfalls mit lokaler Forschung und Entwicklung in China, zum Beispiel **BiColl** in Shanghai. Während sich die pharmazeutische F&E zunächst auf Shanghai und Peking konzentrierte, erkundeten andere Branchen Standorte in Städten der zweiten Reihe und im Landesinneren Chinas – ein Trend, dem die pharmazeutische F&E nur langsam folgt. Selbst weltweit konzentriert sich

Tab. 7.3 Erste Welle ausländischer pharmazeutischer F&E-Zentren in China

Jahr	Unternehmen	Standort	Investition	Zielsetzung
1997	Novozymes	Peking	10 Mio. €	Enzyme
1998	Roche	Shanghai	40 Wissenschaftler	Klinische F&E, Werksunterstützung, Genomik
2001	Servier	Peking	k.A.	Erschließung des Wertpotenzials für TCM
2002	Novo Nordisk	Peking	k.A.	Allgemeine biotechnologische Forschung
2003	AstraZeneca	Shanghai	Erstes Jahr: 4 Mio. US$	Klinische Forschung; Zusammenarbeit mit dem Health & Medical Institute in China; Lokalisierung von Behandlungsmethoden
2003	Eli Lilly	Shanghai	> 100 Wissenschaftler	Kombination verschiedener organischer Substanzen für neue Medikamente
2004	Roche	Shanghai	50 Wissenschaftler	Phase I: Medikamentenchemie; Analyse der Verbindungsstrukturen Phase II: TCM und Gentechnik
2004	GSK	Tianjin	16 Wissenschaftler	20 neue OTC-Produkte über 3 Jahre
2004	Johnson & Johnson	Shanghai	k.A.	Entwicklung von Medikamenten, die für Chinesen und Asiaten geeignet sind
2005	Pfizer	Shanghai	25 Mio. US$	Gestaltung und Bewertung des Versuchsprotokolls
2006	Novartis	Shanghai	100 Mio. US$, 400 Wissenschaftler	Krebs und Infektionskrankheiten

Quelle: SMIE Medicine Information und eigene Recherchen

die arzneiliche F&E eher auf wenige Zentren, und es gibt keinen Grund zu der Annahme, dass dies in China anders sein sollte (Abb. 7.3).

In den Jahren nach der globalen Finanzkrise profitierte China von seinem inländischen Konjunkturprogramm, aber seit 2013 hat sich das BIP-Wachstum in China deutlich verlangsamt. Dies gilt vor allem für die bereits gut entwickelten Provinzen entlang der Pazifikküste, während viele der zentralen Provinzen weiterhin hohe Wachstumsraten verzeichnen, wenn auch von einem niedrigeren Ausgangsniveau aus (nach Angaben des Nationalen Statistikamtes in China). Es wird erwartet, dass die Städte in diesen Provinzen – z. B. Chengdu, Chongqing und Wuhan – als Standorte für die pharmazeutische Forschung und Entwicklung an Attraktivität gewinnen werden.

Gleichzeitig setzten ausländische Pharmaunternehmen die Konsolidierung und den Ausbau der F&E an ihren ursprünglichen F&E-Standorten fort. **Roche**, das seit 1997 am selben Standort in Shanghai ansässig ist, investierte 1,8 Mrd. RMB (ca. 300 Mio. US$) in die Erweiterung auf 19 Gebäude mit einer Fläche von 70.000

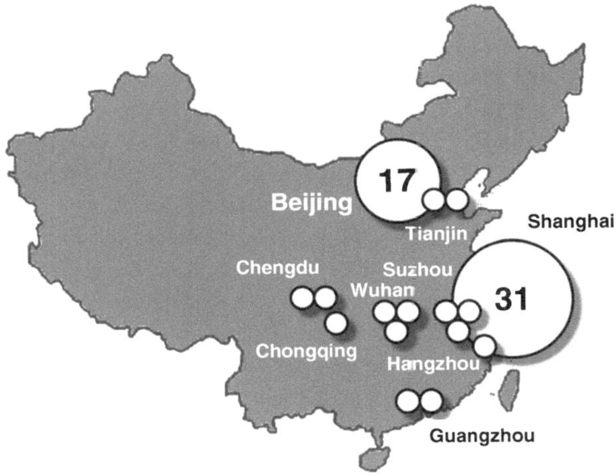

Abb. 7.3 Standorte ausländischer und inländischer pharmazeutischer F&E-Zentren in China. (Quelle: GLORAD-Datenbank (Stand: 2016))

Quadratmetern und 1800 Mitarbeitern. Shanghai wurde zum drittwichtigsten strategischen F&E-Standort des Unternehmens weltweit, wobei wichtige Projekte weltweit von China aus geleitet werden. Der Bau des Roche Innovation Campus Shanghai ist im Gange, ebenso wie der Bau einer Produktionsstätte für Diagnostika in Suzhou; diese Projekte kosten weitere 450 Mio. US-Dollar. **Novartis**, das 2006 mit einer 5000 m^2 großen Anlage begann, investierte 2007 100 Mio. US-Dollar in den Bau einer eigenen Forschungs- und Entwicklungseinrichtung für 400 Wissenschaftler. Im Jahr 2016 eröffnete Novartis ein F&E-Zentrum in Schanghai im Wert von 1 Mrd. US-Dollar und setzt dabei auf die Erwartung, dass die erhöhten Ausgaben der chinesischen Regierung für biomedizinische Forschung und Ausbildung talentierte und gut ausgebildete Forscher hervorbringen werden. Ein Medikament gegen Leberfibrose wurde in China vollständig entdeckt und in die späten klinischen Stadien gebracht, und es besteht die Hoffnung, dass es bald ein weltweites Hochleistungsmedikament sein wird.

AstraZeneca verdoppelte seinen 2003 begonnenen Einstieg in die klinische Forschung in China und investierte 2007 zusätzlich 100 Mio. US-Dollar in sein neues AstraZeneca Innovation Center in Shanghai. Das anfängliche Forschungsmandat des Zentrums lautete „In China, für China", aber es hat eine breitere Mission als vollwertiges Forschungszentrum übernommen, das sich auf Krankheiten konzentriert, die in Asien häufiger vorkommen. Im Jahr 2015 stellte es 150 Mio. US-Dollar als Erstinvestition für eine erweiterte Zusammenarbeit mit WuXi Apptec (so umbenannt nach der Fusion von Wuxi Pharmatech mit Apptec Laboratory Services) zur Herstellung innovativer biologischer Arzneimittel in China zur Verfügung, wobei insgesamt mehrere hundert Millionen US-Dollar für weitere F&E-Investitionen in China vorgesehen sind.

Es ist wichtig, darauf hinzuweisen, dass die pharmazeutische Forschung und Entwicklung in China noch in den Kinderschuhen steckt und es bei weitem nicht sicher ist, dass die milliardenschweren Vorabinvestitionen tatsächlich die erwarteten Ergebnisse bringen werden. Untersuchungen von Grimes und Miozzo (2015) zeigen, dass nur 1,78 % der 9543 Patente, die zwischen 2004 und 2014 von den größten Pharmaunternehmen vom USPTO erteilt wurden, chinesische Zitate enthielten und nur 1,44 % chinesische Erfinder hatten. Von letzteren entfielen 65 % auf Roche und 18 % auf Novartis. Der Anteil Chinas an den Biotechnologiepatenten lag ebenfalls bei rund 1 % und damit auf demselben Niveau wie der Gesamtanteil des USPTO. Zwar wird China oft eine rasche Entwicklung nachgesagt, doch sind viele der Probleme, die in den 90er-Jahren die Pharmaindustrie von Investitionen abhielten, vielleicht immer noch vorhanden oder werden zumindest nur unzureichend gelöst (siehe Tab. 7.4). Der ehemalige Leiter der F&E-Abteilung von AstraZeneca

Tab. 7.4 12 Herausforderungen für große Pharmaunternehmen in China

#	Herausforderung	Erläuterung
1	Chinas Größe und Heterogenität	Es gibt nicht nur ein China, sondern 1000 Chinas. Ein Level-3a-Krankenhaus in einer Küstenstadt der Stufe 1 unterscheidet sich extrem von einer ländlichen Poliklinik in Westchina
2	Komplexität des öffentlichen Sektors	Keine ‚schnellen Lösungen', zu viele Beteiligte an der öffentlichen Gesundheitsversorgung
3	Schlechte Beziehungen zwischen Patient und Arzt	Fehlen von Kontrolleuren, die die Überweisungen aus dem öffentlichen Sektor überwachen, was zu langen Wartezeiten für Termine, hoher Unzufriedenheit der Patienten, einer Verschlechterung der Arzt-Patienten-Beziehung und suboptimalen Patientenergebnissen führt. Medizinische Praxis „ein Job mit hohem Risiko"
4	Rationierung von teuren Medikamenten; Selbstzahler	Chinas öffentliche Krankenhäuser behandeln mehr Patienten mit weniger Mitteln. Die Patienten zahlen oft einen Großteil der Behandlungskosten selbst und schieben die Behandlung auf, bis die Erkrankung sehr schwer ist
5	Unterentwickelter Privatsektor	Negative Einstellung gegenüber der privaten Gesundheitsfürsorge, was es für den privaten Sektor sehr schwierig macht, gute Ärzte anzuziehen, die der Meinung sind, dass die öffentlichen Krankenhäuser ihnen bessere Karrieremöglichkeiten bieten
6	Langsame Arzneimittelzulassungen	Rückstand bei der CFDA: Im Jahr 2015 waren mehr als 18.000 Arzneimittelanträge noch nicht geprüft worden. Schlimmer für ausländische Pharmaunternehmen: Phase-III-Studien müssen in China durchgeführt werden, unabhängig davon, wo das Produkt zuvor eingeführt wurde
7	Medizintourismus und Graumarktimporte	Medikamente sind in China teuer und oft erst viel später erhältlich als im Ausland. So sind z. B. Medikamente die meistgekauften Artikel chinesischer Touristen in Japan
8	Internationale Unternehmen im Visier	Chinas Initiativen zur Korruptionsbekämpfung lassen Pharmaunternehmen bei ihrer Tätigkeit in China sehr vorsichtig sein. Die Einhaltung der chinaspezifischen Vorschriften – einschließlich des Gesetzes gegen Bestechung im Geschäftsverkehr und gegen unlauteren Wettbewerb – ist von entscheidender Bedeutung

(Fortsetzung)

Tab. 7.4 (Fortsetzung)

#	Herausforderung	Erläuterung
9	Vorzugsbedingungen für einheimische Akteure	Chinas einheimische Pharmaunternehmen unterliegen nicht nur weniger den restriktiven Compliance-Vorschriften, sondern erhalten auch bevorzugten Zugang zu Arzneimittellisten, wie der Nationalen Liste für erstattungsfähige Medikamente (engl.: National Drug Reimbursement List: NDRL)
10	Begrenzter Zugang zu Ärzten mit wenig Zeit	Die Zeit für Ärzte, sich mit medizinischen Vertretern auszutauschen oder sich über neue Behandlungen zu informieren, ist extrem begrenzt – besonders wichtig in einem Land, das Wert auf persönliche Beziehungen (‚guanxi') legt
11	TCM-Wettbewerb	203 der 520 Verbindungen in der NEDL-Ausgabe 2012 waren TCMs
12	Konjunkturabschwächung	Für die Patienten führt der wirtschaftliche Abschwung dazu, dass alles, was teuer ist, noch unerschwinglicher wird. Für ausländische Pharmaunternehmen bedeutet die Abwertung des RMB, dass China jetzt ein billigerer, aber auch weniger attraktiver Markt für Investitionen ist

Quelle: Marc Yates, eyeforpharma, 16. November 2015

in Asien merkte an, dass es aufgrund des Mangels an erfahrenen Toxikologen, Pathologen, Statistikern und Klinikern in China mehrere Jahrzehnte dauern könnte, bis das pharmazeutische Ökosystem Chinas voll entwickelt ist (McKinsey, 2012).

Es stellt sich die Frage, ob das Wirtschaftswachstum in Verbindung mit der Gestaltung eines positiven Umfelds zu steigenden Investitionen in innovative pharmazeutische Forschung und Entwicklung in China führen wird. Die globalen Pharmaunternehmen sind gut beraten, die Option China in Anbetracht der damit verbundenen Gefahren sorgfältig und systematisch zu prüfen, aber sie sollten diese Chance auf jeden Fall ernst nehmen.

7.3 Umgekehrte Innovation im Gesundheitswesen

Reverse Innovation ist ein neues Paradigma globaler Innovation, das den Rückfluss von Innovationen aus Schwellenländern in die etablierten Industriemärkte der Vereinigten Staaten, Europas und Japans beschreibt (Govindarajan & Ramamurti, 2011). Dabei werden nicht nur Innovationen erfasst, die zuerst in diesen Märkten eingeführt wurden, sondern auch solche, die dort entwickelt wurden (von Zedtwitz et al., 2015). Es werden dementsprechend auch wirklich einheimische Innovationsquellen einbezogen und nicht primär aus dem Ausland finanzierte Tochtergesellschaften von technologieintensiven multinationalen Unternehmen (Corsi & von Zedtwitz, 2016). Reverse Innovationen werden zwar häufig mit kostengünstigen Lösungen für Probleme in hochpreisigen Märkten in Verbindung gebracht (Zeschky et al., 2014), doch handelt es sich dabei nicht nur um kosteneffiziente Produkte, die global vertrieben werden, sondern auch um Mehrwert für bestimmte Marktsegmente in aufstrebenden und reifen Märkten.

Umgekehrte Innovationen haben schnell die Aufmerksamkeit von Gesundheits- und Arzneimittelexperten auf sich gezogen (Syed et al., 2013), vor allem weil die

Gesundheitskosten in den Industrieländern eskaliert sind und die Lösungen der Schwellenländer einen kosteneffizienteren Ansatz zur Eindämmung vieler gesundheitlicher Probleme im Westen versprechen (Crisp, 2010). Als größtes Schwellenland ist China der „übliche Verdächtige“ als Quelle solcher umgekehrten Innovationen, aber auch andere Länder und sogar Kontinente (z. B. Afrika) leisten einen erheblichen Beitrag (siehe z. B. Harris et al., 2015). Indien hat sich bereits einen Ruf für eine exzellente und dennoch erschwingliche Gesundheitsversorgung erarbeitet (z. B. das berühmte Aravind Eye Hospital), was seine wachsende Kompetenz in Sachen frugaler Innovation noch verstärkt (Weyrauch & Herstatt, 2016).

Die Liste der Beispiele, die das Potenzial der umgekehrten Innovation für das Gesundheitswesen im Allgemeinen und die pharmazeutische Industrie im Besonderen verdeutlichen, wird immer länger. Zu den ersten Beispielen für umgekehrte Innovation, die jemals erwähnt wurden, gehören medizinische Geräte: Das Mac400-Elektrokardiogramm von GE aus Indien oder die in China entwickelten tragbaren Ultraschallgeräte von GE. Aber auch Arzneimittel kommen zunehmend aus Schwellenländern: Die Vicks Honig-Hustenbonbons wurden von P&G in ihrem Forschungs- und Entwicklungszentrum in Caracas entwickelt, zunächst für den lateinamerikanischen Markt, um dann auch in den USA und Europa großen Anklang zu finden. Oncovin ist ein Medikament, das Eli Lilly in den USA auf der Grundlage von Wirkstoffen entwickelt hat, die in Madagaskar gefunden wurden – und die dort ursprünglich erforscht wurden. Am bekanntesten ist vielleicht Artemisin, ein Hauptbestandteil der chinesischen TCM, der als Mittel gegen Malaria weiterentwickelt wurde und schließlich zur Verleihung des Nobelpreises für Medizin 2015 an den chinesischen Forscher Tu Youyou führte.

Innovationen aus Schwellenländern sind mit dem Stigma behaftet, „kostengünstig“ oder „auf die Bedürfnisse unterentwickelter Zivilisationen ausgerichtet“ zu sein (für eine Zusammenfassung der Hindernisse für Reverse-Innovationen siehe Hadengue et al., 2017), und haben oft große Schwierigkeiten bei der Übernahme und Akzeptanz (DePasse & Lee, 2013). Westliche politische Entscheidungsträger und Regierungsinstitutionen haben daher mehrere Initiativen gestartet, um den umgekehrten Transfer von Lösungen aus Schwellenländern (aus sogenannten Entwicklungsländern mit niedrigem Einkommen (engl.: low-income countries: LIC)) vorhersehbarer und systematischer zu gestalten:

- Preisausschreiben: Snowdon et al. (2015) berichteten über die Ergebnisse eines offenen Wettbewerbs für Gesundheitslösungen aus Entwicklungs- oder Schwellenländern, bei dem der Gewinner 50.000 US-Dollar für die weitere Finanzierung seines Projekts erhalten sollte. Ein Ausschuss bewertete alle 12 eingereichten Projekte auf der Grundlage von sieben gewichteten Kriterien. Abgesehen davon, dass die siegreiche Innovation durch das Preisgeld unterstützt wurde, profitierten die konkurrierenden Beiträge auch von projektspezifischem Feedback, und durch die Medienpräsenz wurde die Öffentlichkeit auf das Potenzial der umgekehrten Innovation in der Gesundheitsversorgung aufmerksam gemacht.
- Crossover-Ermittlungen: DePasse und Lee (2013) beschreiben ein vierstufiges Modell für den Transfer von Reverse Innovationen, das eine gemeinsame Problemermittlung in einem LIC, eine Verbreitungsanalyse in diesem Land,

einen Crossover-Vorschlag und die anschließende Verbreitung in einem Land mit hohem Einkommen (engl.: high-income countries: HIC) umfasst. Die Kunst besteht nicht nur darin, diesen Crossover effektiv durchzuführen, sondern auch geeignete Kandidaten für umgekehrte Innovationen zu identifizieren und die Verbreitung im Heimatland zu unterstützen.
- Bewertung von Beurteilungen: Battacharaya et al. (2017) haben ein zweistufiges Bewertungssystem mit acht Bewertungskriterien entwickelt, das vor allem von politischen Entscheidungsträgern, öffentlichen Einrichtungen oder Förderorganisationen genutzt werden kann. Der Zweck dieser Evaluation ist es, potenzielle Reverse Innovationen zu identifizieren und sie auf ihre Eignung für den Transfer und die Anwendbarkeit auf einen ungedeckten Bedarf im Heimatland zu prüfen.

Zusammenfassend lässt sich sagen, dass das Potenzial der umgekehrten Innovation in der Pharmazie immer noch schwer abzuschätzen ist, dass aber der Gesundheitssektor aufgrund des zunehmenden Kostendrucks in den Industrieländern ein starkes Interesse daran hat, jede neue Lösung aus Schwellenländern in Betracht zu ziehen. Multinationale Pharmaunternehmen, die bereits über F&E-Zentren in diesen Schwellenländern verfügen, sind gut positioniert, um ihre Reichweite in verschiedenen Bevölkerungsgruppen nicht nur als Patientenpools, sondern auch als Innovationsquellen zu nutzen, und können letztlich eine wichtige Rolle als Vermittler von Reverse Innovation in ihren Heimatländern spielen.

7.4 Schlussfolgerungen

Die F&E in multinationalen Unternehmen hat sich von zentralisierten und geografisch begrenzten zu verteilten und offenen Strukturen entwickelt. Die pharmazeutische Industrie ist eine der am weitesten fortgeschrittenen Branchen, was die Internationalisierung von F&E betrifft, und eine der spezifischsten, was die Regulierung und Bedeutung von Wissenschaft und Technologie angeht. Dennoch ist die Aufrechterhaltung eines ausgewogenen, lokal reaktionsfähigen und global effizienten F&E-Netzes eine der großen Herausforderungen für multinationale Unternehmen. Die sich rasch entwickelnden Biotechnologieunternehmen und neuen Pharmaunternehmen (ob aus Schwellenländern oder aus den USA, Europa oder Japan) wiederholen die Wachstumsschmerzen, die große Pharmaunternehmen wie Novartis, Pfizer oder Takeda seit den 1980er-Jahren erlebt haben.

Die wichtigsten Erkenntnisse für das Management der globalen F&E in der pharmazeutischen Industrie lassen sich wie folgt zusammenfassen:

- Lokalisierung der Verwaltungsressourcen;
- flache und flexible Organisationen;
- Einführung einer lokalen Kultur der Innovation und des Know-hows;
- anspruchsvolle Projekte gepaart mit Bottom-up-Kreativität;
- persönliche Interaktionen sind in der dezentralen F&E wichtiger;
- Synchronisierung der internationalen Arzneimittelentwicklung durch transnationales Projektmanagement zur Verkürzung der F&E-Zyklen;

- weltweites integriertes F&E-Datenmanagement;
- die Akquisition von externen Ideen und Projekten ist ebenso wichtig wie die interne Forschung und Entwicklung;
- internationale Teams erfordern neue Organisationen;
- Verwalten Sie Plattformen, nicht einzelne F&E-Projekte;
- bessere Einbeziehung und Nutzung lokaler universitärer und nationaler Forschungsprogramme;
- effizientes Management der lokalen Partner für offene Innovation;
- Förderung der Vernetzung und Zusammenarbeit.

Zusammenfassend lässt sich sagen, dass das länderübergreifende F&E-Management ein Schlüsselelement für den Erfolg ist, und die hohen Risiken der Arzneimittelzulassung und der medizinischen Sicherheit haben die pharmazeutische Innovationspipeline zu einem der am besten verstandenen F&E-Motoren gemacht (Gassmann & von Zedtwitz, 2003). Es gibt jedoch noch ungenutztes Potenzial, um diesen Motor mit neuen Technologien, neuen Managementansätzen und neuen wissenschaftlichen Talenten aus Ländern rund um die Welt zu verbessern.

Literatur

Bhattacharyya, O., Wu, D., Mossman, K., Hayden, L., Gill, P., Cheng, Y.-L., et al. (2017). Criteria to assess potential reverse innovations: Opportunities for shared learning between high and low income countries. *Globalization and Health, 13*(4), 1–8.

Boutellier, R., Gassmann, O., & von Zedtwitz, M. (2008). *Managing global innovation: Uncovering the secrets of future competitiveness* (3. Aufl.). Springer.

Comanor, W. S., & Scherer, F. M. (2013). Mergers and innovation in the pharmaceutical industry. *Journal of Health Economics, 32*(1), 106–113.

Corsi, S., & von Zedtwitz, M. (2016). Reverse innovation – a new world order for global innovation? *The European Business Review, 2016*, 73–77.

Crisp, N. (2010). *Turning the world upside down: The search for global health in the 21st century*. Royal Society of Medicine Press.

Deloitte. (2011). *The next phase: Opportunities in China's pharmaceutical market*. National Industry Program Report.

DePasse, J., & Lee, P. (2013). A model for 'reverse innovation' in health care. *Globalization and Health, 9*, 40.

Dierks, A., Kuklinski, C. P. J., & Moser, R. (2013). How institutional change reconfigures successful value chains: The case of western pharma corporations in China. *Thunderbird International Business Review, 55*(2), 153–171.

Export. (2016). *China Pharmaceuticals*. Online. https://www.export.gov/article?id=China-Pharmaceuticals. Zugegriffen am 27.04.2016.

Gassmann, O., & von Zedtwitz, M. (2003). Innovation processes in transnational corporations. In L. Shavinina (Hrsg.), *The international handbook on innovation* (S. 702–714). Pergamon.

Govindarajan, V., & Ramamurti, R. (2011). Reverse innovation, emerging markets, and global strategy. *Global Strategy Journal, 1*(3–4), 191–205.

Grimes, S., & Miozzo, M. (2015). Big pharma's internationalization of R&D to China. *European Planning Studies, 23*(9), 1873–1894.

Guo, Y. (2016). *TCM going global*. China.org.cn. Zugegriffen am 11.03.2016.

Hadengue, M., de Marcellis-Warin, N., von Zedtwitz, M., & Warin, T. (2017). Avoiding the pitfalls of reverse innovation. *Research Technology Management, 60*(3), 40–47.

Harris, M., Weisberger, E., Silver, D., & Macinko, J. (2015). 'They hear "Africa" and they think that there can't be any good services' – perceived context in cross-national learning: A qualitative study of the barriers to reverse innovation. *Globalization and Health, 11*, 45.

ITA. (2016). *China – 2016 top markets report pharmaceuticals country case study*. International Trade Association, D.O.C.

KnowledgeWharton. (2013, September). China's bitter medicine for foreign drug companies. KnowledgeWharton. http://knowledge.wharton.upenn.edu/article/chinas-bitter-medicine-foreign-drug-companies/. Zugegriffen am 27.04.2016.

Liu, C. X., & Xiao, P. G. (2002). Recalling the research and development of new drugs originating from Chinese traditional and herbal drugs. *Asian Journal of Drug Metabolism and Pharmacokinetics, 2*(2), 133–156.

McKinsey. (2012, February). Innovating in China's pharma market: An interview with AstraZeneca's head of R&D in Asia and emerging markets. *McKinsey Insights*.

Newman, D. J., Cragg, G. M., & Snader, K. M. (2003). Natural products as sources of new drugs over the period 1981–2002. *Journal of Natural Products, 66*, 1022–1037.

Philipp, J. (2014, December 8). Beware of fake prescription drugs smuggled from China. *The Epoch Times*.

Prud'homme, D. (2016). Forecasting threats and opportunities for foreign innovators in China's strategic emerging industries: A policy-based analysis. *Thunderbird International Business Review, 58*, 103–115.

Shi, Y.-Z., Hu, H., & Wang, C. (2014). Contract research organizations (CROs) in China: Integrating Chinese research and development capabilities for global drug innovation. *Globalization and Health, 10*, 78.

Snowdon, A. W., Bassi, H., Scarffe, A. D., & Smith, A. D. (2015). Reverse innovation: An opportunity for strengthening health systems. *Globalization and Health, 11*, 2.

Syed, S. B., Dadwal, V., & Martin, G. (2013). Reverse innovation in global health systems: Towards global innovation flow. *Globalization and Health, 9*, 36.

Waldmeir, P. (2015, November 11). China looks to traditional medicine as tonic to boost growth. *Financial Times*.

Wang, A., & von Zedtwitz, M. (2005). Developing the pharmaceutical business in China – the case of Novartis. In G. Festel, A. Kreimeyer, U. Oels, & M. von Zedtwitz (Hrsg.), *The chemical and pharmaceutical industry in China – challenges and threats for foreign companies* (S. 109–119). Springer.

Webber, D. E. (2005). China's approach to innovative pharmaceutical R&D: A review. In G. Festel, A. Kreimeyer, U. Oels, & M. von Zedtwitz (Hrsg.), *The chemical and pharmaceutical industry in China – challenges and threats for foreign companies* (S. 121–131). Springer.

Weyrauch, T., & Herstatt, C. (2016). What is frugal innovation? Three defining criteria. *Journal for Reverse Innovation, 2*(1), 1–17.

von Zedtwitz, M., & Gassmann, O. (2002). Market versus technology drive in R&D internationalization: Four different patterns of managing research and development. *Research Policy, 31*(4), 569–588.

von Zedtwitz, M., & Gassmann, O. (2016). Global corporate RnD to and from emerging countries. In S. Dutta, B. Lanvin, & S. Wunsch-Vincent (Hrsg.), *The global innovation index 2016* (S. 125–131). Johnson Cornell University.

von Zedtwitz, M., Corsi, S., Soberg, P., & Frega, R. (2015). A typology of reverse innovation. *Journal of Product Innovation Management, 32*(1), 12–28.

Zeller, C. (2001). *Globalisierungsstrategien – der Weg von Novartis*. Springer.

Zeschky, M., Winterhalter, S., & Gassmann, O. (2014). From cost to frugal and reverse innovation: Mapping the field and implications for global competitiveness. *Research Technology Management, 57*(4), 1–8.

8 Aussichten und Trends

„The future is already here, it's just not evenly distributed."
(„Die Zukunft ist schon da, sie ist nur nicht gleichmäßig verteilt.")

William Gibson, The Economist

8.1 Drei Ebenen des zukünftigen Wandels

Die pharmazeutische Industrie steht am Anfang eines gewaltigen Wandels, eines Wandels, bei dem Innovation in Zukunft noch stärker die Wettbewerbsfähigkeit und das Wachstum bestimmen wird. Die Verbesserung des Innovationsflusses, die Steigerung der F&E-Effizienz und die Schließung der Produktivitätslücke sind die zentralen Herausforderungen bei diesem nächsten Wandel. Angesichts bedeutender technologischer Veränderungen bei Entdeckungstechnologien, Wirkstoffzielen, Design und Formaten, neuer Markt- und Kundenerwartungen wie individualisierte Medizin und geringere Gesamtkosten im Gesundheitswesen sowie neuer Wettbewerber aus der digitalen Ecke steht die Pharmaindustrie vor einer regelrechten Revolution.

Dieses letzte Kapitel fasst die wichtigsten Schlussfolgerungen des Buches zusammen, zeigt einige Trends auf und schlägt künftige Richtungen für führende pharmazeutische Innovationen auf drei Ebenen vor:

1. Steigerung der Effizienz und Effektivität von F&E,
2. Neudefinition und Überdenken des Geschäftsmodells und
3. Führen von Menschen für Innovation und Wandel.

O. Gassmann et al., *Führung und Organisation pharmazeutischer Innovation*,
https://doi.org/10.1007/978-3-031-43818-9_8

Sie sind alle gleich wichtig, aber jedes Unternehmen muss die Prioritäten für seine Maßnahmen und Strategien anders setzen, je nachdem, welchen Weg es einschlagen will.

8.2 Ebene 1: Steigerung der Effizienz und Effektivität von F&E

Die Öffnung des Innovationsprozesses

Die Unternehmen von heute stützen sich bereits auf ausgedehnte Netze bestehend aus verschiedenen Arten von externen Partnern, um die Effizienz ihrer F&E-Organisationen zu verbessern. Dies wird in Zukunft noch wichtiger werden. Es werden Partnerschaften entstehen, die weit über die bekannten Technologiebeschaffungsstrategien der frühen Pharma-Biotech-Allianzen hinausgehen. Intensiver Wettbewerb, Zugang zu Märkten, knappe eigene Ressourcen, fehlendes Know-how, Kostensenkungen oder Umstrukturierungen, Wachstumsbestrebungen, Synergien und Effizienzsteigerungen und nicht zuletzt die Verringerung von Risiken sind die Hauptgründe, warum Pharmaunternehmen verstärkt mit externen Partnern zusammenarbeiten. Dies bedeutet eine große Herausforderung für die dynamischen Fähigkeiten von Innovatoren und Managern bei der Entwicklung und Verwaltung strategischer Allianzen und Netzwerke für eine bessere Produktpipeline.

Stärkerer Fokus auf Kommerzialisierung entlang der Wertschöpfungskette

Jede Strategie zur Verbesserung der F&E-Pipeline muss den Schwerpunkt auf die Kommerzialisierung legen, auch von frühen Forschungsergebnissen. Während die Suche nach Einlizenzierungskandidaten weithin akzeptiert ist, wird die Suche nach Auslizenzierungskandidaten aus der eigenen Forschung und dem eigenen geistigen Eigentum nicht ausreichend forciert. Geistiges Eigentum sollte aktiv geschaffen und gebündelt werden, damit es anschließend an potenzielle Lizenznehmer vermarktet werden kann. Aufgrund der wachsenden Zahl von Nischenmärkten sind Spezialpharmaunternehmen versucht, Projekte in späten Stadien zu erwerben, ohne die Opportunitätskosten und Risiken in früheren Stadien zu tragen. Mehrere potenzielle Lizenznehmer haben möglicherweise einen besonderen Bedarf an den geistigen Vermögenswerten des Pharmaunternehmens. Das Pharmaunternehmen sollte diese Lizenznehmer nicht nur als potenzielle Konkurrenten betrachten, die möglicherweise Blockbuster-Einnahmen „stehlen". Vielmehr sollten diese Firmen als Partner mit komplementären Vertriebs- und Kommerzialisierungskapazitäten für zusätzliche Einnahmen und Gewinne betrachtet werden.

Neue Entdeckungstechnologien zur Nutzung des Potenzials der personalisierten Medizin

Wir sehen auch einen Trend zum Einsatz der kosteneffizienten Hochdurchsatz-Sequenzierungstechnologie (engl.: Next Generation Sequencing, NGS) zur Identifizierung von Mutationen im gesamten Genom von Personen (engl.: Whole Genome

Sequencing, WGS), um die Ursachen von Krankheiten wie Krebs vorherzusagen. Die WGS-Technologie wird für die Erstellung von Profilen von Patienten im Hochdurchsatzverfahren eingesetzt, um deren genetisches Profil mit dem Profil von Prüfmedikamenten abzugleichen. Pharmaunternehmen müssen in NGS- und WGS-Technologien investieren, um das volle Potenzial der personalisierten Medizin zu nutzen. Mikrofluidische oder Lab-on-a-Chip-Technologien sind ein weiterer technologischer Trend, der die Forschung und Entwicklung in Zukunft vorantreiben wird. Diese Miniaturisierungstechnologien werden den Einsatz von Bioassays und Zellbiologie in der biomedizinischen Forschung erleichtern, biologische Tests in großen Mengen in der Arzneimittelforschung ermöglichen, Organe auf einem Chip nachbilden und die F&E-Effizienz insgesamt verbessern. Es wird erwartet, dass diese Technologien im Laufe der Zeit exponentielle Leistungsverbesserungen erbringen werden, die zu einer radikalen Kostensenkung führen werden, ähnlich dem Mooreschen Gesetz in der Computerindustrie.

Neue Biologika sollen das volle Wachstumspotenzial ausschöpfen

Ein weiterer wichtiger technologischer Trend betrifft Biologika, wie chimäre Antikörper, biospezifische Antikörper oder oral verfügbare Antikörper. So werden Antikörper nach wie vor intravenös oder subkutan verabreicht: Beide Methoden sind mit Kosten für die Krankenhausverwaltung, Zeitaufwand für Ärzte und Patienten, Reisen und Infrastruktur verbunden. Erste Hinweise deuten darauf hin, dass oral verfügbare Antikörper in naher Zukunft verfügbar sein könnten, und Antikörper in einer Pille wären ein Durchbruch für Patienten und Kostenträger. Die Vorteile dieser Art von neuen Biologika sind geringere Kosten und eine höhere Therapietreue der Patienten. Der Druck zu mehr Bequemlichkeit und niedrigeren Kosten wird im Gesundheitswesen anhalten.

Neue Medikamententechnologien sollen neue Blockbuster-Medikamente liefern

Antikörper-Wirkstoff-Konjugate (engl.: antibody-drug conjugates: ADCs) und synthetische oder in vitro transkribierte (engl.: in vitro transcribed IVT) mRNA-basierte Therapeutika sind Technologien, die das Potenzial haben, die nächste Welle von Blockbustern einzuleiten. ADCs beispielsweise sind eine neue Klasse von Medikamenten, die einen Antikörper und einen zytotoxischen Wirkstoff in einer Einheit enthalten. Sie ermöglichen die spezifische Zuführung des zytotoxischen Wirkstoffs zum Ziel durch den Antikörperanteil und sind weniger toxisch als herkömmliche Krebsmedikamente. Große forschende Pharmaunternehmen (darunter z. B. Roche, Pfizer und Sanofi) haben Projekte zu ADCs in ihren F&E-Pipelines. Andere Pharmaunternehmen (z. B. Eli Lilly und Novartis) haben über Lizenzvereinbarungen Zugriff auf ADC-Technologien von Biotechnologieunternehmen. Die Marktforschung geht davon aus, dass sich der Synergieeffekt von ADCs in einem höheren Preis niederschlagen kann. So liegt der Preis für Adcetris (Brentuximab Vedotin von Takeda) zur Behandlung des Hodgkin-Lymphoms bei 14.000 USD pro Behandlung mit einem jährlichen Gesamtumsatzpotenzial von über 100.000 USD pro Behandlung.

Integrierte Lösungen zur Behandlung komplexer Krankheiten
Neurodegenerative Erkrankungen stellen schon jetzt eine große Belastung für die Gesundheitssysteme dar, und diese Belastung wird wahrscheinlich noch zunehmen. Lösungen für die Behandlung komplexer Erkrankungen des zentralen Nervensystems (ZNS) können nicht allein aus der Arzneimittelforschung kommen, sondern müssen aus einer Kombination von pharmakologischen und nicht-pharmakologischen Interventionen abgeleitet werden. Pharmaunternehmen werden in Erwägung ziehen müssen, in das Geschäft mit Medizinprodukten einzusteigen, um ihre ZNS-Behandlungsmöglichkeiten durch elektrische, roboter- und softwarebasierte Ansätze zu erweitern. Infolgedessen werden sich Pharmaunternehmen von reinen Arzneimittelherstellern zu Anbietern integrierter Gesundheitslösungen wandeln müssen.

Ablösung des krankheitszentrierten Ansatzes durch systematische Früherkennung
Wir prognostizieren, dass die pharmazeutische Forschung durch eine breite Palette neuartiger Technologien zur Entdeckung von Arzneimitteln verbessert wird. Das eingesetzte Technologiespektrum geht dabei über Hochdurchsatz-Screening, kombinatorische Chemie oder Bioinformatik hinaus und fokussiert sich zunehmend auf das molekulare Wirkstoffdesign. Die Anwendung dieser Technologien ermöglicht die Automatisierung eines Großteils der Entdeckungsbemühungen und fördert einen umfassenderen und konsistenteren Screening-Prozess. Dies bedeutet, dass man in den frühen Phasen von einem krankheitszentrierten zu einem systematischen und mechanistischen Entdeckungsprozess übergeht. Forschungsengpässe und Versäumnisse, die auf mangelnder menschlicher Aufmerksamkeit und Verarbeitungsleistung beruhen, können vermieden oder zumindest ausgeglichen werden. Infolgedessen dürften sowohl die Qualität als auch die Quantität der entstehenden Leitverbindungen zunehmen.

Verringerung der Serendipität bei der Entdeckung durch ein ausgewogenes Verhältnis zwischen Datengenerierung und Datenanalysetools
Die Allgegenwart der Informationstechnologien führt dazu, dass jeden Tag riesige Datenmengen erzeugt und gesammelt werden. Nach dem Erfolg dieser neuen Informationsproduktionskapazitäten sind wir noch dabei, die Techniken zur Verwaltung und Interpretation all dieser gesammelten Daten zu entwickeln. Die Medizin ist reif für neue Wege, um Wissen in bereits vorhandenen Datensätzen zu finden. Big Data wird die Biowissenschaften und die Gesundheitsversorgung zwischen Patienten und Anbietern sowie zwischen Pharmaunternehmen und Kunden verändern. Fortgeschrittene Datenbanktechnologien, schnellere Algorithmen und verbesserte induktive statistische Analysen sind notwendig, um riesige Informationsmengen effizient zu durchforsten, so dass man sich in Zukunft möglicherweise nicht mehr allein auf den Zufall verlassen kann.

Konzentration auf Komplexität und Vielfalt in Verbundbibliotheken
Neben der Anwendung fortschrittlicherer Screening-Methoden muss auch die Qualität der zu untersuchenden Substanzen verbessert werden. Daher müssen die strukturelle Komplexität und Vielfalt der Substanzbibliotheken zunehmen. Dies erhöht letztlich die Wahrscheinlichkeit, Substanzen zu finden, die in der Lage sind, ein bestimmtes Target auf eine bestimmte gewünschte Weise zu beeinflussen. Die Fähigkeit, komplexes Wissen zu managen – Relevanz zu erkennen und mit der Informationsdynamik umzugehen – wird für forschungsorientierte Pharmaunternehmen in Zukunft entscheidend sein.

Insgesamt steigen Effizienz und Effektivität von Forschung und Entwicklung in der Pharmaindustrie mit der Fähigkeit des Unternehmens, relevantes Wissen aufzunehmen, zu schaffen, umzuwandeln und zu interpretieren. Die Auswirkungen auf die Produktivität werden ähnlich sein wie bei der Einführung der Plattformentwicklung in der Automobilindustrie. F&E in der Pharmaindustrie wird vor allem zu einer Herausforderung des Wissensmanagements. Dabei steht die Fähigkeit im Zentrum relevante Wissensmuster, die intern oder extern erzeugt wurden, schneller zu identifizieren und zu interpretieren als andere. Sie trennt Gewinner von Verlierern im Innovationswettlauf.

8.3 Ebene 2: Neudefinition des Geschäftsmodells

Den ‚Sweet Spot' in der pharmazeutischen Wertschöpfungskette finden
Geringere Effizienz und Flexibilität, Schwierigkeiten beim Know-how-Transfer und eine unklare Situation in Bezug auf geistiges Eigentum werden als Hauptbremsfaktoren in der pharmazeutischen Forschung und Entwicklung angesehen. Führende Dienstleistungsanbieter, die bereits wichtige Kompetenzen von Pharmaunternehmen ergänzen, könnten eine noch wichtigere Rolle beim Management pharmazeutischer Innovationen übernehmen. Die Make-or-buy-Entscheidung eines auftraggebenden Pharmaunternehmens, d. h. das Gleichgewicht zwischen internen und externen Aktivitäten, ist in erster Linie von Kompetenz und Know-how und nicht von Kapazitäten oder Kosten abhängig. Bevorzugte Partnerschaften und projektbezogene Kooperationen mit vorselektierten Anbietern sind die beiden günstigsten Kooperationsmodelle in der Praxis. Die Kontrolle der kritischen Komponenten in der Wertschöpfungskette bleibt jedoch das Hauptproblem.

Ein „Knowledge Leverager" werden
Bei der offenen Innovation ist der „Knowledge Leverager" besonders geschickt darin, externe Innovationen zu nutzen, was zu einer höheren F&E-Leistung bei gleichzeitiger Senkung der F&E-Kosten führt. In der pharmazeutischen Industrie sind Shire, Chorus und Debiopharm Beispiele für den Erfolg dieses Typs von offenem Innovator. Der Innovationsdruck macht es für einige, insbesondere sonst eher wenig-innovative Pharmaunternehmen erforderlich, ihre F&E-Konzepte auf ein offeneres und kosteneffizienteres Umfeld auszurichten. Einige Unternehmen könnten

sogar zu einem noch grundlegenderen Wandel in der F&E gezwungen sein: dem radikalen „Knowledge-Leverager-Konzept" mit virtuellen F&E-Teams und einem hohen Anteil an extern akquirierten Pipeline-Projekten.

Entwicklung von nachgelagerten Fähigkeiten innerhalb von F&E
Eine stärkere Marktorientierung der F&E ist eine der Hauptaufgaben aller künftigen F&E-Aktivitäten. Dies wiederum erfordert eine stärkere Geschäftsorientierung der Forschungsleiter und der wichtigsten Wissenschaftler. Dies ist nicht einfach, da 80 % aller Wissenschaftler im Pharmasektor nie die kommerziellen Ergebnisse ihrer Arbeit sehen werden. Viele Wissenschaftler in der pharmazeutischen Forschung und Entwicklung wissen immer noch zu wenig über die Märkte, für die ihre Produkte bestimmt sind. Es ist notwendig, den Wissenschaftlern diese geschäftlichen Vorteile deutlicher zu vermitteln. Infolgedessen muss eine wirksame und kooperative Schnittstelle zwischen F&E und Marketing geschaffen werden. Letztlich soll eine stärkere Marktorientierung zu einem Wechsel von einer produkt- zu einer patientenorientierten Strategie führen.

Das Potenzial der Schwellenländer ausschöpfen
Pharmaunternehmen mit geringerer F&E-Effizienz können ihre Wachstumsziele nicht allein durch Produktinnovation erreichen und wenden sich dem Wachstum von Generika, OTC-Produkten und Schwellenmärkten zu. Sie müssen ihre Geschäftsmodelle von rein forschungsbasierten und auf traditionelle Märkte ausgerichteten zu diversifizierteren und ausgewogeneren Geschäftsmodellen ausbauen, die den spezifischen Bedürfnissen der Schwellenmärkte Rechnung tragen.

Strategien, wie man von wissenschaftlichen Durchbrüchen profitieren kann
Je mehr wir das menschliche Genom verstehen, desto mehr werden wir in der Lage sein, validierte biologische Targets als Ausgangspunkt für die Entwicklung neuer Medikamente zu nutzen. Es wird erwartet, dass die Zahl dieser Targets in naher Zukunft um das Zwanzigfache auf über 10.000 ansteigen wird. Die Integration von Genomik, Proteomik, molekularem Design und anderen Technologien wird zu einer verbesserten Identifizierung von Targets, einer Optimierung von Leitstrukturen und einem verbesserten Design klinischer Studien führen, die die Zulassung beschleunigen. Dies wird eine Verlagerung von breit angelegten Arzneimitteln hin zu gezielteren Medikamenten mit einem viel höheren therapeutischen Wert für die Zielpopulation bedeuten. Der Zugang zu Genomik-Technologien ist jedoch nicht billig (geschätzte Mindestkosten von 100 Mio. USD pro Jahr), und die führenden Pharmaunternehmen werden wahrscheinlich die ersten sein, die diese neuen Technologien vollständig integrieren.

Spezialmedizin als Geschäftsfeld
Traditionell waren Medikamente zur Behandlung von Krankheiten mit hoher Prävalenz und hohem Ertragspotenzial die treibende Kraft bei der Entscheidungsfindung in der pharmazeutischen F&E-Pipeline. Im Spannungsfeld zwischen kommerziellen Erfordernissen und ethischen Interessen wird die Spezialmedizin eine Zukunft

haben, sobald die Entwicklungskosten den Lebenszykluserträgen entsprechen. Vor allem jene Spezialmedikamente mit kürzerer Markteinführungszeit und schlankeren Kostenerstattungs- und Preisgestaltungsmodellen haben Blockbuster-Potenzial; der Trend zur Entwicklung von Blockbustern in diesem Bereich wird in Zukunft zunehmen.

Das Geschäft mit der Unterhaltungselektronik verstehen und erforschen
Eine große Chance sind die neuen Lebensstiltrends der Wearables. Neue Wettbewerber schaffen einen Markt mit großer Bedeutung für die Gesundheitsversorgung. Apple, Samsung und Google entwickeln tragbare Geräte mit Funktionen für das Lebensstilmanagement und die Unfall-, Verletzungs- und Krankheitsprävention. Ihre Produkte benötigen weder eine umfangreiche klinische Entwicklung noch eine FDA-Zulassung. Stattdessen entscheidet die Kundenakzeptanz über den Erfolg der Innovation, und es entstehen neue Geschäftsmodelle, die auf individuellen Informationen basieren. Mehrere Pharmaunternehmen haben begonnen, diese Bereiche zu nutzen, aber keines von ihnen hat bisher einen großen Markterfolg erzielt. Die vorherrschende Innovationslogik von Software- und Unterhaltungselektronikunternehmen ist schnelllebig, technologisch inkrementell und stark nutzerorientiert. Pharmaunternehmen stehen vor der Herausforderung, auf einem Markt erfolgreich zu sein, der zum Teil der Logik der Unterhaltungselektronik folgt, aber zunehmend Teil eines neuen Bereichs der Gesundheitsfürsorge ist.

Insgesamt denken Pharmaunternehmen in Wirkstoffen und Krankheiten und weniger in Geschäftsmodellen. Ein Geschäftsmodell ist die integrierte Antwort auf vier Fragen: Wer ist Ihr Zielkunde? Was ist Ihr Wertversprechen? Wie wird das Wertversprechen umgesetzt (d. h. wie sieht Ihre Lieferkettenarchitektur aus)? Und warum ist das Geschäft profitabel (wie sieht Ihr Ertragsmodell aus)? Software „frisst die Welt", wie Marc Andreessen in einem Artikel des Wall Street Journal feststellte. Obwohl die „Ubernisierung" der Wirtschaft den Pharmasektor noch nicht erreicht hat, wird ein sorgfältiges Überdenken und Neudefinieren des Geschäftsmodells immer wichtiger. Ein Geschäftsmodell schafft und bindet Wert für das Unternehmen. Je höher der Druck auf die Gewinnmargen ist, desto mehr muss ein Unternehmen in Geschäftsmodellen denken.

8.4 Stufe 3: Führung von Menschen für Innovation und Wandel

Ein Mindset für Change schaffen
Wettbewerbsvorteile sind nur vorübergehend: Nachhaltiges profitables Wachstum ist nur möglich, wenn ein Unternehmen die Quellen seines Erfolgs immer wieder in Frage stellt. Die jährlichen McKinsey-Umfragen zeigen jedoch, dass nur 30 % der strategischen Initiativen wirklich erfolgreich sind, während 70 % scheitern. Die Gründe dafür sind bekannt (werden aber oft nicht gründlich bedacht): Zwei Drittel der Misserfolge sind auf den Widerstand der Mitarbeiter oder ein nicht konsequen-

tes Managementverhalten zurückzuführen. Oft fehlt die Einstellung zum Wandel, und wenn Strategien erfolgreich sein sollen, muss diese Einstellung konsequent und beharrlich entwickelt werden.

Entwicklung einer Transformationsgeschichte
Obwohl der Wandel ein biologischer und vielleicht universeller natürlicher Imperativ ist, der alle Menschen betrifft, widersetzen wir uns als Individuen oft dem Wandel, selbst wenn die Vorteile offensichtlich sind. Dieses Muster findet sich auch auf organisatorischer Ebene wieder: Die meisten Unternehmen zeigen kulturelle Trägheit und Selbstgefälligkeit angesichts notwendiger Veränderungen. Sowohl Mitarbeiter als auch Manager stellen sich zwei Arten von Fragen: (1) Wird das wirklich funktionieren? Und, was noch wichtiger ist: (2) Wie wird sich das auf mich auswirken? Was werden meine neue Rolle und meine neuen Aufgaben sein? Mit wem werde ich als nächstes zusammenarbeiten? Werde ich die neuen Erwartungen erfüllen können, und ist mein Arbeitsplatz noch sicher? Eine überzeugende Transformationsgeschichte hilft allen Betroffenen, die Notwendigkeit des Wandels zu verstehen und die Akzeptanz des Wandels um fast das Vierfache zu erhöhen, wie Untersuchungen zum Wandel gezeigt haben. Der Inhalt einer Geschichte kann eine starke, positive Vision („Gewinnt gegen HIV!") oder eine bedrohliche Mission („Innoviere oder stirb!") sein. Beide Arten von Transformationsgeschichten können funktionieren, wenn sie konsequent kommuniziert werden.

Überwindung funktionaler Silos
Der Mensch steht im Mittelpunkt des Unternehmens, daher wird eine bessere Personalentwicklung und -ausbildung zu besser geführten Unternehmen führen. Wegen der langen Vorlaufzeiten und der großen beruflichen Spezialisierung müssen insbesondere Pharmaunternehmen die Distanz zwischen der frühen Forschung und dem Endprodukt überwinden, indem sie ihre Anreiz- und Aufgabenzuweisungssysteme anpassen. Nicht jeder Wissenschaftler möchte im Marketing tätig sein, aber jeder Forscher sollte die Möglichkeit haben, den Rest des Unternehmens kennenzulernen und eine moderne, flexiblere Karriere zu verfolgen. Alle Mitarbeiter im Bereich F&E sollten sich fragen, welchen Beitrag sie auf allen Ebenen des F&E-Prozesses leisten können. Dieser Ansatz stellt den linear strukturierten Prozess in Frage und legt mehr Gewicht auf gruppen- und teamorientierte F&E. Feedback-Schleifen (d. h. von den klinischen Studien zurück zur Grundlagenforschung und zu den Screeningphasen) müssen proaktiv verfolgt werden. Die moderne Arzneimittelforschung erfordert die Integration von Wissen aus einem breiten Spektrum von Disziplinen. Die Bildung multidisziplinärer Teams, die Biologen, Physiologen, Biochemiker sowie Spezialisten aus den traditionellen Disziplinen der synthetischen Chemie und Pharmakologie sowie esoterischere Spezialisten wie Molekülkinetiker umfassen, kann dazu beitragen, Engpässe in der Kreativität zu überwinden und unerwartete nachgelagerte Möglichkeiten zu entwickeln. Marketingexperten sollten so früh wie möglich in den F&E-Prozess einbezogen werden. Die erfolgreichsten Pharmaunternehmen zeichnen sich dadurch aus, dass sie sich aktiv mit dem Spannungsfeld zwischen einer rein funktionalen Organisation und einer Organisation nach Produktgruppen auseinandersetzen.

Balance zwischen Größe und Kreativität
Kreativität in der pharmazeutischen Forschung und Entwicklung ist eher in kleinen als in großen Teams zu finden. Mega-Fusionen und die daraus resultierenden noch größeren Unternehmen gefährden die Fähigkeit der F&E, kreativ zu sein. Wie bei jeder Akquisition und/oder Integration von externem Wissen in das interne Portfolio (was in Zukunft eine wichtige Triebkraft für Verbesserungen in der F&E sein dürfte), besteht daher die Gefahr des Verlusts von Kreativität und des Auftretens des „Not-Invented-Here"-Syndroms. **Henkel** hat die so genannten 3 × 6-Teams eingerichtet: Sechs Personen arbeiten sechs Monate lang in einem autonomen Team zusammen; es werden sechs spezifische Produktkonzepte erwartet. Die Idee der kleinen Teams und des hohen Zeitdrucks lässt sich auf Pharmaunternehmen übertragen. Eingebettete kleine Funktionseinheiten innerhalb einer größeren Einheit helfen, die Kreativität im Unternehmen zu halten.

Oft scheitern, um schneller erfolgreich zu sein
Es ist wirtschaftlicher und produktiver, weniger aussichtsreiche Projekte abzubrechen und die Ressourcen auf objektiv vielversprechendere Projekte zu konzentrieren. Es gibt einen Grenzwert, ab dem das Projektmanagement der Disziplin absoluten Vorrang vor inkrementellen Verbesserungen gibt. Vor diesem Punkt sollte die F&E-Organisation so gestaltet sein, dass sie ein Höchstmaß an Kreativität und Effektivität ihrer Forschungsanstrengungen erreicht. **Google X** konzentriert sich absichtlich darauf, die schwierigsten Fragen zu Beginn eines Projekts zu lösen, um schnell zu lernen, frühzeitig externes Feedback zu erhalten und dann die nächste Schleife zu machen. Je mehr ein Team scheitert, desto mehr lernt es und hat die Chance, sich anzupassen und erfolgreich zu sein. Insgesamt bestimmt die kombinierte Stoßrichtung aller Projektaktivitäten die Kompetenzbereiche eines Unternehmens und damit seine Therapiefelder.

Die Erinnerung daran, dass Medikamente globale Probleme lösen können
Pharmazeutische Produkte können überall auf der Welt eingesetzt werden. Daher wird die F&E zunehmend international ausgerichtet. In erster Linie ist es wichtig, die F&E-Strategie mit der Unternehmensstrategie in Einklang zu bringen. Ist die globale F&E eine Folge von Geschäftsentscheidungen, oder ist das globale Geschäft eine Folge von F&E-Entscheidungen? In diesem Zusammenhang ist es wichtig zu klären, was die globalen Entscheidungskriterien sind und welche Kriterien die anfängliche Aufgabe, den Anlauf und die Bewertung neuer F&E-Projekte beeinflussen würden. Unternehmensweite Wissensmanagementsysteme und Kommunikationstechnologien spielen eine entscheidende Rolle im gesamten Internationalisierungsprozess.

Der Rückgang der F&E-Produktivität, der sich vor allem an den FDA-Zulassungen oder der Freigabe von NCEs ablesen lässt, hat zu heftiger Kritik am Pharmamanagement geführt. Die Pharmaindustrie ist auf die vorhersehbare Produktion neuer Medikamente und Therapien angewiesen. Wir haben zwar viele Bedrohungen und Risiken festgestellt, die die Aussichten einzelner Unternehmen gefährden, doch insgesamt ist die Zukunft für diese Branche vielversprechend und spannend. Neue Technologien zur Entdeckung von Arzneimitteln sind in Arbeit und werden die Art und Weise, wie Pharmaunternehmen Innovationen verwalten, voraussichtlich revolutionieren.

Darüber hinaus entstehen neue Märkte. Da die Lebenserwartung weltweit steigt, bieten die alternde Bevölkerung in den etablierten Märkten und die wachsende Bevölkerung in den Schwellenländern viele ungenutzte Chancen. Die Einbeziehung marktorientierter Aspekte, eine verbesserte Personal- und Projektführung, ein besseres F&E-Pipeline-Management, einschließlich eines ausgewogenen Ansatzes für Outsourcing und Kooperationen, sowie eine solide Internationalisierungsstrategie sind wichtige Elemente einer allgemeinen Strategie für den Wohlstand der erfolgreichsten Pharmaunternehmen von morgen. Management und Führung auf allen Ebenen spielen eine wichtigere Rolle als je zuvor. In Zeiten, in denen Innovation und Wandel immer wichtiger werden, ist die Konzentration auf den Menschen entscheidend. Die Unternehmen, die den Innovationswettlauf und damit den Wettlauf um nachhaltige Wettbewerbsfähigkeit auf globaler Ebene gewinnen werden, sind diejenigen, die den Kampf um Technologie und Talente gewinnen.

Glossar

3GS 3GS ist die Abkürzung für Sequenzierung der dritten Generation (engl.: third generation sequencing oder long-read sequencing: 3GS), eine Weiterentwicklung der Sequenzierung der zweiten Generation (engl.: Next Generation Sequencing: NGS). Beide Sequenziermethoden sind äußerst kosteneffiziente und effektive Technologien, die große Sequenzierabschnitte mit außergewöhnlich hoher Abdeckung des gesamten Genoms erzeugen können.

ADCs ADCs sind Antikörper-Wirkstoff-Konjugate (engl.: antibody-drug conjugates: ADCs), eine neue Klasse hochwirksamer biopharmazeutischer Arzneimittel, die als Komplex aus einem Antikörper in Verbindung mit einem biologisch aktiven Krebsmedikament entwickelt wurden. ADCs sollen nur die Krebszellen angreifen und abtöten und gesunde Zellen verschonen.

ADME ADME ist die Abkürzung für „Absorption, Verteilung, Stoffwechsel und Ausscheidung" (engl.: absorption, distribution, metabolism and excretion: ADME) und beschreibt die Disposition eines Arzneimittels im menschlichen Körper. Diese vier Kriterien beeinflussen den Wirkstoffspiegel und die Kinetik der Wirkstoffexposition in den Geweben und damit die pharmakologische Wirkung des dem Arzneimittels zugrunde liegenden Wirkstoffs.

API API ist ein aktiver pharmazeutischer Wirkstoff (engl.: active pharmaceutical ingredient: API). Dies ist ein Stoff oder ein Stoffgemisch. Der Wirkstoff ist für die Herstellung eines Arzneimittels bestimmt. Wenn er bei der Herstellung des Arzneimittels verwendet wird, wird er zu einem aktiven Bestandteil des Medikaments.

BCR-ABL Die Abkürzung BCR-ABL wird im Zusammenhang mit dem Philadelphia-Chromosom verwendet, einer genetischen Anomalie im Chromosom 22 von Leukämie-Krebszellen (insbesondere Zellen der chronischen myeloischen Leukämie (CML)). Dieses Chromosom ist aufgrund einer Translokation von genetischem Material zwischen Chromosom 9 und Chromosom 22 defekt und ungewöhnlich kurz und enthält ein Fusionsgen namens BCR-ABL1.

Biochips Biochips enthalten zwar DNA, werden aber für die automatische Sequenzierung von Genen verwendet.

Bioinformatik Der Einsatz von IT in der pharmazeutischen Forschung und Entwicklung (z. B. elektronische Datenbanken von Genomen und Proteinsequenzen

O. Gassmann et al., *Führung und Organisation pharmazeutischer Innovation*,
https://doi.org/10.1007/978-3-031-43818-9

und Computermodellierung von Biomolekülen und biologischen Systemen). Es wird erwartet, dass die Bioinformatik die Entdeckung von Leitstrukturen durch die Bereitstellung von Strukturdaten und Analysen für Arzneimittelziele beschleunigt.

Bioprocessing Die Herstellung eines Produkts unter Verwendung eines lebenden Organismus.

Blockbuster Ein pharmazeutisches Produkt mit einem Jahresumsatz von über 1 Mrd. US-Dollar.

CAGR Kurz für durchschnittliche jährliche Wachstumsrate (engl.: compound annual growth rate: CAGR). Dies ist eine Metrik, die häufig im Zusammenhang mit dem Umsatzwachstum verwendet wird.

CDER Das Zentrum für Arzneimittelbewertung und -forschung der FDA (engl.: Center for Drug Evaluation and Research: CDER). Es ist für die öffentliche Gesundheit in den USA verantwortlich, indem es dafür sorgt, dass sichere und wirksame Arzneimittel zur Verbesserung der Gesundheit der Menschen in den USA zur Verfügung stehen.

CDM Klinisches Datenmanagement (engl.: clinical data management).

Chemoinformatik Die Kombination aus chemischer Synthese, biologischem Screening und Data-Mining-Ansätzen, die bei der Entdeckung und Entwicklung von Arzneimitteln zum Einsatz kommt.

CMR CMR International ist ein Unternehmen von Thomson Reuters, das Metriken für die Pharmaindustrie zur Erforschung und Entwicklung von Medikamenten bereitstellt.

Compounding Das Zusammenbringen von Hilfsstoff- und Lösungsmittelkomponenten zu einer homogenen Wirkstoffmischung.

COPD Die Abkürzung steht für „chronisch obstruktive Lungenerkrankung" (engl.: chronic obstructive pulmonary disease: COPD), eine Krankheit, die durch einen eingeschränkten Luftstrom gekennzeichnet ist und mit Symptomen wie Atemnot und Husten mit Auswurfbildung einhergeht.

CRO CRO ist ein Auftragsforschungsinstitut (engl.: contract research organization: CRO), d. h. eine Einrichtung, die pharmazeutischen Unternehmen technische und verwaltungstechnische Unterstützung in Form von Forschungsdienstleistungen bietet, die auf Vertragsbasis ausgelagert werden.

CSO CSO ist eine Vertragsdienstleistungsorganisation (engl.: contract service organization: CSO), d. h. eine Organisation, die pharmazeutischen Unternehmen eine Vertragsdienstleistung anbietet. Der Begriff CSO umfasst unter anderem CROs (contract research organization), CMOs (contract manufacturing organizations), und SMOs (site management organizations).

Diagnostikum Diagnostikum ist eine Substanz oder Gruppe von Substanzen, die zur Erkennung und Unterscheidung von Krankheiten durch Analyse von menschlichen Proben verwendet wird.

DNA DNA (deut.: DNS, Desoxyribonukleinsäure) ist die molekulare Grundlage der Gene. Jedes vererbte Merkmal hat seinen Ursprung irgendwo im Code der DNA eines Organismus.

EFPIA Die European Federation of Pharmaceutical Industries and Associations (engl.: EFPIA) ist der Verband der europäischen forschenden Pharmaindustrie.

ELF Die European Lead Factory ist eine öffentlich-private Partnerschaft, die darauf abzielt, die frühe Arzneimittelentdeckung in Europa zu beschleunigen.

EMEA EMEA ist die Abkürzung für „European Medicines Evaluation Agency" (auch EMA, European Medicines Agency), die die Arbeit der nationalen Regulierungsbehörden in der Europäischen Union harmonisieren soll und als dezentrale wissenschaftliche Agentur für den Schutz der Gesundheit von Mensch und Tier durch die wissenschaftliche Beurteilung und Überwachung von Arzneimitteln zuständig ist.

Enzyme Makromoleküle, meist aus Proteinen, die als (Bio-)Katalysatoren fungieren. Sie fördern nicht nur Reaktionen, sondern fungieren auch als Regulatoren, die dafür sorgen, dass der Organismus nicht zu viel oder zu wenig von einer chemischen Substanz produziert.

FDA Die Food and Drug Administration, eine US-amerikanische Zulassungsbehörde für neue pharmazeutische Produkte.

FIPnet FIPnet ist die Abkürzung für „fully integrated pharmaceutical network" und beschreibt die offenen Innovationskonzepte des US-Pharmakonzerns Eli Lilly.

Gen Eine natürliche Einheit des Erbguts, die die physikalische Grundlage für die Übertragung der Merkmale lebender Organismen von einer Generation zur nächsten bildet. Das grundlegende genetische Material ist bei allen lebenden Organismen im Wesentlichen gleich. Es besteht bei den meisten Organismen aus Desoxyribonukleinsäure (DNA) und bei bestimmten Viren aus Ribonukleinsäure (RNA).

Genkartierung Genkartierung ist eine Methode zur Bestimmung der relativen Positionen von Genen auf einem DNA-Molekül (Chromosom oder Plasmid) und des Abstands zwischen ihnen.

Gensequenzierung Die Bestimmung der Basenabfolge in einem DNA-Strang.

Genspleißen Die enzymatische Verbindung eines Gens oder eines Teils eines Gens mit einem anderen.

Generikum Nachbildung eines verschreibungspflichtigen oder nicht rezeptpflichtigen Arzneimittels, bei dem der Patentschutz abgelaufen ist. Generika werden in der Regel von Firmen angeboten, die das Medikament nicht selbst entwickelt haben, sondern eine Lizenz zum Verkauf des Medikaments erworben haben.

Genetische Erkrankungen Krankheiten, die aufgrund einer Mutation im Erbgut auftreten.

Gentechnik Die gezielte, absichtliche Veränderung von Genen mit technischen Mitteln.

Genetik Die Wissenschaft der genetischen Zusammensetzung, Vererbung und Variation von Organismen.

Genomische Bibliothek Eine Sammlung von Klonen, die aus einer Reihe von zufällig erzeugten, sich überlappenden DNA-Fragmenten besteht, die das gesamte Genom eines Organismus repräsentieren.

Genomik Der Prozess der Identifizierung von Genen, die an Krankheiten beteiligt sind, durch den Vergleich der Genome von Menschen mit und ohne Krankheit.

GERD Die gastroösophageale Refluxkrankheit (engl.: gastroesophageal reflux disease, GERD) ist eine Langzeiterkrankung, von der 10–20 % der westlichen Weltbevölkerung betroffen sind. Mageninhalt gelangt zurück in die Speiseröhre, was zu Symptomen oder Komplikationen wie saurem Geschmack im hinteren Teil des Mundes, Sodbrennen, schlechtem Atem, Erbrechen oder Speiseröhrenentzündung führt. Dies wird im Allgemeinen mit Protonenpumpenhemmern wie Pantoprazol behandelt.

Geschäftsmodell Konzeptualisierte Logik, wie ein Unternehmen durch die Beantwortung von vier Schlüsselfragen Wert erzeugt und abschöpft: Wer ist der Kunde? Was ist das Wertversprechen? Wie ist die Lieferkettenarchitektur organisiert? Warum ist es profitabel?

HTS High-Throughput-Screening (HTS) bezeichnet das Verfahren zur schnellen Bewertung der Aktivität von Proben aus einer kombinatorischen Bibliothek oder einer anderen Verbindungssammlung.

Immunologie Die Untersuchung der Art und Weise, wie sich der Körper gegen Krankheiten wehrt.

Impfstoff Ein Mittel, das Antigene enthält. Der Impfstoff wird verwendet, um das Immunsystem des Empfängers zur Bildung spezifischer Antikörper anzuregen, die bei den Nachkommen für aktive Immunität und/oder passive Immunität sorgen.

IND-Antrag Ein IND-Antrag (engl.: investigational new drug: IND) ist ein Dokument, das vor der klinischen Prüfung eines neuen Arzneimittels bei der FDA eingereicht wird. Er enthält eine vollständige Beschreibung des neuen Arzneimittels, z. B. wo und wie es hergestellt wird. Eine IND-Genehmigung muss jährlich aufrechterhalten werden, z. B. durch Übermittlung von Jahresberichten. Auf die IND folgt die NDA (engl.: new drug application: NDA).

INN Von der WHO vergebenener internationaler Freiname (engl.: International Nonproprietary Name) oder generischer Name eines Arzneiwirkstoffes.

IP Geistiges Eigentum (engl.: intellectual property: IP) bezieht sich auf geistige Schöpfungen, für die geografische Monopole in Form von Patenten, Marken, Gebrauchsmustern, gewerblichen Mustern oder Urheberrechten ausgewiesen werden können.

iPSCs Induzierte pluripotente Stammzellen (engl.: induced pluripotent stem cells: iPSCs) sind aus adulten Zellen (nicht aus embryonalen Stammzellen) gewonnene Stammzellen, die in der biomedizinischen Forschung im Bereich der regenerativen Medizin verwendet werden.

Kapitalwert Der Kapitalwert (engl.: net present value: NPV) ist ein Indikator für die Rentabilität einer F&E-Investition, der berechnet wird, indem man den Gegenwartswert (engl.: present value: PV) der Mittelabflüsse (einschließlich der Anfangskosten) vom Gegenwartswert der Mittelzuflüsse über den Zeitraum vom Projektbeginn bis zum Ende des Produktlebenszyklus subtrahiert.

KMU Klein- und mittelgrosse Unternehmen, d. h. Firmen bis 250 Mitarbeiter nach europäischer Definition (oder bis 500 Mitarbeiter in den USA).

Klonen Die Verwendung einer speziellen DNA-Technologie zur Herstellung mehrerer exakter Kopien eines einzelnen Gens oder eines anderen DNA-Abschnitts. Die daraus resultierenden, geklonten (kopierten) Sammlungen von DNA-Molekülen werden auch als Klon-Bibliotheken bezeichnet. Eine zweite Art des Klonens macht sich den natürlichen Prozess der Zellteilung zunutze, um viele Kopien einer ganzen Zelle herzustellen. Das Erbgut dieser geklonten Zellen, die als Zelllinie bezeichnet werden, ist mit dem der ursprünglichen Zelle identisch. Eine dritte Art des Klonens erzeugt vollständige, genetisch identische Organismen (z. B. Tiere).

Kombinatorische Chemie Sie ermöglicht die Herstellung einer großen Anzahl von chemischen Verbindungen durch die systematische und wiederholte kovalente Verbindung einer Reihe verschiedener „chemischen Bausteine" mit unterschiedlichen Strukturen.

LOE Loss of exclusivity (engl.: LOE), d. h. Verlust der Exklusivität nach Ablauf des Patentschutzes.

Molekulargenetik Die Wissenschaft der Natur und der Biochemie des genetischen Materials. Sie umfasst auch die Technologien im Bereich der Gentechnik.

NBE Neue biologische Wirkstoffe (engl.: new biological entities: NBE).

NCE NCE ist die Abkürzung für „neue chemische Substanz" (engl.: new chemical entity: NCE) und bezieht sich auf neu zugelassene pharmazeutische Produkte.

NDA NDA bedeutet Antrag auf Zulassung eines neuen Arzneimittels (engl.: new drug application: NDA), d. h. das Verfahren zur Bestimmung des Nutzen-Risiko-Profils eines neuen Arzneimittels nach Abschluss der klinischen Tests und vor der Zulassung für die Vermarktung.

NIH NIH ist das Nationale Gesundheitsinstitut der USA (engl.: U.S. National Institute of Health: NIH), das für die biomedizinische und öffentliche Gesundheitsforschung zuständig ist.

NME New molecular entity (engl.: NME) ist ein Sammelbegriff für neue von der FDA noch nicht zugelassene Wirkstoffe. Diese können in NCEs (new chemical entities) und NBEs (new biological entities) unterschieden werden. Die FDA selbst spricht von NMEs (wenn es sich um Small Molecules handelt) und NTBs (new therapeutic biologics wenn es sich um die therapeutische Modalität eine Biologics) handelt.

NMR Die magnetische Kernresonanzspektroskopie (engl.: nuclear magnatic resonance: NMR) ist eine Technologie zur Entdeckung der magnetischen Eigenschaften von Atomkernen und damit zur Bestimmung der physikalischen und chemischen Eigenschaften von Molekülen.

NTDs Vernachlässigte Tropenkrankheiten (engl.: neglected tropical diseases: NTDs) sind eine Gruppe von Infektionskrankheiten (hauptsächlich HIV/AIDS, Tuberkulose und Malaria), die in Entwicklungsländern in Afrika, Asien und Südamerika weit verbreitet sind.

Orphan-Arzneimittel Ein Medikament, von dem man annimmt, dass es die Lebenserwartung des behandelten Patienten bei einer bestimmten Krankheit wesentlich erhöht. Während der Entwicklung eines Arzneimittels für seltene Leiden sind Konkurrenten in der Regel für einen begrenzten Zeitraum (in der Regel 7 Jahre) von der Erteilung einer Lizenz für die Herstellung eines ähnlichen Arzneimittels ausgeschlossen, sodass das Unternehmen, das das Arzneimittel herstellt, seine F&E-Ausgaben wieder hereinholen kann.

OTC-Medikament Ein rezeptfreies Medikament (engl.: Over-the-Counter: OTC) kann in der Regel ohne Verschreibung erworben werden. Ein OTC-Medikament wird manchmal auch als ein Medikament bezeichnet, das nur zur Selbstmedikation verwendet wird und meist bei kleineren Beschwerden wie Kopfschmerzen oder Grippe eingesetzt wird.

PDUFA PDFUA steht für „Prescription Drug User Fee Act" und bezeichnet einen Rechtsakt in den USA, der die FDA ermächtigt, von Pharmaunternehmen, die bestimmte Humanarzneimittel und biologische Produkte herstellen, Gebühren zu erheben.

Pharmakodynamik Quantitative Untersuchung der Arzneimittelwirkung.

Pharmakogenomik Die Untersuchung, wie die Reaktion auf ein Arzneimittel durch individuelle genetische Variationen beeinflusst wird. Sie zielt darauf ab, Medikamente zu verschreiben oder zu entwickeln, die den Nutzen maximieren und die Nebenwirkungen bei den Betroffenen minimieren.

Pharmakokinetik Quantitative Untersuchung der Aufnahme, biologischen Umwandlung, Verteilung, Verstoffwechselung und Ausscheidung von Arzneimitteln im Körper.

PhRMA Pharmaceutical Research and Manufacturers of America (eine Organisation, die die führenden forschenden Pharma- und Biotechnologieunternehmen in den USA vertritt).

PoC PoC ist der sog. klinische Wirksamkeitsnachweis (engl.: Proof-of-Concept: PoC). PoC ist ein Meilenstein in der klinischen Entwicklung (in erster Linie Phase IIa), der belegt, dass ein neuer Wirkstoffkandidat die gewünschte klinischen Aktivität aufweist. PoC wird als wichtiger Entscheidungspunkt für weitere Investitionen und Ausgangspunkt für die großen, meist multi-zentrischen und kostspieligen Phase III- Studien und eine spätere Marktzulassung angesehen.

PPP Auch ÖPP (öffentlich-private Partnerschaft; engl.: public-private partnership), eine vertraglich meist langfristig-geregelte Zusammenarbeit zwischen öffentlicher Hand und der (hier: pharmazeutischer) Privatwirtschaft.

Proteomik Die Untersuchung der gesamten Proteinproduktion von Zellen. Sie bezieht sich auf jeden proteinbasierten Ansatz, der in der Lage ist, neue Informationen über Proteine auf genomweiter Ebene zu liefern.

PTRS PTRS steht für „Wahrscheinlichkeit des technischen und regulatorischen Erfolgs" (engl.: probability of technical and regulatory success: PTRS). Es ist ein Indikator für den Erfolg von F&E-Projekten entlang der pharmazeutischen Wertschöpfungskette von der Arzneimittelentdeckung bis zur präklinischen und klinischen Entwicklung.

Rekombinant Rekombinant ist die Neuordnung von genetischem Material (DNA) einer Spezies zu alternativen Sequenzen.

RNA RNA (Ribonukleinsäure) ist ein einsträngiges Molekül, das mit der DNA zusammenarbeitet, um Proteine herzustellen.

ROI ROI ist die Abkürzung für Kapitalrendite (engl.: Return on Investment: ROI) und beschreibt den Nutzen, den ein Investor aus der Investition von Finanzmitteln zieht.

SAR SAR ist die Abkürzung für Struktur-Wirkungs-Beziehung (engl.: structure-activity relationship: SAR), eine Beziehung zwischen der chemischen Struktur eines Moleküls und seiner biologischen Aktivität. Die Analyse der SAR hilft bei der Optimierung der biologischen Wirkung chemischer Moleküle, die mit einem Zielmolekül interagieren.

siRNA siRNA ist die Abkürzung für kurze interferierende RNA (engl.: small interfering RNA: siRNA), eine Klasse doppelsträngiger RNA mit 20–25 Basenpaaren, die die Expression bestimmter Gene stört. SiRNAs werden in der biomedizinischen Forschung und der Arzneimittelentwicklung eingesetzt.

TCM Traditionelle Chinesische Medizin

Toxikogenomik Anwendung genetischer und genomischer Methoden bei der Untersuchung der Toxikologie.

Toxikologie Untersuchung giftiger Substanzen im Hinblick auf ihre Chemie, Wirkung und Behandlung.

TPP Das Zielproduktprofil (engl.: target product profile: TPP) fasst alle Informationen für ein potenzielles Arzneimittel zusammen, das sowohl zulassungsfähig als auch wettbewerbsfähig genug ist, um ausreichende Einnahmen zu erzielen: Es ist eine Blaupause für das zukünftige Produkt und enthält Informationen über den therapeutischen Bereich, die Patientenpopulation, Wirksamkeits- und Sicherheitsparameter, die Formulierung und die Art der Verabreichung.

Treatment Investigational New Drug Ein neues Prüfpräparat (engl.: investigational new drug: IND), das ein vielversprechendes neues Medikament für schwer kranke Patienten so früh wie möglich in der Arzneimittelentwicklung verfügbar macht. Die FDA erlaubt den Einsatz des Medikaments, wenn es einen vorläufigen Beweis für die Wirksamkeit gibt und eine schwere oder lebensbedrohliche Krankheit behandelt werden kann, oder wenn keine vergleichbare Therapie verfügbar ist.

USPTO Das Büro der Vereinigten Staaten zum Schutz des Geistigen Eigentums (engl.: United States Patent and Trademark Office).

Wirksamkeit Die Fähigkeit einer Substanz, eine gewünschte Wirkung zu erzielen (engl.: efficacy).

Zielmolekül Das Zielmolekül ist in der Regel für die Verursachung einer bestimmten Krankheit verantwortlich. Die Ziele der meisten Arzneimittel sind Proteine. Das Medikamentenmolekül, das die jeweilige Krankheit heilen soll, fügt sich in eine funktionell wichtige Spalte des Zielproteins ein, wie ein Schlüssel in ein Schloss. Das Medikamentenmolekül wird dann mit dem Zielprotein verbunden und löst entweder die normale Funktion des Proteins aus oder hemmt sie, was häufiger der Fall ist.

Literatur

Agrafiotis, D. K., Lobanov, V. S., & Salemme, F. R. (2002). Combinatorial informatics in the post-genomics era. *Nature Reviews Drug Discovery, 1*, 337–346.

Agrafiotis, D. K., Alex, S., Dai, H., Derkinderen, A., Farnum, M., Gates, P., et al. (2007). Advanced biological and chemical discovery (ABCD): Centralizing discovery knowledge in an inherently decentralized world. *Journal of Chemical Informatics and Modeling, 47*, 1999–2014.

Arlington, S., & Davies N. (2014). *Managing innovation in pharma*. PWC. https://www.pwc.com/gx/en/pharma-life-sciences/assets/pwc-managing-innovation-pharma.pdf. Zugegriffen am 25.04.2016.

Baumann, G. (2003). The challenge of innovation in the drug discovery process. Presentation at CTO-Roundtable 'Management of Pharmaceutical R&D in Turbulent Times – Perspectives and Trends'. Zurich 2003.

BCG. (2016). *Moving beyond the 'milkman' model in MedTech*. BCG Perspectives.

Beckman, R. A., Clark, J., & Chen, C. (2011). Integrating predictive biomarkers and classifiers into oncology clinical development programmes. *Nature Reviews Drug Discovery, 10*, 735–748.

Betz, U. (2011). Portfolio management in early stage drug discovery – a traveler's guide through uncharted territory. *Drug Discovery Today, 16*, 609–618.

Bhattacharyya, O., Wu, D., Mossman, K., Hayden, L., Gill, P., Cheng, Y.-L., et al. (2017). Criteria to assess potential reverse innovations: Opportunities for shared learning between high and low income countries. *Globalization and Health, 13*(4), 1–8.

Bleicher, K. H., Böhm, H. J., Müller, K., & Alanine, A. I. (2003). A guide to drug discovery: Hit and lead generation: Beyond high-throughput screening. *Nature Reviews Drug Discovery, 2*, 369–378.

Bode-Greuel, K., & Greuel, J. M. (2004). Determining the value of drug development candidates and technology platforms. *Journal of Commercial Biotechnology, 11*, 155–170.

Booz Allen & Hamilton. (1997). *In vivo, making combinatory chemistry pay*. Booz Allen & Hamilton Report.

Boutellier, R., Gassmann, O., & von Zedtwitz, M. (2008). *Managing Global Innovation: Uncovering the secrets of future competitiveness* (3. Aufl.). Springer.

Butcher, E. C. (2005). Can cell systems biology rescue drug discovery? *Nature Reviews Drug Discovery, 4*, 461–467.

Chakma, J., Calcagno, J. L., Behbahani, A., & Mojtahedian, S. (2009). Is it virtuous to be virtual? The VC viewpoint. *Nature Biotechnology, 27*(10), 886–888.

Chesbrough, H. (2003). *Open innovation: The new imperative for creating and profiting from technology*. Harvard Business School Press.

Comanor, W. S., & Scherer, F. M. (2013). Mergers and innovation in the pharmaceutical industry. *Journal of Health Economics, 32*(1), 106–113.

O. Gassmann et al., *Führung und Organisation pharmazeutischer Innovation*, https://doi.org/10.1007/978-3-031-43818-9

Corsi, S., & von Zedtwitz, M. (2016). Reverse innovation – A new world order for global innovation? *The European Business Review, 2016*, 73–77.

Courtois, Y., McPhee, D., & Rerolle J. F. (2012). *Profitability and royalty rates across industries: Some preliminary evidence*. KPMG International. https://www.kpmg.com/Global/en/IssuesAndInsights/ ArticlesPublications/Documents/gvi-profitability-v6.pdf. Zugegriffen am 27.04.2016.

Crisp, N. (2010). *Turning the world upside down: The search for global health in the 21st century*. Royal Society of Medicine Press.

Damodaran, A. (2016). *Datasets*. http://people.stern.nyu.edu/adamodar/NewHomePage/data.html. Zugegriffen am 12.12.2016.

Davis, S., & Botkin, J. (1994). The coming of knowledge-based business. *Harvard Business Review, 5*, 165–170.

Deloitte. (2011). *The next phase: Opportunities in China's pharmaceutical market*. National Industry Program Report.

Deloitte. (2014). *2015 Global life science outlook. Adapting in an era of transformation*. https://www2.deloitte.com/content/dam/Deloitte/global/Documents/Life-Sciences-Health-Care/gx-lshc-2015-life-sciences-report.pdf. Zugegriffen am 25.04.2016.

DePasse, J., & Lee, P. (2013). A model for 'reverse innovation' in health care. *Globalization and Health, 9*, 40.

Dierks, A., Kuklinski, C. P. J., & Moser, R. (2013). How institutional change reconfigures successful value chains: The case of western pharma corporations in China. *Thunderbird International Business Review, 55*(2), 153–171.

Dorsch, H., Jurock, A. E., Schoepe, S., Lessl, M., & Asadullah, K. (2015). Grants4Targets – an open innovation initiative to foster drug discovery collaborations between academia and the pharmaceutical industry. *Nature Reviews Drug Discovery, 14*, 74–76.

Eder, J., Sedrani, R., & Wiesmann, C. (2014). The discovery of first-in-class drugs: Origins and evolution. *Nature Reviews Drug Discovery, 13*, 577–587.

European Commission. (2014). *The 2014 EU Industrial R&D investment scoreboard*. European Commission – Joint Research Centre. http://iri.jrc.ec.europa.eu/scoreboard.html. Zugegriffen am 08.06.2016.

European Commission. (2015). *The 2015 EU Industrial R&D investment scoreboard*. European Commission – Joint Research Centre. http://iri.jrc.ec.europa.eu/scoreboard15. Zugegriffen am 08.06.2016.

Evaluate. (2015). *World Preview 2015, Outlook to 2020*. http://info.evaluategroup.com/rs/607-YGS-364/images/wp15.pdf. Zugegriffen am 15.02.2016.

Evaluate. (2016). *World Preview 2016, Outlook to 2022* (9. Aufl). September 2016.

Export. (2016). *China Pharmaceuticals*. Online. https://www.export.gov/article?id=China-Pharmaceuticals. Zugegriffen am 27.04.2016.

FDA. (2014). *Guidance for industry and FDA staff qualification process for drug development tools*. FDA.

Festel, G., & Polastro, E. (2002). Dritte arbeiten häufig kostengünstiger. *Chemische Rundschau, 55*(13), 7.

Flanagan, M. (2015). *2015 In review: Pharma's largest in-licensing deals – cancer continues to carry the day*. FirstWord Pharma. http://www.firstwordpharma.com/node/1339317?tsid=33#axzz40sjGtMpV. Zugegriffen am 27.04.2016.

Gassmann, O., & Keupp, M. M. (2007). The competitive advantage of early and rapidly internationalising SMEs in the biotechnology industry: A knowledge based view. *Journal of World Business, 42*, 350–366.

Gassmann, O., & von Zedtwitz, M. (2003a). Trends and determinants of managing virtual R&D teams. *R&D Management, 33*(3), 243–262.

Gassmann, O., & von Zedtwitz, M. (2003b). Innovation processes in transnational corporations. In L. Shavinina (Hrsg.), *The international handbook on innovation* (S. 702–714). Pergamon.

Gaze, L., & Breen, J. (2012). *The economic power of orphan drugs*. Thomson Reuters. http://thomsonreuters.com/content/dam/openweb/documents/pdf/pharma-life-sciences/white-paper/1001450.pdf. Zugegriffen am 26.05.2016.

Govindarajan, V., & Ramamurti, R. (2011). Reverse innovation, emerging markets, and global strategy. *Global Strategy Journal, 1*(3–4), 191–205.
Grabowski, H., Vernon, J., & DiMasi, J. A. (2002). Returns on research and development for 1990s new drug introductions. *Pharmacoeconomics, 20*, 11–29.
van der Greef, J., & McBurney, N. (2005). Rescuing drug discovery: In vivo systems pathology and systems pharmacology. *Nature Reviews Drug Discovery, 4*, 961–967.
Greis, N. P., Dibner, M. D., & Bean, A. S. (1995). External partnering as a response to innovation barriers and global competition in biotechnology. *Research Policy, 24*, 609–630.
Grimes, S., & Miozzo, M. (2015). Big pharma's internationalization of R&D to China. *European Planning Studies, 23*(9), 1873–1894.
Guo, Y. (2016). *TCM going global*. China.org.cn. Zugegriffen am 11.03.2016.
Hadengue, M., de Marcellis-Warin, N., von Zedtwitz, M., & Warin, T. (2017). Avoiding the pitfalls of reverse innovation. *Research Technology Management, 60*(3), 40–47.
Hajduk, P. J., & Greer, J. (2007). A decade of fragment-based drug design: Strategic advances and lessons learned. *Nature Reviews Drug Discovery, 6*, 211–219.
Harris, M., Weisberger, E., Silver, D., & Macinko, J. (2015). 'They hear "Africa" and they think that there can't be any good services'–perceived context in cross-national learning: A qualitative study of the barriers to reverse innovation. *Globalization and Health, 11*, 45.
HHS & FDA. (2005). *Drug-diagnostic co-development concept paper*. Department of Health and Human Services.
Hofmann, D. (1997). Das virtuelle Unternehmen. *Neue Zürcher Zeitung*, S. 29. Zugegriffen am 25.10.1997.
Hurko, O., & Jones, G. K. (2011). Valuation of biomarkers. *Nature Reviews Drug Discovery, 10*, 253–254.
IMS. (2016). *Price declines after branded medicines lose exclusivity in the U.S.* IMS Institute for Healthcare Informatics, January 2016.
ITA. (2016). *China – 2016 top markets report pharmaceuticals country case study*. International Trade Association, D.O.C.
Karst, K. R. (2017). Orphan drug approvals and designations dipped in 2016, but orphan drug designation requests skyrocketed. Online. http://www.fdalawblog.net/fda_law_blog_hyman_phelpssince25Jan2017. Zugegriffen am 22.02.2017.
Kermani, F. Z. (2014). Drug discovery partnerships between UK CROs and the Swiss pharma sector. *Pharmaceutical Technology Europe, 26*, 8–11.
Kinch, M. S. (2015). An overview of FDA-approved biologics medicines. *Drug Discovery Today, 20*, 393–398.
Kitano, H. (2002). Computational systems biology. *Nature, 420*, 206–210.
KnowledgeWharton. (2013, September). China's bitter medicine for foreign drug companies. KnowledgeWharton. http://knowledge.wharton.upenn.edu/article/chinas-bitter-medicine-foreign-drug-companies/. Zugegriffen am 27.04.2016.
Kober, S. (2008). The evolution of specialty pharmacy. *Biotechnology Healthcare, 5*(2), 50–51.
Kogej, T., Blomberg, N., Greasley, P. J., Mundt, S., Vainio, M. J., Schamberger, J., et al. (2013). Big pharma screening collections: More of the same or unique libraries? The AstraZeneca – Bayer pharma AG case. *Drug Discovery Today, 18*, 1014–1024.
Kollmer, H., & Dowling, M. (2004). Licensing as a commercialisation strategy for new technology-based firms. *Research Policy, 33*, 1141–1151.
Kramer, R., & Coher, D. (2004). Functional genomics to new drug targets. *Nature Reviews Drug Discovery, 3*, 965–972.
Leutenegger, J. -M. (1994). Wettbewerbsorientierte Informationssysteme in der Schweizer Pharma-Branche.
Lin, B.-W. (2001). *Strategic alliances and innovation networks in the biopharmaceutical industry*. Institute of Technology Management, National Tsinghua University.
Little, A. D., & Solvias. (2002, June). *External synthesis services for research and development in the pharmaceutical industry*. Market Study.

Liu, C. X., & Xiao, P. G. (2002). Recalling the research and development of new drugs originating from Chinese traditional and herbal drugs. *Asian Journal of Drug Metabolism and Pharmacokinetics, 2*(2), 133–156.

Macarron, R. (2006). Critical review of the role of HTS in drug discovery. *Drug Discovery Today, 11*, 277–279.

Macarron, R., Banks, M. N., Bojanic, D., Burns, D. J., Cirovic, D. A., Garyantes, T., et al. (2011). Impact of high-throughput screening in biomedical research. *Nature Reviews Drug Discovery, 10*, 188–195.

Manji, H. K., Inel, T. R., & Narayan, V. A. (2014). Harnessing the informatics revolution for neuroscience drug R&D. *Nature Reviews Drug Discovery, 13*, 561–562.

Maznevski, M. S., & Chudoba, K. M. (2000). Bridging space over time: Global virtual team dynamics and effectiveness. *Organizational Science, 11*(5), 473–492.

McKinsey. (2012, February). Innovating in China's pharma market: An interview with AstraZeneca's head of R&D in Asia and emerging markets. *McKinsey Insights*.

Megantz, R. C. (2002). *Technology management – developing and implementing effective licensing programs*. Wiley.

Mohamed, S., & Syed, B. A. (2013). Commercial prospects for genomic sequencing technologies. *Nature Reviews Drug Discovery, 12*, 341–342.

Mullard, A. (2016). 2015 FDA drug approvals. *Nature Reviews Drug Discovery, 15*, 73–76.

Newman, D. J., Cragg, G. M., & Snader, K. M. (2003). Natural products as sources of new drugs over the period 1981–2002. *Journal of Natural Products, 66*, 1022–1037.

Nicholls, A., & Brayshaw, L. (2014). World industry outlook: Healthcare and pharmaceuticals. *The Economist Intelligence Unit*. http://pages.eiu.com/rs/eiu2/images/GlobalOutlook_Healthcare.pdf. Zugegriffen am 25.04.2016.

Nicholson, J. K., Connelly, J., Lindon, J. C., & Holmes, E. (2002). Metabonomics: A platform for studying drug toxicity and gene function. *Nature Reviews Drug Discovery, 1*, 153–161.

Nightingale, P. (2000). Economies of scale in experimentation: Knowledge and technology in pharmaceutical R&D. *Industrial and Corporate Change, 9*(2), 315–359.

Nonaka, I., & Takeuchi, H. (1995). *The knowledge-creating company. How Japanese companies create the dynamics of innovation*. Oxford.

Paolini, G. V., Shapland, R. H. B., Hoorn van, W. P., Mason, J. S., & Hopins, A. L. (2006). Global mapping of pharmacological space. *Nature Biotechnology, 24*, 805–815.

Paul, S. M., Mytelka, D. S., Dunwiddie, C. T., Persinger, C. C., Munos, B. H., Lindborg, S. R., et al. (2010). How to improve R&D productivity: The pharmaceutical industry's grand challenge. *Nature Reviews Drug Discovery, 9*, 203–214.

Pharma Information. (2002). *Swiss Health Care and pharmaceutical market. Edition 2002*. Interpharma.

PharmaSource. (2017). http://www.pharmsource.com/market/how-big-is-the-market-for/. Zugegriffen am 27.04.2016.

Philipp, J. (2014, December 8). Beware of fake prescription drugs smuggled from China. *The Epoch Times*.

PhRMA. (2015). *2015 Profile biopharmaceutical research industry*. PhRMA website at http://www.phrma.org/sites/default/files/pdf/2015_phrma_profile.pdf. Zugegriffen am 20.06.2016.

Plenge, R. M., Scolnick, E. M., & Altshuler, D. (2013). Validating therapeutic targets through human genetics. *Nature Reviews Drug Discovery, 12*, 581–594.

Porter, M. E. (1985). *Competitive advantage: Creating and sustaining superior performance*. Macmillan.

Prud'homme, D. (2016). Forecasting threats and opportunities for foreign innovators in China's strategic emerging industries: A policy-based analysis. *Thunderbird International Business Review, 58*, 103–115.

Rask-Andersen, M., Sällman Almén, M., & Schiöth, H. B. (2011). Trends in the exploitation of novel drug targets. *Nature Reviews Drug Discovery, 10*, 579–590.

Recombinant Capital. (2005). Analyst's notebook. *Trends*. http://www.recap.com/consulting.nsf/ANB_tab_trends?openform. Zugegriffen am 11.02.2005.

Reuters. (2002). *Pharmaceutical innovation – An analysis of leading companies and strategies*. Reuters Business Insight, Healthcare.

Reuters. (2003a). *The blockbuster drug outlook to 2007: Identifying, creating and maintaining the pharmaceutical industry's growth drivers*. Reuters Business Insight, Healthcare.

Reuters. (2003b). *Patent protection strategies: Maximizing market exclusivity*. Reuters Business Insight, Healthcare.

Reuters. (2003c). *Pharmaceutical R&D outsourcing strategies – an analysis of market drivers and resistors to 2010*. Reuters Business Insight, Healthcare.

Robbins-Roth, C. (2001). *Zukunftsbranche Biotechnologie*. Gabler.

Saftlas, H. (2001). *Industry surveys, healthcare: Pharmaceuticals* (S. 32). Standard & Poors.

Scannell, J. W., Blanckley, A., Boldon, H., & Warrington, B. (2012). Diagnosing the decline in pharmaceutical R&D efficiency. *Nature Reviews Drug Discovery, 11*, 191–200.

Schuhmacher, A., Gassmann, O., & Hinder, M. (2016). Changing R&D models in research-based pharmaceutical companies. *Journal of Translational Medicine, 14*, 105–115.

Searls, D. B. (2003). Pharmacophylogenomics: Genes, evolution and drug targets. *Nature Reviews Drug Discovery, 2*, 613–623.

Shi, Y.-Z., Hu, H., & Wang, C. (2014). Contract research organizations (CROs) in China: Integrating Chinese research and development capabilities for global drug innovation. *Globalization and Health, 10*, 78.

Snowdon, A. W., Bassi, H., Scarffe, A. D., & Smith, A. D. (2015). Reverse innovation: An opportunity for strengthening health systems. *Globalization and Health, 11*, 2.

Speedel. (2004). Introducing the Speedel group. Company presentation. http://www.speedelgroup.com. Zugegriffen am 10.09.2004.

Swinney, D. C., & Anthony, J. (2011). How were new medicines discovered? *Nature Reviews Drug Discovery, 10*, 507–519.

Swissmedic. (2002). http://www.swissmedic.ch. Zugegriffen im September 2002.

Syed, S. B., Dadwal, V., & Martin, G. (2013). Reverse innovation in global health systems: Towards global innovation flow. *Globalization and Health, 9*, 36.

Thomas, K., & Pollack, A. (2015, July 15). Specialty pharmacies proliferate, along with questions. *New York Times*. Retrieved 5 October 2015.

Ulrich, R., & Friend, S. H. (2002). Toxicogenomics and drug discovery: Will new technologies help us produce better drugs? *Nature Reviews Drug Discovery, 1*, 84–88.

Waldmeir, P. (2015, November 11). China looks to traditional medicine as tonic to boost growth. *Financial Times*.

Wall Street Journal. (2015). *Why the U.S. pays more than other countries for drugs*. Article online. https://www.wsj.com/articles/why-the-u-s-pays-more-than-other-countries-for-drugs-1448939481. Zugegriffen am 27.04.2016.

Wang, A., & von Zedtwitz, M. (2005). Developing the pharmaceutical business in China – The case of Novartis. In G. Festel, A. Kreimeyer, U. Oels, & M. von Zedtwitz (Hrsg.), *The chemical and pharmaceutical industry in China – challenges and threats for foreign companies* (S. 109–119). Springer.

Webber, D. E. (2005). China's approach to innovative pharmaceutical R&D: A review. In G. Festel, A. Kreimeyer, U. Oels, & M. von Zedtwitz (Hrsg.), *The chemical and pharmaceutical industry in China – challenges and threats for foreign companies* (S. 121–131). Springer.

Wenk, M. R. (2005). The emerging field of lipidomics. *Nature Reviews Drug Discovery, 4*, 594–610.

Weyrauch, T., & Herstatt, C. (2016). What is frugal innovation? Three defining criteria. *Journal of Frugal Innovation, 2*(1), 1–17.

Whittaker, E., & Bower, D. J. (1994). A shift to external alliances for product development in the pharmaceutical industry. *R&D Management, 24*(3), 249–260.

Windhover. (2000). Opportunism knocks. *Windhover's review of emerging medical ventures, 5*(4), 32. http://www.windhover.com/contents/monthly/exex/e_2000900064.htm. Zugegriffen am 19.12.2004.

Windhover. (2003). In-licensing: Still a difficult model. *Windhover's review of emerging medical ventures*, *8*, No. 10. http://www.windhover.com/contents/monthly/exex/e_2003900172.htm. Zugegriffen am 19.12.2004.

von Zedtwitz, M., & Gassmann, O. (2002). Market versus technology drive in R&D internationalization: Four different patterns of managing research and development. *Research Policy, 31*(4), 569–588.

von Zedtwitz, M., & Gassmann, O. (2016). Global corporate R&D to and from emerging countries. In S. Dutta, B. Lanvin, & S. Wunsch-Vincent (Hrsg.), *The global innovation index 2016* (S. 125–131). Johnson Cornell University.

von Zedtwitz, M., Corsi, S., Soberg, P., & Frega, R. (2015). A typology of reverse innovation. *Journal of Product Innovation Management, 32*(1), 12–28.

Zeller, C. (2001). *Globalisierungsstrategien – der Weg von Novartis*. Springer.

Zeschky, M., Winterhalter, S., & Gassmann, O. (2014). From cost to frugal and reverse innovation: Mapping the field and implications for global competitiveness. *Research Technology Management, 57*(4), 1–8.

Stichwortverzeichnis

O. Gassmann et al., *Führung und Organisation pharmazeutischer Innovation*, https://doi.org/10.1007/978-3-031-43818-9

Kolibri 360 GmbH
Ferdinand-Jühlke-Straße 7
99095 Erfurt, Deutschland
produktsicherheit@kolibri360.de